Spring Boot 3
プログラミング入門

著 掌田 津耶乃

秀和システム

■**本書で使われるサンプルコード・プロジェクトは、次のURLでダウンロードできます。**

http://www.shuwasystem.co.jp/support/7980html/6916.html

■**本文中の表記について**

①《`ModelAndView`》.`addObject`(名前 , 値)

のような表記は、《 》で囲まれた部分にそのクラスのインスタンスが入ることなどを示しており、《》内の名称がそのままコード内で使われるわけではありません。

②ディレクトリ（フォルダ）の区切り記号は「＼」（バックスラッシュ）に統一し、「¥」（円記号）は用いません。

③コードとしては改行していなくても、紙幅の都合でコードを改行して掲載している場合には、↵という記号で示しています（例えば321ページのリスト6-18）。

はじめに

Webアプリケーション開発の最新技術を、この手に！

　Webアプリケーションの開発には「**フレームワーク**」が必須だ、という認識は既に広く浸透していることでしょう。一からすべてのコードを書き起こすなんてあまりに時間と労力の無駄です。フレームワークをうまく活用してこそ本格的なWebアプリを開発できるようになります。

　多くの開発言語では、いくつものフレームワークが登場し競い合っています。Javaにおいても以前はそうでしたが、今はほぼデファクトスタンダードといえるフレームワークが確定した、といっていいでしょう。それが「**Spring Boot**」です。

　Spring Bootは、「**Spring**」と呼ばれるフレームワーク群の一つで、Webアプリケーションをスピーディに開発するためのスターターキットとしての役割を担います。その内部では、Springに用意されている多数のフレームワーク（Spring WebやSpring Dataなど）が必要に応じて組み込まれ、あらゆる機能をSpring内部で構築できるようになっています。

　ただし、その機能をフルに活用するためには、Springにある膨大なフレームワークを学ばなければなりません。それは気が遠くなるような作業となります。そこで、「**ここに用意した必要最低限の知識さえ身につけば、Springを活用したWebアプリケーションが作れるようになりますよ**」というSpring Bootのための総合入門書を用意しました。

　本書は、2018年1月に出版された「**Spring Boot 2プログラミング入門**」の改訂版に相当するものです。本書では、2023年にメジャーリリースされた「**Spring Boot 3**」をベースに、Webアプリ開発の基礎を説明します。また最近注目度が上がっている「**リアクティブなWebアプリ開発**」や、認証機能を使ったWebアプリ開発、コマンドベースのアプリ開発、3種類のテンプレートエンジン対応などにもページを割いています。

　Spring Bootは、JavaでWebアプリ開発を行おうというとき、既になくてはならないものとなっています。新しいメジャーバージョン3が登場した今こそ、Spring Bootを習得するチャンスです。この本とともにSpring BootによるWeb開発の世界を体験してみて下さい。

2023.2 掌田津耶乃

目　次

Chapter 1 **Spring Boot開発の準備** 　　1

1-1 サーバー開発とSpring Boot 2
　Spring Bootとは？ 2
　Spring Bootを選ぶ理由 3
　Springの概要..4
　SpringによるWebアプリケーション開発とは？ 7
　Spring開発に必要なもの..8

1-2 Spring Boot CLIとSpring Initializer 9
　プロジェクトについて..9
　Spring開発の3つの方法 10
　プロジェクト作成に必要なもの..11
　Spring Boot CLIの用意 11
　Spring Boot CLIのインストール..12
　Spring Boot CLIでプロジェクトを作る 15
　ソースコードを修正する..17
　アプリを実行しよう 18
　GradleプロジェクトとMavenプロジェクト 19
　Spring Initializerについて 19
　用意されている項目について..20
　プロジェクトの生成と保存..23

1-3 Eclipse + Spring Tool Suiteによる開発 24
　Eclipse + STSについて 24
　Eclipseの入手とPleiades 25
　Spring Tool Suiteを入手する 27
　STSを起動する 29
　基本画面と「ビュー」 31
　パースペクティブについて..36
　エディタと支援機能 37
　Springスタータープロジェクトを作成する..40
　プロジェクトの生成と実行..44

1-4 Visual Studio Code + Spring Boot Extension Pack 46
　Visual Studio Codeを入手する 46
　STSをインストールする 48
　VSCのエディタウィンドウについて 50
　プロジェクトを作成する..52
　エクスプローラーでフォルダを確認する 57
　Spring Boot Dashboardについて..60

Chapter 2　プロジェクトの基本を覚える　　　　　63

2-1　プロジェクトの基本構成 **64**
プロジェクトの基本構成 **64**
「src」フォルダの構成 **65**
Gradleプロジェクトとビルドファイル **66**
Mavenプロジェクトとビルドファイル **68**
pom.xmlの基本構成 **70**
開発版使用のリポジトリ **74**
ビルドファイルはプロジェクト管理の基本！ **75**

2-2　アプリケーションの基本を理解する **76**
アプリケーションのソースコード **76**
Springでないプログラムの実行 **78**
SpringApplicationのカスタマイズ **79**
コマンドラインプログラムについて **80**
CommandLineRunnerでコマンドプログラムを作る **81**
ApplicationRunnerでアプリケーションプログラムを作る **84**
UIアプリケーションの実行 **86**

2-3　RestControllerの利用 **88**
MVCアーキテクチャーについて **88**
RestControllerについて **89**
RestControllerの利用例 **90**
パラメータを渡す **92**
オブジェクトをJSONで出力する **94**
HTMLのコードを出力する **96**

2-4　Controllerの利用 **99**
一般的なコントローラーの利用 **99**
必要なパッケージをインストールする **99**
build.gradleの編集 **100**
pom.xmlの編集 **101**
コントローラークラスを用意する **103**
HelloControllerクラスのソースコード **107**
HTMLファイルを用意する **109**
パラメータで表示を変える **113**

Chapter 3　テンプレートエンジンの活用　　　　　117

3-1　Thymeleafテンプレートエンジン **118**
テンプレートエンジンについて **118**
Thymeleafのインストール **118**
テンプレートに値を表示する **119**
コントローラーでModelを利用する **120**

パラメータを利用する...121
ModelAndViewクラスの利用.......................................122
フォームを利用する 124
その他のフォームコントロール.....................................128
フォワードとリダイレクト...132
th:ifによる条件処理..133
th:eachによる繰り返し処理 136
th:switchによるスイッチ処理 137
基本さえ押さえればThymeleafは使える.............................140

3-2　Mustacheテンプレートエンジン..............................141
Mustacheとは？ 141
テンプレートに値を渡す..142
HTMLコードのエスケープ...143
条件による表示 145
繰り返し 148
ラムダ式による表示のカスタマイズ 150
アラート表示をするラムダ式を作る 152
Mustacheはシンプルさが信条......................................154

3-3　Groovy templatesテンプレートエンジン......................154
Groovy templatesとは？ 154
テンプレートコードの基本..156
Webページを表示する 157
条件による表示の変更..160
繰り返し表示 163
fragmentによる内部テンプレート.................................164
includeによるテンプレートの組み込み............................165
レイアウト機能について...167
Groovyにさえ慣れれば快適！.....................................170

Chapter **4**　**モデルとデータベース**　　　　　　　　　　　　171

4-1　JPAによるデータベースの利用 172
SpringとJPA 172
モデルに必要な技術について......................................172
ビルドファイルの修正...174
その他のSQLデータベースについて................................175
エンティティクラスについて.....................................176
Personクラスの作成 177
Personエンティティのソースコード..............................179
エンティティクラスのアノテーションについて 181
リポジトリについて 182
リポジトリ用パッケージを用意する 183
リポジトリクラスPersonRepositoryを作成する 185

リポジトリを利用する...187
テンプレートを用意する...190

4-2　CRUDを作成する 191
フォームでデータを保存する 191
コントローラーを修正する..192
@ModelAttributeとデータの保存...................................195
@Transactionalとトランザクション 196
データの初期化処理 196
Personの更新...198
PersonRepositoryに追加する 199
リクエストハンドラの作成..200
エンティティの削除 203
リポジトリのメソッド自動生成について 206
自動生成可能なメソッド名..206
メソッド名で利用可能なもの......................................207
JpaRepositoryのメソッド実装例 210
メソッド生成を活用するためのポイント 211

4-3　バリデーションの利用 212
エンティティのバリデーションについて 212
バリデーションをチェックする....................................213
@ValidatedとBindingResult.......................................215
テンプレートを作成する..215
エラーメッセージを出力する......................................217
各入力フィールドにエラーを表示..................................218
jakarta.validationのアノテーション..............................220
エラーメッセージについて..222
プロパティファイルを用意する....................................225
用意されているエラーメッセージ..................................226
オリジナルのバリデータを作成する 227
PhoneValidatorクラスの作成......................................228
Phoneアノテーションクラスを作る.................................229
Phoneバリデータを使う 230
アプリケーションの修正..230
onlyNumber設定を追加する..231
PhoneValidatorクラスの変更......................................232
バリデータと正規表現..234

Chapter 5　データベースアクセスを更に掘り下げる　　235

5-1　EntityManagerによるデータベースアクセス.......................236
SpringとJPAの関係...236
データアクセスオブジェクトを考える 236
DAOクラスの実装..237

EntityManagerとQuery..239
コントローラーの実装..240
ビューテンプレートの作成..242
@Autowiredで割り当てられるBean................................244
DAOに検索メソッドを追加する....................................244
エンティティの検索 245
追加したメソッドを利用する......................................247

5-2 JPQLを活用する..250
JPQLの基本..250
DAOへのfindメソッド追加..251
JPQLへのパラメータ設定 251
コントローラーを修正する..252
複数の名前付きパラメータは？....................................253
「?」による番号指定のパラメータ................................255
クエリアノテーション..256
複数のクエリを用意する..257
リポジトリと@Query..258
@NamedQueryのパラメータ設定..................................260
@Queryのパラメータ設定 263

5-3 Criteria APIによる検索......................................264
Criteria APIの基本3クラス......................................264
Criteria APIによる全要素の検索 265
Criteria APIによる名前の検索 267
値を比較するためのCriteriaBuilderメソッド......................270
orderByによるエンティティのソート 272
取得位置と取得個数の設定..273
Cirteria APIはメソッドによるJPQL..............................276

5-4 エンティティの連携..276
連携のためのアノテーション......................................276
Messageエンティティを作る 279
Personを修正する 281
MessageRepositoryの作成 282
ビューテンプレートの用意..282
コントローラーを作成する..284
Message用のDAOを作る 288
Message用DAOを利用する 290
Personに関連付けられたMessageを表示する......................292
コマンドラインプログラムでのJPA利用............................293

Chapter 6 リアクティブWebアプリケーションの開発　　　　297

6-1 リアクティブとSpring WebFlux 298
　　リアクティブWebのバックエンド開発. 298
　　Spring WebFluxについて. 300
　　RestControllerを用意する 302
　　「Mono」クラスによるブロッキングのラップ. 303
　　複数オブジェクトを扱う「Flux」クラス 305
　　データベースの利用 306
　　RestControllerからPostエンティティを取得する. 308
　　データベースアクセスの実際 308

6-2 ファイルアクセスとネットワークアクセス 311
　　リソースファイルにアクセスする 311
　　WebClientによるWebアクセス 313
　　WebClientでJSONデータを取得する. 315
　　Postエンティティを送信する 317

6-3 コントローラーと関数型ルーティング. 319
　　コントローラーを利用する. 319
　　RouterFunctionの作成. 319
　　HandlerFunctionメソッドの作成 321
　　複数のrouteを連結する 323
　　テンプレートでWebページをレンダリングする 324
　　リクエストハンドラを使う. 325
　　関数ルーティングを使う. 326
　　必要な値をテンプレートに渡す 327

6-4 クライアントからのAPIアクセス. 330
　　静的HTMLファイルの利用. 330
　　fetch関数でAPIにアクセスする 331
　　APIからPostレコードを取得する 332
　　フォーム入力を利用する. 333
　　Reactアプリケーションについて. 335
　　Reactプロジェクトを作成する. 336
　　Reactのコンポーネント 338
　　Appコンポーネントから/postにアクセスする. 338
　　CORSの設定について 340
　　SWRの利用 341
　　SWRで指定したIDのPostを表示する 342
　　ReactはAPIと相性がいい 345

Chapter 7　覚えておきたいSpringの機能　347

7-1 BeanとDIコンテナ　348
アプリケーションとBean　348
Beanとアノテーション　349
Bean用のテストページを作成する　350
@Beanの利用　354
コンポーネントの利用　355
アプリケーションプロパティを利用する　357
サービスについて　359
RESTの利用とRestTemplateについて　361
RestTemplateを利用する　363
データベースを利用する　366
ネットワークアクセスしたPostをデータベースに蓄積する　368
構成クラスについて　370

7-2 Spring Securityによる認証　372
認証とSpring Security　372
セキュリティ構成クラスの作成　375
SecurityFilterChainクラスについて　376
InMemoryUserDetailsManagerクラスについて　377
「SampleSecurityConfigクラスの作成　378
サンプルページを用意する　381
データベースを利用する　384
MySQLの準備をする　385
セキュリティ構成クラスを修正する　386
ロールを使って管理者ページを作る　388
メソッドセキュリティについて　391
メソッドセキュリティを使う　392
ログインページのカスタマイズ　395

さくいん　398

Chapter 1

Spring Boot
開発の準備

まずは、Spring Bootというフレームワークがどのような
ものか理解し、そして開発で用いられる3つのツール「Spring
Boot CLI」「Spring Initializer」「Spring Tool Suite」による
プロジェクト作成について説明しましょう。

1-1 サーバー開発とSpring Boot

Spring Bootとは？

「**Spring**」は、Javaの世界では老舗ともいえるフレームワークです。このSpringは多数のフレームワークから構成されています。中でも、「**Webアプリケーション開発のためのフレームワーク**」として多くのJavaプログラマに支持されているのが「**Spring Boot**」です。

Springは、2002年に登場したフレームワークで、当初はDI（Dependency Injection、依存性注入）と呼ばれる機能を実現するための「**Spring Framework**」という単体のものでした。それが、このDIをベースとしてさまざまな機能を実装していき、今では「**統合フレームワーク**」とでも呼べるような大規模なものに成長しています。

このSpringの本体をベースにし、さまざまな用途にむけて拡張されたフレームワーク群が用意されています。「**Spring Boot**」も、こうしたフレームワーク群を構成するものの一つです。

Spring Boot とは

Spring Bootは、DIフレームワークであるSpring Frameworkをベースとしたアプリケーションを構築するためのフレームワークです。アプリケーション開発と一口にいっても、実は多くの機能の集合体として開発されることになります。Webアプリケーションならば Webページを表示するための基本機能、データベースアクセスのための機能、セッションなどクライアントとの接続を維持するための機能、セキュリティ関係の機能など、ちょっと思い浮かぶだけでもさまざまな機能が必要となることは想像できるでしょう。

Springには、こうした機能のためのフレームワークが一通り用意されています。とはいえ、それらを開発者が手作業ですべて組み込み設定していくのは相当な労力がかかります。

そこで、作成するアプリケーションでどのような機能が必要かをあらかじめ定義し、それに応じて必要となるフレームワークなどを自動的に組み込み、それらを統合したアプリケーションを生成するための仕組みを用意しました。それが「**Spring Boot**」です。

Spring Bootは、「**Spring Bootというアプリ開発用のフレームワークがあって、それを使ってアプリ開発をする**」というものではありません。もちろん、Spring Bootというフレームワークに独自の機能が用意されてはいますが、それだけでアプリを作るのではありません。これは、Springを使った開発のスターターキットとしての役割を果たすものなのです。

Spring Bootには、Springの各フレームワークをアプリに簡単に組み込んで使えるようにするスターターキットが多数用意されており、それらを利用することで、Springのフレームワーク群を使ったアプリケーションを効率的に構築できます。

Spring BootにはCLIプログラムやWebベースのツールなども用意されており、作成するアプリケーションの情報を設定するだけでプロジェクトを自動生成することができます。特にWebアプリケーションに関しては、MVCアーキテクチャのフレームワークをベースにさまざまな機能を必要に応じて持たせて開発できます。

　Spring Bootを使えば、Spring Frameworkをベースとするアプリケーションを圧倒的な速さで組み立てることができます。特にWebアプリケーション開発に関しては、Spring Bootこそが「**Springの考えた答え**」だといってよいでしょう。

図1-1：Spring（http://spring.io/）のサイト。ここでSpring Frameworkが配布されている。

Spring Bootを選ぶ理由

　Javaの世界では、Spring Boot以外にもWebアプリケーション構築のためのフレームワークは存在します。数あるWebアプリケーションフレームワークの中で「**Spring Boot**」を選ぶ理由は何か？ その特徴・利点について簡単に整理しましょう。

Spring Boot ＋ フレームワーク

　Spring Bootによる開発は、Spring Bootだけでなく、その他のSpringの各種ライブラリが内部で利用されます。これらは高度に結びついており、切り離して考えることはできません。

　Springのライブラリ群の最大の特徴は、ここにあります。すなわち、コアとなるSpring Frameworkの上に、開発に必要なあらゆる機能がライブラリ化されており、Spring Bootアプリケーションはそれらすべての恩恵を受けて開発できるのです。

DI をベースとする一貫した実装

　アプリで使われるフレームワークはすべてSpring製ですから、基本的な設計は共通しており、さまざまなライブラリを寄せ集めるのに比べればはるかにすっきりとわかりやすく統合されています。

　Springのライブラリ群は、Springの中心となっている「**DI（Dependents Injection、依存性注入）**」と「**AOP（Aspect Oriented Programming、アスペクト指向プログラミング）と**」呼ばれる機能をベースにして設計されています。数多くのライブラリがあっても、それらの基本的な設計思想は一貫しており、新しいライブラリを追加するたびにその設計を一から覚え直す、ということもありません。

幅広い利用範囲

　Springは、Javaのアプリケーション開発全般で利用することを考えられています。この種のフレームワークは、例えば「**Webアプリケーションを作るため**」というように、特定の用途に絞って作られていることが多いものですが、SpringはあらゆるJavaの開発に利用できるように考えられています。

　「**Spring自体は、Web開発専用ではない**」ということは頭に入れておきましょう。ここで覚える機能の多くは、そのままWeb以外の分野でも利用できるのです。

強力な専用開発ツール「Spring Tool Suite」

　一般に、フレームワークを開発するところは、フレームワークのライブラリファイルを単体で提供するのが普通です。「**本体は提供するから、後はそれぞれで使ってくれ**」というスタンスですね。ところが、Springの開発元は、フレームワーク本体だけでなく、それを利用して開発を行うための専用開発ツールまで作って提供しています。

　これは「**Spring Tool Suite (STS)**」と呼ばれるもので、オープンソースの開発環境である「**Eclipse**」や「**Visual Studio Code**」にインストールする機能拡張プログラムとして提供されています。

　(STSをインストールしていない)標準のEclipseなどでも、もちろんSpringは利用できます。ただし、そのためには手作業でライブラリファイルを組み込み、必要なファイルなどを手書きしていかなければいけません。専用ツールを利用することで、必要な処理が自動化され、コードの作成のみに注力することができます。ここまで環境整備を行なっているフレームワークは、Spring以外にはまず見られないでしょう。

Springの概要

　Springが非常にパワフルなものであることはなんとなくわかったでしょう。が、ここまでの説明の中ですら、「**Spring Framework**」や「**Spring Boot**」のように似たような名前がいくつも出てきて混乱している人もいるかも知れません。

　Spring(これがフレームワーク全体の名前です)では、さまざまなサブプロジェクトによって各種のフレームワーク開発が進められています。Springとは、いわば「**フレームワークの集合体**」です。それらは単品でも使えますし、いくつかを組み合わせて利用することもできます。

　この柔軟さ、幅広さこそがSpringの強みなのですが、初めてその世界に足を踏み入れようとすると、「**たくさんありすぎて何がなんだかわからない**」といったことに陥りがちです。そこで、この巨大なフレームワークにはどのようなものがあるのか、主なものを整理しておくことにしましょう。

　なお、ここで紹介するものがSpringのすべてではありません。この他にもまだフレームワークはありますし、Springは新しい技術をいち早く取り入れるため、この先もどんどん増えていくことでしょう。

図1-2：Springの主なフレームワーク。コアとなるDIフレームワークをベースに、各フレームワークがそれぞれ独立して構築されている。

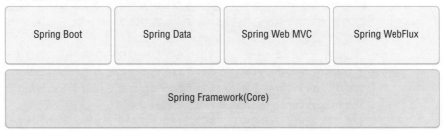

Spring Framework

　これがSpringの中核部分を示すものです。もともとSpring Frameworkは、このDIのための単体フレームワークとしてスタートしました。DI機能は、他のライブラリとは無関係に独立して利用できます。

Spring Boot

　Springを使ったアプリケーションを高速開発するためのものです。Springのフレームワークを簡単に利用できるようにするスターターパッケージを多数揃えており、Spring Bootを利用することでSpringのFrameworkを駆使したアプリケーションを素早く作成し、比較的短いコードで機能を実装できます。

Spring Web（Spring Web MVC）

　Webアプリケーションのベースとなるフレームワークです。一般的なWebアプリ開発用の「**Spring Web MVC**」と、リアクティブ開発用の「**Spring WebFlux**」などが用意されています。通常、単に「**Spring Web**」といえば、Spring Web MVCを指していると考えていいでしょう。これはMVCアーキテクチャに基づいたアプリケーション開発のフレームワークです。Webアプリの開発は、基本的にこれをベースに行ないます。

Spring WebFlux

　リアクティブWeb開発のためのノンブロッキングなWeb API開発のために作られたフレームワークです。Spring Webに含まれます。本書ではリアクティブなWebアプリ開発の際に利用します。

Spring Data

　データベースアクセスのためのフレームワークです。従来のSQLデータベースだけでなく、NoSQLについてもデータベースアクセス手段を提供します。いくつものフレームワークが用意されており、もっとも一般的に利用されるのはJPAを利用するための「**Spring Data JPA**」やJDBCを利用するための「**Spring Data JDBC**」でしょう。本書ではSpring Data JPAを利用します。

Spring Security

　Webのセキュリティ機能を提供するフレームワークです。ユーザー認証や、ページごとのアクセス権設定などを行ないます。本書ではユーザー認証の際に利用します。

　ここに挙げたのは、Springに含まれるフレームワークの一部に過ぎません。この他にも多くのものが開発されています。これらの多くはそれぞれ独立したサブプロジェクトとして開発が行なわれており、それぞれ一つだけでも利用することができます（ただし、コアとなるSpring Frameworkは一貫して必要です）。

　本書ではSpring Bootを中心に解説を行なっていきますが、しかし実際に開発するアプリ内では必要に応じてその他のフレームワークを利用しています。「**Spring Bootというフレームワーク**」の機能を使ってプログラミングすることは、実はあまりありません。

　例えばWebアプリについてはSpring Web MVCを使っていますし、データベース関係ではSpring Data JPAを使います。すべてのフレームワークは、コアであるSpring FrameworkのDI機能をベースに構築されていますから、表に現れないだけですべては融合しているのです。

　使っている段階で「**これは○○というフレームワークの機能だ**」ということを意識することはないでしょうし、本書の中でも「**このコードの中のこの部分はこっちのフレームワークを使っている**」などといった説明は行ないません。「**Springは、多数のフレームワーク全体で一つなのだ**」ということなのです。

Column　Springの「DI」とは？

　Spring Frameworkは「**DI（Dependency Injection）**」のためのフレームワークです。Springに用意されている各種のフレームワークは、すべて土台となるSpring FrameworkのDIをベースにして構築されています。DIについて理解することは、Springを理解する上で重要です。

　DIは、オブジェクト特有の機能をオブジェクトから切り離し、外部から挿入する機能です。例えばクラスを作成するとき、そのクラス特有のフィールド情報などを設定ファイルの形で切り離し、実行時にそれをもとにクラスに機能を組み込んだりすることができます。

　通常、Javaのプログラムでは、クラスの利用は事前にコードを書いて完成させておく必要があります。プロパティ（フィールド）の値などもインスタンスを作成してから設定して利用する必要があります。が、DIを利用することで、構成ファイルや構成クラスを作成しておくだけで自動的にインスタンスが指定の値をプロパティに代入された状態で用意され使えるようになったりします。つまり、プログラムのコードとして書かれていないはずのインスタンスが、すべて必要なセットアップがされた状態で用意され、いつでも利用できるようになるのです。

　本書はSpring Boot中心に説明を行うため、DIについてはあまり深く触れませんが、Spring BootもDIをベースに設計されており、使っていくに連れDIというものの働きを意識することになるでしょう。Spring Bootでは、さまざまなBeanを使って各種の処理を行ないますが、それらは必要に応じてクラスに自動的に組み込まれるようになっています。それもすべてDIの働きなのです。「**Spring Bootが簡単に各種機能を組み込めるのは、DIのおかげなのだ**」ということは頭に入れておいてください。

SpringによるWebアプリケーション開発とは？

　ざっとSpringにあるフレームワークについて紹介しましたが、本書ではSpring Bootと、Webアプリのための Spring Web MVCを中心に説明していくことになります。もちろん、その中で他のフレームワークも必要に応じて利用していくことになるでしょう。

　このSpring Bootのアプリは、Spring Web MVCによる「**MVC（Model-View-Controller）**」というアーキテクチャをベースに設計されています。これはアプリケーションをMVCの3つに分けて作成するものです。

Model（モデル）	データの管理部分
View（ビュー）	表示を行う部分
Controller（コントローラ）	全体の処理を制御する部分

　このMVCアーキテクチャによりSpring Bootはアプリケーションを構築していきます。Spring Bootで作成されるWebアプリは、Spring Web MVCを使って作られますが、これは基本的に「**プレゼンテーション層**」の部分だけです。

　Webアプリケーションというのは、さまざまな機能の組み合わせとして構築されます。プレゼンテーション層というのは、「**クライアントに表示される内容に関連する部分**」といってよいでしょう。具体的には、MVCの「**V（View、画面に表示される部分）**」と「**C（Controller、全体を制御する部分）**」です。この部分がSpring Web MVCで構築できる部分です。

　残る「**M（Model、データ管理）**」の部分は、データベース利用のためのフレームワークにより実装されます。これは「**Spring Data**」というフレームワークを使いますが、このSpring Dataにはデータベースの種類に応じて多数のフレームワークが用意されています。一般的なSQLデータベースなら、JPAを利用するSpring Data JPAを使うことになります。

　また、「**VとC**」は用意されている、といっても、これは「**仕組みがある**」ということであり、実際に画面表示などを設計する際には「**テンプレートエンジン**」と呼ばれる別の技術についても理解しなければいけません。

　つまり、「**Spring BootによるWebアプリケーション開発**」というのは、「**Spring Bootだけを使ったWebアプリケーション開発**」ではないのです。もちろん、Spring Bootを使ってアプリケーションを開発するのは確かですが、構築されるアプリケーションは「**Spring Web**」「**Spring Data**」「**テンプレートエンジン**」といった多数のフレームワークを組み合わせたものになっています。

　本来、こうしたプログラムを作るためには、フレームワークに関する深い理解が必要となります。が、Spring Bootを使うことで、個々のフレームワークを深く知らなくとも自動的にそれらを組み合わせたプログラムが生成される。これがSpring Bootを使う最大のメリットなのです。

Spring開発に必要なもの

　では、Springの開発を行うためにはどのようなものを用意する必要があるのでしょうか。ここで簡単に整理しておきましょう。

Java 17 以降

　Springの開発には、当然ですがJavaが必要です。これはランタイム版ではなく、開発用のもの（JDK）を用意してください。また、Spring Boot 3（Spring Framework 6）はJava 17以降対応なので、必ずJava 17以降のものを用意してください。

開発ツール

　Springの開発には、専用の開発ツールを用意します。これについては後述しますが、コマンドプログラムである「**Spring Boot CLI**」か、EclipseやVisual Studio Codeで使える「**Spring Tool Suite**」のいずれかを用意します。

　ただし、こうした開発ツールを用意しなくとも、Springの開発は行なえます。後述しますが、「**Spring Initializer**」というWebベースのツールが用意されており、これを使ってプロジェクトの作成などが行なえるため、「**Webでプロジェクトを作り、それを普段利用しているテキストエディタで編集する**」といった開発スタイルも可能です。

　とりあえず、この2つのものが用意されていれば、Springの開発は可能です。最低でもJDK 17以降だけは用意してください。そして、ある程度Springの開発の手順が頭に入ったところで、自分にあった開発ツールを用意するとよいでしょう。

JDK の用意

　まだJDKを用意していない、あるいは古いバージョンを使っているので新しくしたい、という人は、以下のURLからJDKを入手してください。

　　　https://www.oracle.com/jp/java/technologies/downloads/

図1-3：OracleのJDKダウンロードページ。

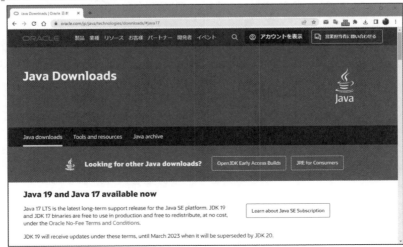

　これは、Oracleのダウンロードページです。OracleのJDKは、一時期有料化され利用をやめた人も多いかも知れませんが、現在は個人利用であれば無料で使えるようになっています。従って、安心して利用してください。

　このページには、「**Java SE Development Kit XXX downloads**」（XXXはバージョン）というところに、各プラットフォーム用のJDKのリンクがまとめられています。ここから自分が利用しているプラットフォーム用のJDKをダウンロードしてください。なおJDKは圧縮ファイル形式とインストーラ形式が配布されています。インストール作業がよくわからないという人は、インストーラ版をダウンロードするとよいでしょう。

図1-4：自分が利用するプラットフォーム用のJDKをダウンロードする。

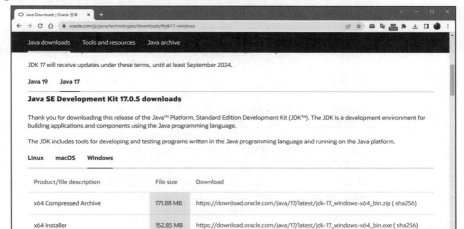

1-2 Spring Boot CLIとSpring Initializer

プロジェクトについて

　では、Spring Bootアプリケーションの開発について順に説明を行なっていきましょう。まずは、アプリケーション開発で作成する「**プロジェクト**」についてです。

　「**プロジェクト**」とは、アプリケーションの開発において必要なものを一元管理するための仕組みです。現在のアプリケーション開発は、単に「**ソースコードを書いて終わり**」というようなシンプルなものではありません。多数のファイル（ソースコードファイルだけでなく、イメージなどのリソースや各種の設定ファイル）、必要なライブラリの情報、使用するデータベースへアクセスするための設定情報など、多数のデータ類を管理しな

ければいけません。そこで考えだされたのが「**プロジェクト**」という考え方です。

　プロジェクトは、作成するアプリケーションに必要なあらゆる情報をまとめて保管し管理します。ソースコード類はもちろん、使用するイメージや設定ファイルなども、プロジェクト内の適切な場所に配置することでプログラムが認識できるようになります。またEclipseやVisual Studio Codeなどの開発ツールを利用している場合は、そのツールの設定情報なども保存され、そのプロジェクトを開けば常に同じ環境で開発を続けることができます。

　このプロジェクトは、作成するプログラムの内容によってその中身も変わってきます。Spring Bootによる開発では「**Springスタータープロジェクト**」と呼ばれるプロジェクトを作成します。

　このプロジェクトを作成し、ソースコードや設定ファイルなどを編集してプログラムのビルド・実行を行う——という流れでSpring Bootの開発は進められます。開発をスタートするためには、「**どのようにプロジェクトを作るか**」「**作ったプロジェクトの編集や実行はどうするか**」ということをきちんと考えておく必要があるのです。

Spring開発の3つの方法

　では、Spring Bootによるアプリケーション開発を行う場合、どのような環境を整えればいいのでしょうか。

　これは、大きく3つあると考えてください。「**Spring Boot CLI**」「**Spring Tool Suite**」「**Spring Initializer**」です。

Spring Boot CLI

　「**Spring Boot CLI**」というのは、名前の通り「**Spring Bootを使うためのCLIプログラム**」です。これはコマンドベースのプログラムとして提供されており、これをインストールしてコマンドを実行することで、Spring Bootのプロジェクトを作成することができます。

　ただし、CLIですから、開発のための環境（ソースコードを編集するなど）はありません。コーディング等は、普段使っているテキストエディタなどで行うことになります。

Spring Tool Suite

　Springの専用開発ツールです。Eclipse用とVisual Studio Code用が用意されています。これにより、EclipseやVisual Studio CodeにSpring開発のための機能が追加されます。既にEclipseやVisual Studio Codeを利用している人は、この方式が一番でしょう。

Spring Initializer

　これは、実はツールなどではありません。これは、Webサイトです。このSpring Initializerは、Springのプロジェクトを生成するための専用Webサイトです。ここで作成するアプリケーションの設定などを行うと、そのプロジェクトをダウンロードできます。

　この3つのいずれかを使ってプロジェクトを作成します。そして作成したプロジェクトを編集し、ビルドや実行を行なって開発を進めていけばいいのです。

プロジェクト作成に必要なもの

　開発のスタートは、「**プロジェクトの作成**」です。プロジェクトとは、開発するアプリケーションで必要となるファイルや設定、ライブラリの参照情報などといったものをまとめて管理するものです。Springの開発は、基本的にプロジェクトを作成して行ないます。

　方法はそれぞれ違いますが、基本的なプロジェクト作成のために必要となる設定情報などはすべて同じです。ですから、「**こうした情報をもとにプロジェクトを作成する**」という基本がわかっていれば、どの方法でも同じやり方でプロジェクトを作成できます。

　プロジェクトの作成には以下のような情報が必要です。

プログラムの基本情報

　アプリケーション名の他に、作成するプログラムが配置されるパッケージ情報、それぞれのアプリに割り当てられるIDなどの情報が必要です。またアプリの説明やバージョン、作成場所などといった情報も用意できます。

必要なフレームワーク

　プロジェクトでどのフレームワークを使用するかを指定します。これにより、Springのどの機能を組み込み使えるようにするかが決まります。アプリにどういう機能を用意する必要があるかをよく考えて使用フレームワークを決めることになります。合わせて、使用するSpring Bootのバージョンについても設定を行なえます。

　Spring Bootでは、これらの情報をもとにプロジェクトが作成されます。どの環境であっても必要となる情報は基本的に同じです。

Spring Boot CLIの用意

　では、実際に環境を整え、プロジェクトの作成を行なっていきましょう。まずは、「**Spring Boot CLI**」を利用した開発から説明しましょう。

　Spring Boot CLIは、既に触れたようにSpring Bootによるアプリケーション開発を支援するコマンドプログラムです。これは、以下のURLにアクセスして利用開始します。

　　https://docs.spring.io/spring-boot/docs/3.0.x/reference/html/getting-
　　started.html#getting-started.installing.cli
　　（短縮URL https://bit.ly/springcli）

　これは「**Installing the Spring Boot CLI**」というドキュメントのページです。ここの「**Manual Installation**」というところに、Spring Boot CLIのファイルのダウンロードリンク（spring-boot-cli-3.x.x-bin.zipといったファイル名）が用意されています。これをクリックしてダウンロードしてください。なお、リンクはZipファイルとtar.gzファイルが用意されています。どちらでも自分が利用している圧縮ファイルをダウンロードし展開してください。

図1-5：Installing the Spring Boot CLIのページ。ここからSpring Boot CLIをダウンロードできる。

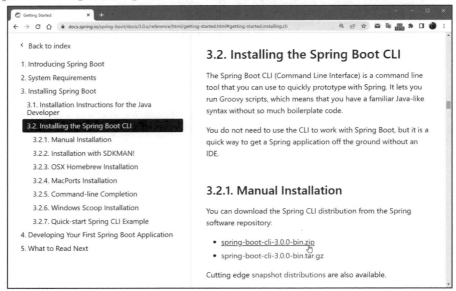

Spring Boot CLIのインストール

　ファイルを展開すると、Spring Boot CLIのプログラムがフォルダに保存されます。この中の「**bin**」フォルダ内にSpring Boot CLIで使う「**spring**」コマンドのプログラムが用意されています。

　Spring Boot CLIを利用するには、この「**bin**」フォルダを環境変数のpathに追加しておきます。これは、WindowsとmacOSでそれぞれ作業手順が異なります。以下に手順を簡単にまとめておきましょう。

PATH 環境変数の追加（Windows）

　Windowsの場合、システム環境設定コントロールパネルを開きます（Windows 10ならば、「**Windowsの設定**」ウィンドウで「**環境変数**」と検索し、見つかった「**システム環境変数**」をクリックすると、「**システム**」コントロールパネルを開くことができます。

図1-6：Windows 10では、Windowsの設定で「環境変数」と検索する。

「**システム**」コントロールパネルにある「**環境変数**」ボタンをクリックしてください。環境変数のダイアログが開かれます。

図1-7：「システム」コントロールパネルで「環境変数」ダイアログを開く。

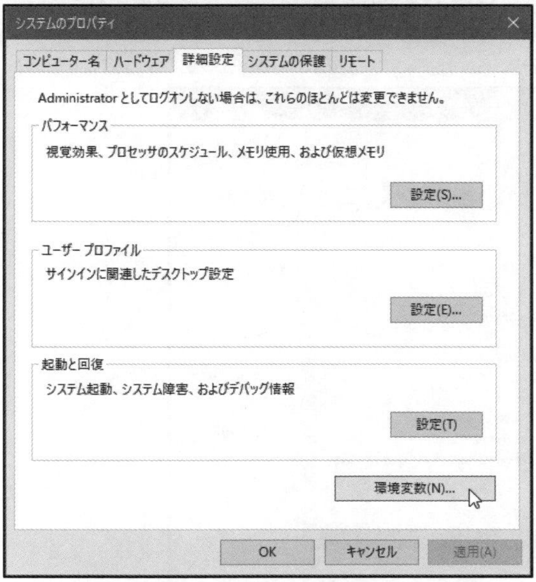

ダイアログWindowが開かれます。ここにある「**システム環境変数**」というところから「**path**」の項目を探して選択し、「**編集**」ボタンをクリックしてください。

図1-8：「path」を探して編集する。

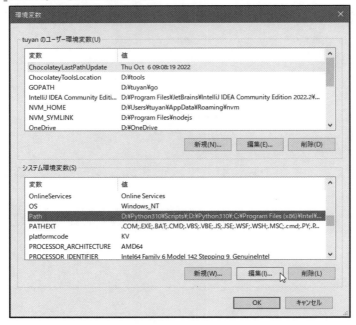

　pathの値が表示されたダイアログウィンドウが開かれます。ここに「**新規**」ボタンで新しい項目を追加し、配置したSpring Boot CLIの「**bin**」フォルダのパスを追記してください。後は、ダイアログウィンドウをOKして閉じればパスが追加されます。

図1-9：path環境変数を開き、Spring Boot CLIの「bin」フォルダのパスを追加する。

PATH 環境変数の追加（macOS）

　macOSの場合、ホームディレクトリ内にある「**.bash_profile**」というファイルに環境変数の情報が記述されています。これを編集することでPATHを追記できます（もし見当たらないようなら、新たにファイルを作成して利用します）。

　これは非表示ファイルであるため、標準のテキストエディットでは直接開くことができないでしょう。ターミナルから、以下のように実行してください。

```
vim ~/.bash_profile
```

　これで、vimでテキストファイルが編集できるようになります。ここに以下のように追記をします。

```
PATH=$PATH:…Spring Boot CLIのパス…/bin
export PATH
```

　ファイルの一番最後などに追加すればいいでしょう。記述したら保存しておきます。Ctrlキー＋「**C**」キーを押せば編集モードから抜けるので、そこで「**:wq**」と入力すれば、ファイルを保存してvimを終了できます。

　vimから通常のターミナルの入力状態に戻ったら、以下のように実行して変更内容を更新しましょう。

```
source ~/.bash_profile
```

Spring Boot CLIでプロジェクトを作る

　では、実際にSpring Boot CLIでプロジェクトを作成してみましょう。これはコマンドプログラムですからコマンドを利用できる環境が必要です。

　コマンドプロンプト（Windows）またはターミナル（macOS）を開いてください。そして、プロジェクトを作成する場所にcdコマンドで移動をします。デスクトップに作るなら、「**cd Desktop**」と実行すればいいでしょう。

　そして、以下のようにコマンドを実行してください。

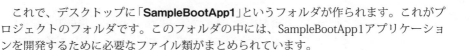

```
spring init --dependencies=web --artifactId=sample1app --groupId=com.
example --name=SampleBootApp1 SampleBootApp1
```

　これで、デスクトップに「**SampleBootApp1**」というフォルダが作られます。これがプロジェクトのフォルダです。このフォルダの中には、SampleBootApp1アプリケーションを開発するために必要なファイル類がまとめられています。

▌**図1-10**：spring initコマンドでプロジェクトを作成する。

▌**spring init コマンドについて**

　ここで実行したのは「**spring**」というコマンドです。これが、Spring Boot CLIに用意されているコマンドプログラムです。

　このspringコマンドにはいくつものオプションが用意されているのですが、今回利用したものを整理すると以下のようになります。

▌**spring init**

　Springコマンドで、プロジェクトの初期化を行うためのオプションです。プロジェクト作成は、必ず「**spring init**」という形で実行します。

▌**--dependencies=web**

　「**dependencies**」とは、依存するパッケージを指定するものです。ここで、Springに用意されているフレームワークから使用するものを選んで記述します。ここでは「**web**」というパッケージを追加しています。

▌**--artifactId=sample1app**

　このアプリケーションに割り当てられるIDです。ここでは「**sample1app**」としておきました。

▌**--groupId=com.example**

　パッケージのグループIDを指定します。これは、このアプリを開発した者のIDです。このグループIDと、先のアーティファクトIDにより作成したプログラムが識別されます。

▌**--name=SampleBootApp1**

　アプリケーションの名前を指定します。ここではSampleBootApp1としておきました。

　ここで用意したオプションは、プロジェクト作成時に最低限必要となるものといっていいでしょう。spring initにはこの他にもオプションが多数用意されていますが、これらをきちんと指定すればアプリケーションは問題なく作成されます。

ソースコードを修正する

　作成されたプロジェクトは、アプリケーションの基本部分は一通り揃っているのですが、まだ具体的なWebページは用意されていません。そこで、簡単なテキストを表示するページのコードを追加しておきましょう。

　プロジェクトのフォルダ（ここでは「**SampleBootApp1**」）を開くと、その中に「**src**」というフォルダがあります。これを開くとそこに「**main**」というフォルダがあります。この「**main**」の中には、更に「**java**」というフォルダがあります。これが、Javaのソースコードファイルがまとめられているところです。この「**java**」フォルダの中にあるフォルダを次々と開いていってください。「**com**」→「**example**」→「**sample1app**」とフォルダがあり、更にその中に「**SampleBootApp1Application.java**」というファイルが見つかります。これがアプリケーションのソースコードファイルです。

　これを開くと、以下のように内容が記述されています。

リスト1-1

```
package com.example.sample1app;

import org.springframework.boot.SpringApplication;
import org.springframework.boot.autoconfigure.SpringBootApplication;

@SpringBootApplication
public class SampleBootApp1Application {

  public static void main(String[] args) {
    SpringApplication.run(SampleBootApp1Application.class, args);
  }
}
```

　このソースコードの内容については、もう少し後できちんと説明をします。今は深く考えないでください。では、このファイルの内容を以下のように書き換えましょう。

リスト1-2

```
package com.example.sample1app;

import org.springframework.boot.SpringApplication;
import org.springframework.boot.autoconfigure.SpringBootApplication;
import org.springframework.web.bind.annotation.RestController;
import org.springframework.web.bind.annotation.RequestMapping;

@SpringBootApplication
@RestController
public class SampleBootApp1Application {

  public static void main(String[] args) {
```

```
    SpringApplication.run(SampleBootApp1Application.class, args);
  }

  @RequestMapping("/")
  public String index() {
    return "Hello, Spring Boot 3!!!";
  }
}
```

　import文が2つ追加され、SampleBootApp1Applicationクラスの手前に@RestController というアノテーションが更に追加になっています。そして、@RequestMappingというアノテーションを付けたindexメソッドを追加しています。アノテーションがいくつも使われていて「**これはなんだろう？**」と疑問に思ったでしょうが、ソースコードそのものはそれほど複雑ではありません。

アプリを実行しよう

　では、実際にアプリを実行してみましょう。コマンドプロンプト／ターミナルはまだ開いたままになっていますか？ では、「**cd SampleBootApp1**」を実行して、作成された「**SampleBootApp1**」フォルダ内に移動してください。そして以下のコマンドを実行しましょう。

```
gradlew bootRun
```

　実行すると、アプリケーションが起動します。そのままWebブラウザを開き、http:// localhost:8080にアクセスしてみてください。「**Hello, Spring Boot 3!!!**」というテキストが表示されます。これが、サンプルとして用意したWebページです。
　起動したアプリケーションは、Webサーバー内臓であるため、そのまま常に実行し続けた状態になっています。動作を確認できたら、Ctrlキー＋「**C**」キーを押してプログラムを中断してください。これでアプリケーションは終了します。

図1-11：http://localhost:8080にアクセスすると、「Hello, Spring Boot 3!!!」と表示される。

GradleプロジェクトとMavenプロジェクト

　作成したプロジェクトは、「**Gradle**」というビルドツールを使ってプログラムのビルドと実行を行うようになっています。Spring Bootでは、この他に「**Maven**」というツールも利用できるようになっています。これらはspring initコマンド実行時に「**type**」というオプションを用意することで指定できます。

```
--type=maven-project
--type=gradle-project
```

　前者がMavenプロジェクト、後者がGradleプロジェクトを指定するためのものです。spring init実行時にこれらのオプションを追記して実行することでGradleとMavenのどちらをビルドツールとして使うかを指定できます。

各プロジェクトの実行方法

　ビルドツールが変更されると、プロジェクトのビルドや実行のためのコマンドも変更されるので注意が必要です。GradleとMavenのアプリケーションの起動コマンドはそれぞれ以下のようになります。

■Gradleの場合
```
gradlew bootRun
```

■Mavenの場合
```
mvnw spring-boot:run
```

　いずれも、作成したプロジェクトのフォルダ内にカレントディレクトリを移動してコマンドを実行します。終了は、どちらもCtrlキー＋「**C**」キーで強制終了します。

　GradleとMavenのビルドツールの違いなどについては、改めて説明をします。今は「**Spring Boot CLIのコマンドで2つのビルドツールを使える。その場合、実行コマンドなども変わる**」ということだけ頭に入れておきましょう。

Spring Initializerについて

　Spring Boot CLIは、扱いは簡単ですが、プロジェクトを作成する際に細々とオプションを設定していかなければいけません。これらはすべてテキストとしてタイプする必要があり、少しでも書き間違いがあればエラーになってしまうため、かなり面倒です。といって、Spring Tool Suiteのような複雑な開発ツールを使いたくはない。もっと簡単にプロジェクトを作れないのか、と思う人もいることでしょう。

　そうした人のために、Spring開発元のPivotalでは「**Spring Initializer**」というツールを提供しています。これはWebベースで提供されているプロジェクトの生成ツールです。以下のURLで公開されています。

https://start.spring.io/

図1-12：Spring InitializerのWebサイト。ここでプロジェクトを作成できる。

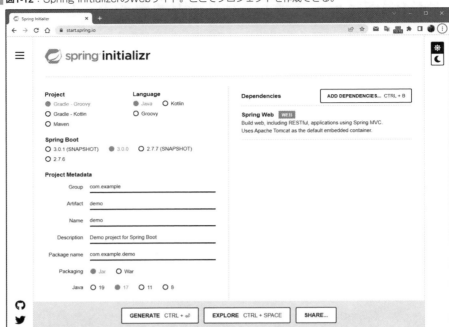

用意されている項目について

　Spring Initializerは、作成するプロジェクトの設定をWebで行うと、その設定に従って作成されたプロジェクトがダウンロードされるというものです。後はダウンロードされたプロジェクトを展開保存し、そのまま利用すればいいのです。

　Spring Initializerのページには、プロジェクトの設定項目が多数用意されています。これらの役割をよく理解しておきましょう。

Project

　プロジェクトの種類を指定するものです。「**Gradle-Groovy**」「**Gradle-Kotlin**」「**Maven**」の3つが用意されています。Spring Boot CLIのtypeオプションで指定されるのと同じものです。

Language

　使用する言語を選択します。Spring Bootは、実はJava以外の言語にも対応しています。利用可能なのは「**Java**」「**Kotlin**」「**Groovy**」の3つです。

Spring Boot

　使用するSpring Bootのバージョンを選択します。ここでは、ver. 2.x ～ 3.xの間のいくつかのバージョンが選択できるようになっています。

Project Metadata

プロジェクトに関する細かな設定がここにまとめられています。用意されている項目は以下のようになります。

Group	グループIDです。開発者を示すIDになります。
Artifact	このプロジェクトに割り当てるIDです。
Name	アプリケーションの名前です。
Description	アプリケーションの簡単な説明です。
Package name	プログラムが配置されるパッケージの指定です。
Packaging	プログラムのパッケージ方法を示します。「war」と「jar」があります。
Java	使用するJavaのバージョンを選択します。Spring Boot 3の場合、必ずJava 17以上を選択してください。

Dependencies の指定について

プロジェクトの設定の中でも重要なのが、画面の右側にある「**Dependencies**」です。ここで、アプリケーションで利用するフレームワークのパッケージを追加していきます。

ここには、「**ADD DEPENDENCIES...**」というボタンが用意されています。これをクリックしてください。

図1-13：「ADD DEPENDENCIES...」ボタンをクリックする。

画面にパッケージのリストが表示されます。この中から、使用するパッケージを選択します。例として、「**Spring Web**」というパッケージをクリックしてみましょう。これは、Web開発のためのパッケージです。

（この「**Spring Web**」は、正確には「**Spring Web MVC**」のことです。当分の間、Spring WebのフレームワークはSpring Web MVCしか使わないため、「**Spring Web ＝ Spring Web MVC**」と考えてください）

図1-14：パッケージのリストから「Spring Web」を選ぶ。

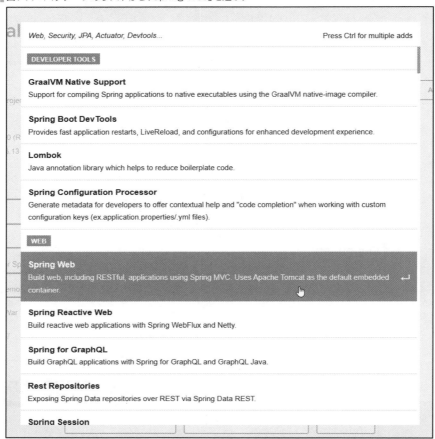

　パッケージを選ぶとリストが消え、選択したパッケージが「**Dependencies**」のところに追加されます。

　この作業（「**ADD DEPENDENCIES...**」ボタンをクリックしてリストからパッケージを選ぶ）を繰り返して必要なパッケージをすべて追加していくのです。

図1-15：クリックしたパッケージが追加される。

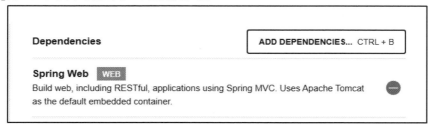

プロジェクトの生成と保存

　　必要なパッケージをすべて追加したら、下部にある「**GENERATE**」ボタンをクリックしてください。プロジェクトファイルがダウンロードされます。ファイルはZip圧縮されており、ダウンロードされたファイルを展開保存すれば、プロジェクトのフォルダになります。後は、この中身を編集して開発するだけです。

図1-16：「GENERATE」ボタンをクリックするとプロジェクトがダウンロードされる。

Explorer で内容を確認する

　　プロジェクトを生成する際、その内容をあらかじめ確認しておきたい場合もあります。例えば、ファイルを誤って書き換えてしまい、もとに戻したいようなときには、生成されるプロジェクトのファイルをその場で開いて内容をコピーし利用できます。

　　Spring Initializerの下部にある「**EXPLORER**」というボタンをクリックしてください。画面に、プロジェクトの内容が現れます。左側にはプロジェクトに用意されるファイル類が階層的に表示され、そこからファイルを選択するとその中身が右側に表示されます。開いたページの内容は、上部の「**COPY**」ボタンをクリックしてコピーできます。

図1-17：「EXPLORER」ボタンでプロジェクトの内容を見ることができる。

作った後は Spring Boot CLI と同じ

Spring Initializerで作成したプロジェクトのビルド＆実行は、先ほどSpring Boot CLIで行ったのと同じコマンドで行なえます。フォルダの中にカレントディレクトリを移動し、「**gradlew bootRun**」または「**mvnw spring-boot:run**」を実行すればいいのです。これらのコマンドは、実はSpring Boot CLIにあるものではなく、プロジェクトの中に用意されているので、Spring Boot CLIをインストールしていなくとも問題なく動きます。

Spring Initializerを利用すれば、Spring Boot CLIなどのプログラムを別途インストールする必要がなく、何も準備していなくともすぐにSpring Bootの開発をスタートできるのです。

Column ビルドツールは必要？

ここまでの説明で、Spring BootがMavenやGradleといったビルドツールを使ってプログラムを管理しているということがわかってきました。このため、「**Springを使うには、MavenやGradleといったビルドツールをインストールしないといけないのだろうか**」と不安になった人もいるかも知れません。

結論からいえば、これらは必要ありません。まず、Spring Boot CLIやSpring Initializerでプロジェクトを作成した場合、プロジェクト内にmvnwやgradlewコマンドが内蔵されており、別途ソフトウェアをインストールしなくともコマンドを実行できます。またSpring Tool Suiteを利用する場合も、必要なプログラムはすべて内蔵されているため、別途用意する必要はありません。

ただし、ビルドツールが必要となる場合もあります。例えば、本書ではChapter 2でコマンドプログラムを作成する際にGradleコマンドを使ってアプリケーションをビルドしていますが、この作業にはGradleがインストールされている必要があります。

1-3 Eclipse ＋ Spring Tool Suiteによる開発

Eclipse ＋ STSについて

Springは、「**フレームワークをダウンロードし手作業で組み込んでアプリケーションを構築する**」というような使い方はほとんどされません。Spring Boot CLIやSpring Initializerなど、さまざまな方法でセットアップ済みのプロジェクトを作成し、すぐさま開発に入れるようになっています。

では、プロジェクトの作成はこれらで行うとして、実際の開発はどのように進めるのでしょうか。自分で開発ツールやエディタを用意する必要がある？ もちろん、そのような形で開発を行うこともできますが、Springの開発元であるPivotalが提供する「**Spring Tool Suite（以後、STSと略）**」を利用して開発する人がほとんどでしょう。

STSは、既に触れましたがEclipseやVisual Studio Codeの拡張プログラムです。これらにSTSをインストールすることで、Springスタータープロジェクトの作成、Springベースのソースコードや設定ファイルの編集、プログラムのビルド・実行などをすべてツール内で行なえるようになります。

STSは、EclipseとVisual Studio Codeの2つの開発ツール用のものが用意されています。まずは、Eclipse用のSTSについて説明をしていきましょう。そして一通りわかったところで、改めてVisual Studio Code用のSTSについて説明を行うことにします。

Eclipseの入手とPleiades

STSを利用するためには、Eclipseが必要です。Eclipseは、Eclipse FoundationのWebサイトにあるダウンロードページ（https://www.eclipse.org/downloads/）からダウンロードできます。が、日本で利用する場合、もっとよい入手先があります。それは「**MergeDoc Project**」のサイトです。

https://mergedoc.osdn.jp/

図1-18：MargeDoc Projectのサイト。ここでPleiadesと日本語Eclipseが配布されている。

このMergeDoc Projectは、「**Pleiades**」というEclipseの日本語化プラグインを開発しているところです。このWebサイトで、Pleiadesと、Pleiadesを組み込んで日本語化されたEclipseを配布しています。日本語でEclipseを利用するなら、ここから日本語化されたEclipseをダウンロードして利用しましょう。

サイトにアクセスすると、そこにEclipseのダウンロードボタンがいくつか用意されています。ここでは「**最新版**」と表示されたものをクリックしましょう。

配布しているEclipseの一覧を表示したページに移動します。Eclipseは、さまざまな言語で使えるようにカスタマイズが可能です。ここでは、あらかじめいくつかの言語用にカスタマイズされた日本語Eclipseを用意しているのです。一覧表の中から、「**Java**」のところにある以下のいずれかをダウンロードします。

Full Edition	Eclipse本体の他、JDKやSTSなどまですべて組み込み済みのもの。
Standard Edition	Eclipse本体のみ。

　Full EditionにはSTSも組み込まれているため、これだけ用意すれば別途用意するもの
は何もありません。ただし、不要なものも多数含まれているので、プログラムのサイズ
はかなり巨大になります。Standard EditionはJava開発に必要にして十分な機能がパッ
ケージされています。

　Eclipseを初めて利用するという人は、Full Editionをダウンロードしておきましょう。
これがあれば、STSを別途用意する必要もありません。「**自分で環境を整えたい**」という
人は、Standard Editionで別途STSをインストールするのがよいでしょう。

図1-19：JavaのFull EditionまたはStandard Editionをダウンロードする。

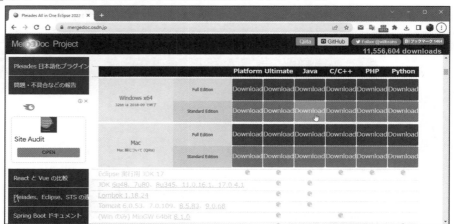

▌Pleiades プラグインについて

　既にEclipseを利用している人は、日本語化のためのPleiadesプラグインのみをダウ
ンロードして利用するとよいでしょう。これは、MergeDoc Projectのトップページの
「**Pleiades プラグイン・ダウンロード**」というところに用意されています。ここから、自
分が利用しているプラットフォーム用のものをダウンロードしてください。

　Pleiadesには専用のセットアッププログラムが用意されており、それを使って自分が
利用しているEclipseに簡単に組み込むことができます。ダウンロードしたら圧縮ファイ
ルを展開し、保存された「**Setup**」というプログラムを起動してインストールを行なって
ください。

▌**図1-20**：Pleiadesプラグインのダウンロードページ。

Spring Tool Suiteを入手する

　既にEclipseを利用していて、そのEclipseにSTSをインストールして使いたい、という人もいることでしょう。このような人は、SpringのサイトからSTSをダウンロードしましょう。以下のURLにアクセスしてください。

https://spring.io/tools

▌**図1-21**：STSのWebページ。

このページに、STSに関する説明が用意されています。このページをスクロールすると、「**Spring Tools 4 for Eclipse**」という表示があり、そこに各プラットフォーム用STSのダウンロードボタンが用意されています。これをクリックしてソフトウェアをダウンロードしてください。

図1-22：Spring Tools 4 for Eclipseのダウンロードボタンが用意されている。

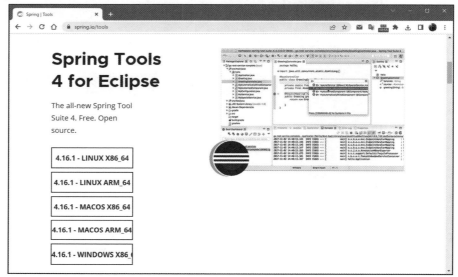

Windows 版と macOS 版の違い

ここで配布されているSTSは、実はWindows版とmacOS版で違いがあります（2022年11月現在）。両者は以下のような違いがあります。

Windows版	STSのEclipse用機能拡張プログラムを圧縮ファイルとして配布しています。これをダウンロードし、自分が利用しているEclipseにインストールします。
macOS版	STS組み込み済みのEclipseを配布しています。既に完成した状態ですので、別途Eclipseは必要ありません。

macOS版は、完成品ですので、ただダウンロードしてプログラムを「**アプリケーション**」フォルダにコピーするだけです。インストールなどは不要です。

STS のインストール（Windows 版）

Windowsの場合、ダウンロードされるのはJarファイルです。ダウンロードしたら、Eclipseのフォルダを開いてください。その中にある「**dropins**」というフォルダに、STSのJarファイルを入れてください。これでインストールは完了です。次にEclipseを起動したときからSTSが使える状態になっています。

図1-23：Eclipseの「dropins」フォルダにJarファイルを入れる。

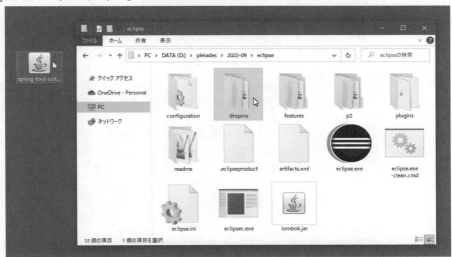

STSを起動する

　では、STSをインストールしたEclipseを起動しましょう（ややこしいので、今後は「**STS をインストールしたEclipse**」は単に「**STS**」と表記します）。なお、ここではPleiadesにより日本語化されたものをベースに説明を行ないます。

　初めて起動した際は、「**ワークスペースのディレクトリ選択**」と表示されたダイアログが現れるでしょう。これは、STSで作成するプロジェクトや各種設定などを保存する場所を指定するものです。保存したい場所を選択して「**起動**」ボタンを押してください。

　なお、ダイアログの下に「**この選択をデフォルトとして使用し……**」というチェックがあります。これをONにしておくと、以後、これは表示されません（OFFになっていると、起動するたびにダイアログが現れます）。

　STSで作成するプロジェクトは、以後、この「**ワークスペースのディレクトリ選択**」で選択したフォルダの中に作成されます。

図1-24：ワークスペース選択のダイアログ。デフォルトのまま起動すればいい。

STS の起動画面

起動すると、ウィンドウ内にいくつもの小さな区画が並んだようなものが現れます。これが、STSのエディタウィンドウです。ここでプロジェクトを開き、必要なファイルを開いて編集していきます。

このウィンドウ内に配置されている小さな区画は「**ビュー**」と呼ばれるものです。STSのベースとなっているEclipseでは、さまざまなツールを「**ビュー**」として用意しています。このビューをウィンドウ内にいくつも配置し、それらを操作して編集開発を行なっていくようになっているのです。

このビューは、配置場所や大きさなどを自由に調整できます。またビューを配置したレイアウトの状態は「**パースペクティブ**」と呼ばれ、設定として保存しておくことができます。例えば「**編集用**」「**デバッグ用**」というように、さまざまな用途ごとにビューのレイアウトをパースペクティブとして登録しておけば、それらを切り替えるだけでエディタウィンドウのレイアウトをがらりと変えてしまうことができます。

図1-25：起動したSTSの画面。いくつものビューが組み合わせられている。

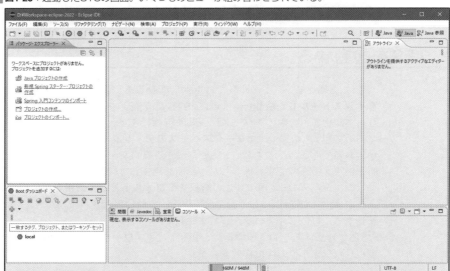

さんの中には、本書に掲載されている図とウィンドウの様子が違っている人も多いでしょう。これは、何か問題があるわけではありません。

皆さんのエディタウィンドウの表示が図と違っているのは、デフォルトで使われているパースペクティブがこちらのSTSと異なっているため、ウィンドウ内に配置されているビューのレイアウトが違っているのでしょう。これは必要に応じ自由に変更できるので、レイアウトが違っていても気にする必要はありません。

図1-26：パースペクティブが異なると、ウィンドウのレイアウトも変わる。

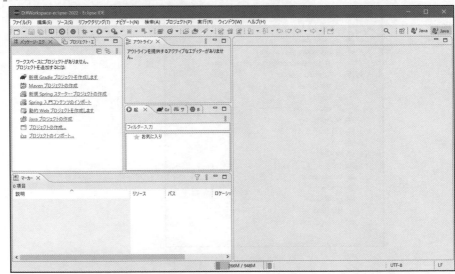

基本画面と「ビュー」

　STSの画面は、「**ビュー**」と呼ばれる小さな区画の組み合わせとして構成されています。ビューは、ウィンドウの中で独立して機能する内部ウィンドウです。このビューは、そのときの状況に応じて変化します。

　STSには非常に多くのビューが用意されていますが、基本的なものは限られています。まずは、最初の画面で表示される基本的なビューの役割についてざっと頭に入れておきましょう。（※なお、わかりやすくするため、実際にプロジェクトを作成し開いた状態の図を掲載しておきます）

┃パッケージエクスプローラー

　左側にある縦長のビューです。このビューでは、作成するアプリケーションに必要なファイルやフォルダなどが階層的に表示されます。ここからファイルをダブルクリックして開き、編集を行うことができます。また新たなファイルを追加したり、既にあるものを削除したりする場合も、このビューで操作します。

　このパッケージエクスプローラーと同じような役割をするビューとして「**ナビゲーター**」「**プロジェクトエクスプローラー**」といったものもあります。いずれもファイルやフォルダ類を階層化して表示します。

図1-27：パッケージエクスプローラー。

Boot ダッシュボード

これは、本書で使うSpring Bootフレームワークの機能を利用するためのビューです。

Spring Bootで開発されたアプリケーションは、一般的なサーブレットコンテナ（Java
サーバー）でそのままデプロイして動かすのではなく、アプリケーション内臓のサーバー
プログラムによって実行されます。このダッシュボードで、Bootアプリケーションの起
動やリスタートなどを行なえます。

図1-28：Bootダッシュボード。

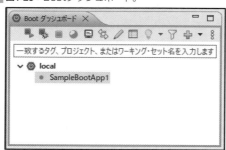

アウトライン

これはソースコードファイルなどを編集する際に用います。ソースコードを解析し、
その構造を階層的に表示します。

例えばJavaのソースコードならば、クラスやメソッドなどの構造を表示するのです。
ここから項目（メソッドやフィールドなど）を選択することで、編集エディタでその場所
に移動したりすることもできます。

図1-29：アウトライン。

編集用エディタ

ウィンドウの中央に見える、何も表示されていない領域は、ファイルの編集用エディタがおかれる場所です。パッケージエクスプローラーなどでファイルをダブルクリックすると、そのファイルを編集するためのエディタがこの場所に開かれ、ここで編集作業が行なえるようになります。

開いたエディタはそれぞれにタブが表示され、複数のファイルを開いてタブを切り替えることで、並行して編集することができます。

図1-30：編集用のテキストエディタ。

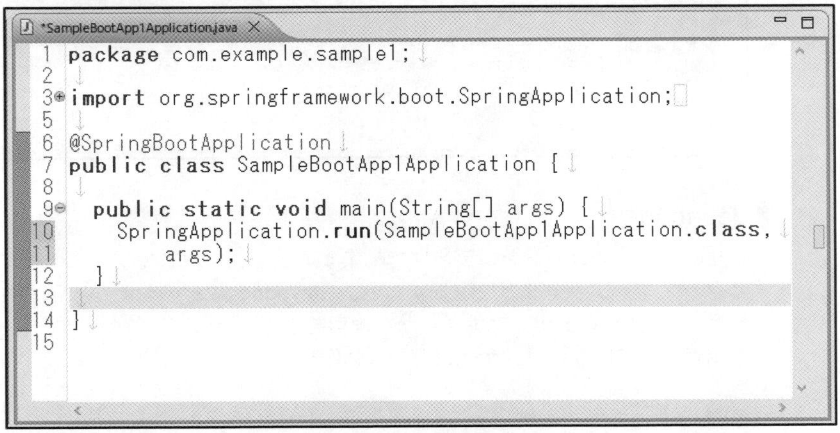

```java
 1 package com.example.sample1;
 2
 3 import org.springframework.boot.SpringApplication;
 4
 5
 6 @SpringBootApplication
 7 public class SampleBootApp1Application {
 8
 9   public static void main(String[] args) {
10     SpringApplication.run(SampleBootApp1Application.class,
11         args);
12   }
13
14 }
15
```

コンソール

中央にある編集用エディタの領域の下に、いくつかのビューを示すタブが並んで表示されている部分があります。これは、複数のビューが同じ場所に開かれているのです。このようにSTSでは、いくつかのビューを同じ場所に開き、タブを使って切り替え表示できるようになっています。

「**コンソール**」というタブで表示されるのは、プログラムを実行した場合などにその実行状況や結果に関する情報を出力するものです。この他、同様のものに「**エラーログ**」「**ターミナル**」などがあります。

図1-31：コンソール。

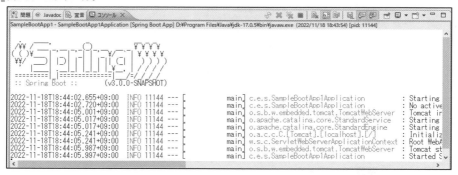

問題

Javaなどのソースコードファイルは、開いて編集するとリアルタイムに内容がチェックされます。そして何らかの問題(文法上のエラーや警告)があれば、「**問題**」というビューにその内容がリストアップされ表示されます。

図1-32：問題ビュー。

Javadoc

Javaのソースコードをエディタで編集するとき、マウスでソースコードに書かれているクラスやメソッドなどを選択すると、「**Javadoc**」にその説明が表示されます。これは用意されているJavadocファイルから検索をして表示しているのです。従って、Javadocが用意されていないパッケージ等では動作しません。

図1-33：Javadoc。

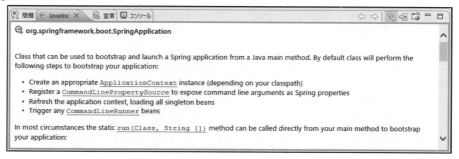

その他のビューについて

　STSには、この他にも多数のビューが用意されています。が、それらはデフォルトでは画面に表示されていません。では、これらのビューを呼び出して利用するにはどうすればよいのでしょうか。

　これは、「**ウィンドウ**」メニュー内にある「**ビューの表示**」で開くことがあります。この「**ビューの表示**」には、主なビューがサブメニューとしてまとめられています。

図1-34：「ビューの表示」メニューに、主なビューがまとめられている。

　また、それ以外のものについては、「**ビューの表示**」メニューにある「**その他...**」メニューを選ぶと、ダイアログウィンドウが開かれ、用意されているすべてのビューがリスト表示されます。ここから使いたいものを選択して開くことができます。

図1-35：「その他...」メニューを選ぶと、すべてのビューをリスト表示したダイアログが開かれる。

　　STSには非常に多くのビューがありますから、今ここですべての使い方を覚えるのは難しいでしょう。とりあえず基本的なビュー（パッケージエクスプローラーやアウトライン、コンソールなど）の役割さえわかっていれば開発に支障はありません。

　　それ以外のものは、STSを使いながら少しずつ覚えていけば十分でしょう。

パースペクティブについて

　　STSの画面表示で、ビューとともに重要なのが「**パースペクティブ**」です。パースペクティブは、さまざまな状況に応じたビューのレイアウトを管理するものです。

　　ビューは1つ1つの役割が決まっており、例えばソースコードの編集のときに必要なものはデバッグ中には必要ない、というように状況によって必要となるビューは変わってきます。

　　そこで「**編集用のビューのセット**」「**デバッグ用のビューのセット**」というように、状況ごとに使用するビューや、細かな表示などをまとめたものとして「**パースペクティブ**」が用意されたのです。必要に応じてパースペクティブを切り替えることで、最適な環境を素早く整えることができます。

　　パースペクティブは、デフォルトでいくつかのものが用意されており、それらを使うだけで当面は問題なく開発作業を行なえるでしょう。これは「**ウィンドウ**」メニューの「**パースペクティブ**」内にある「**パースペクティブを開く...**」メニューにまとめられています。ここからパースペクティブを選択すると、瞬時にエディタウィンドウのレイアウトが変更されます。

図1-36：「パースペクティブを開く...」メニューに主なパースペクティブがまとめてある。

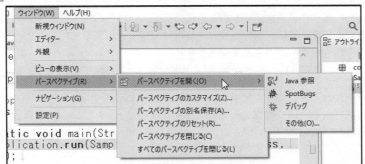

　また、「**パースペクティブを開く...**」メニュー内にある「**その他...**」メニューを選ぶと、登録されているパースペクティブのリストが表示されます。ここで表示を切り替えたいパースペクティブを選択すればレイアウトが変更されます。

図1-37：「その他...」メニューを選ぶとパースペクティブのリストが表示される。

エディタと支援機能

　STSの機能の中でもっとも重要なのが「**編集機能**」でしょう。STSには、さまざまなエディタが搭載されています。パッケージエクスプローラーからファイルをダブルクリックして開くと、そのファイルの種類に応じて、そのコンテンツを編集するためのエディタが起動し、ファイルが開かれるようになっています。
　用意されているエディタは、大きく2種類に分けることができます。それは「**ソースコードエディタ**」と「**ビジュアルエディタ**」です。

ソースコードエディタ

いわゆるテキストエディタのように、ソースコードのテキストをそのまま表示し編集するものです。単に編集できるというだけでなく、編集を支援するための機能が多数組み込まれています。主な支援機能をまとめると以下のようになるでしょう。

オートインデント

ソースコードの構文を解析し、それに応じて自動的にインデント処理（文の開始位置を右に移動して構文の構造がわかりやすくすること）を行ないます。これは入力中も改行するたびに自動的に調整されますし、ソースコードをペーストしたときなども自動的にインデントされた状態で貼り付けられます。

閉じタグの自動生成

HTMLやXMLなどでは、タグを作成する際に自動的に閉じタグを生成したり、</と記述した段階で対応する閉じタグを解析し自動出力することができます。

色分け表示

Javaなどのソースコードでは、記述されている要素の種類（言語のキーワードか、変数か、値か、といったこと）に応じて自動的にテキスト色やスタイルなどを変更し、わかりやすくします。

候補の表示

Javaなどのソースコードを記述しているとき、入力に応じて、その場で使える候補となる文（クラスやメソッド、フィールド、構文など）の一覧リストをポップアップ表示し、選択するだけでその文を自動的に書き出すことができます。これにより、単にコードを書く手間が省けるというだけでなく、スペルミスによる文法エラーなどを大幅に減らすことができます。

図1-38：ソースコードエディタの例。文のインデントや色分け表示、候補のポップアップ表示など各種の入力支援機能がある。

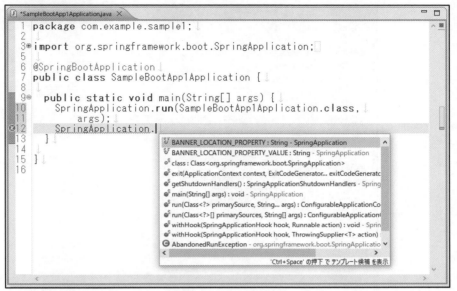

ビジュアルエディタ

　Spring Frameworkでは、XMLを使った設定ファイルが多数作成されています。それらをわかりやすく効率的に編集するため、STSには独自のエディタ機能が搭載されています。

　それらは、XMLの設定情報を解析し、リストや入力フィールド、チェックボックス、ラジオボタンといった一般的なGUIによる入力で値を設定できるようにしています。私たちは表示されている項目のGUIを操作するだけで必要な設定が行なえる、というわけです

　ただし、そのためにはそれぞれの設定が意味するものをきちんと理解しておかなければいけません。また、既にある設定の値を編集するぐらいならまだしも、必要に応じて新しい設定を追加するような場合、どこにどうやって作成すればいいのかよくわからなくなってしまうかも知れません。ビジュアルエディタは、使い方をわかった上で利用しないと役に立たないのです。

　本書では、この種の設定ファイルはすべてソースコードエディタで直接編集する形で説明をしています。そうすることで、それぞれのタグの意味や役割を理解できるようになるからです。そうして設定の詳細を理解した上でビジュアルエディタを利用すれば、効率的に設定操作を行なえるようになるでしょう。ビジュアルエディタは、「**ソースコードエディタによる編集をマスターした人が使うもの**」と考えておきましょう。

図1-39：ビジュアルエディタの例。Mavenの設定ファイルであるpom.xmlファイルを編集するための専用エディタ。

Springスタータープロジェクトを作成する

では、STSの基本的な説明が頭に入ったところで、実際にSpring Bootのプロジェクトを作成し動かしてみましょう。

プロジェクトの作成は、「**ファイル**」メニューにある「**新規**」から行ないます。ここからサブメニューの「**Springスターター・プロジェクト**」を選んでください。これがSpring Bootのプロジェクトを作成するためのものです。

図1-40：「Springスターター・プロジェクト」メニューを選ぶ。

プロジェクトの設定を行う

画面に「**新規Springスターター・プロジェクト**」と表示されたダイアログウィンドウが現れます。ここで、作成するプロジェクトの設定を行ないます。用意されている設定と、今回作成するプロジェクトの設定内容を以下にまとめておきましょう。

サービス URL	Webで提供されているプロジェクト生成サービス(Spring Initializer)のURLを指定します。デフォルトで「https://start.spring.io」が設定されています。これは変更しないでください。
名前	プロジェクトの名前です。今回は「SampleBootApp1」としておきます。
デフォルト・ロケーションを使用	保存場所をデフォルトのワークスペースに指定します。これはONのままでいいでしょう。

タイプ	プロジェクトのタイプを指定します。今回は「Gradle-Groovy」を選びます。これは、Gradleというビルドツールを使ってプロジェクトを管理するものです。
パッケージング	パッケージ形態を選びます。「Jar」にしておきます。
Javaバージョン	使用するJavaのバージョンです。「17」を選択します。
言語	使用言語の選択です。「Java」を選択します。

グループ	開発者のIDです。サンプルとして「com.example」としておきます。
成果物	ビルドして生成されるファイルの名前です。「SampleBootApp1」とします。
バージョン	アプリのバージョンです。「0.0.1-SNAPSHOT」のままにします。
説明	アプリの説明です。適当に記入しておいてください。
パッケージ	プログラムのパッケージ名です。「com.example.sample1app」とします。

ワーキングセット	Eclipseにあるワーキングセットという機能のためのものです。ここでは使わないのでOFFのままにしておきます。

　ここでも、先ほどCLIで作成したプロジェクトと同じ設定にしてあります。同じ名前ですが、こちらは「**ワークスペースのディレクトリ選択**」で選択したフォルダの中に作成されます(CLIではデスクトップに作成しました)。これらを一通り設定したら、「**次へ**」ボタンで次に進みます。

図**1-41**：作成するプロジェクトの設定を行う。

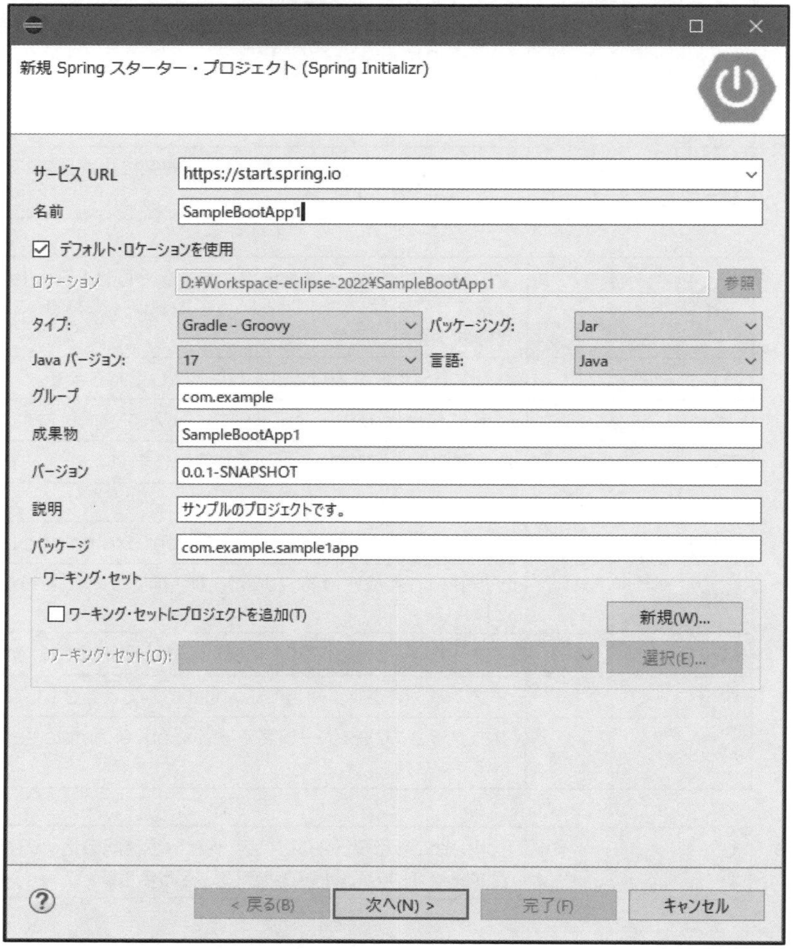

依存関係の設定

　続いて、「**新規Springスターター・プロジェクト 依存関係**」という表示が現れます。ここで、使用するSpring Bootのバージョンとフレームワークのパッケージを選択します。

　まず、「**Spring Bootバージョン**」の値を「**3**」以降のものにしてください。そして下にあるパッケージのリストから、「**Web**」という項目内にある「**Spring Web**」を選択します。リストの上の方には、利用したパッケージがいくつか表示されています。ここから「**Spring Web**」を選択することができるでしょう。

　パッケージを選択すると、リストの右側に選択したパッケージ名が表示されます（不要な項目は左端の「**✕**」をクリックすれば削除できます）。ここに「**Spring Web**」が追加されているのを確認して次へ進みましょう。

図1-42：依存関係の設定。Spring WebをONにする。

サイト情報の確認

使用するSpring InitializerのベースURLと、サイトに送信する情報が表示されます。これで「**完了**」ボタンを押せば、指定サイトに情報が送信され、プロジェクトが作成されます。

ということは？ そう、実はSTSのプロジェクト作成は、Spring Initializerを利用していたのです。ダイアログで表示された設定をもとに送信するパラメータ情報を生成してサイトに送り、生成されたプロジェクトをダウンロードして受け取っていたのです。

図1-43：送信するサイトとパラメータ情報が表示される。

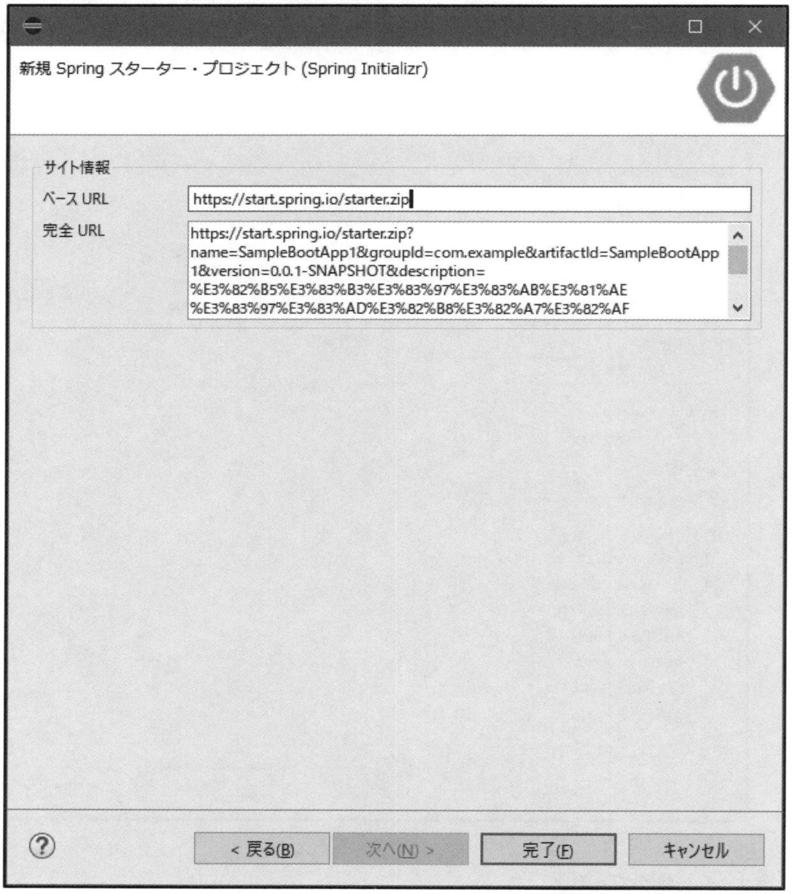

プロジェクトの生成と実行

　プロジェクトが作成されると、パッケージエクスプローラーに「**SampleBootApp1**」というフォルダが追加されます。このフォルダの左端にある「＞」アイコンをクリックするか項目をダブルクリックすると、フォルダ内にあるファイルやフォルダ類が展開表示されます。プロジェクトのフォルダ内に多数のファイルなどが用意されていることがわかるでしょう。

　これらのファイル類の役割や内容などは、次章で改めて説明します。ここでは「**プロジェクトが作成され、パッケージエクスプローラーでそれらを管理できる**」ということだけ理解しておきましょう。

図1-44：作成されたプロジェクト。

プロジェクトの実行

　では、作成されたプロジェクトを実行してみましょう。これにはいくつかの方法があります。もっとも簡単なのは、Bootダッシュボードを利用するものです。

　このビューには、作成したプロジェクトが「**Local**」という項目内に追加され表示されています。これを選択し、上部にあるアイコンバーから「**開始**」または「**デバッグモードで開始**」アイコン（左から1・2番目のもの）をクリックしてください。これで、選択したプロジェクトが実行開始します。実行と同時に、下部にあるコンソールに実行状況が出力されていきます。

図1-45：Bootダッシュボードでアプリケーションを実行する。

　アプリケーションが起動できたら、Webブラウザでhttp://localhost:8080/にアクセスしてみましょう。まだWebページを何も作ってないので「**Whitelabel Error Page**」といったエラーページが表示されるでしょうが、これが現れたなら少なくともWebアプリケーションは起動して動いていることになります（起動していなければ、「**このサイトにアクセスできません**」といったエラーになります）。

　実行を確認したら、Springダッシュボードのアイコンバーから「**停止**」アイコン（左から23番目のもの）をクリックすればプロジェクトを終了します。

図1-46：Webブラウザからアクセスすると、まだページがないのでWhitelabel Error Pageとエラーが現れる。

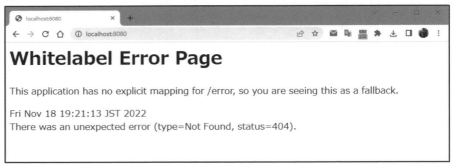

　これで、STSを使ってプロジェクトの作成から実行まで行なえるようになりました。後は、ファイルの役割を知り、エディタで編集して開発をスタートするだけです！

1-4　Visual Studio Code + Spring Boot Extension Pack

Visual Studio Codeを入手する

　STSは、Eclipse用だけでなく、Visual Studio Code用のものも用意されています。しばらく前であれば、「**Javaの開発をするならEclipseを使うのが基本**」といえたのですが、今はその他にもさまざまな開発ツールが利用されるようになっています。中でも、急速に支持を伸ばしているのが、Microsoftが開発するVisual Studio Code（以後、VSCと略）です。

　VSCは、Microsoftが開発する統合開発環境「**Visual Studio**」の編集機能を切り離して汎用的に利用できるエディタとして再構築したようなものです。もともとはWebサイトの開発で用いられるライトウェイト言語（JavaScript、PHP、Pythonなど）の編集を考えて設計されました。

　フォルダを開き、その中にあるファイル類を階層的に表示し、開いて編集する。それがVSCの中心機能です。プログラムのビルドや開発で用いられる各種の機能などは切り落とされ、純粋に「**コードを編集する**」ということだけに専念したツールといっていいでしょう。

　ただし、拡張機能によって機能を追加できるようになっていることから、さまざまな機能を付け加えるプログラムが多数作られ流通しています。STSも、この拡張機能として作られています（ただし、VSCの場合は「**Spring Boot Extension Pack**」という名前になっています）。

　VSCは、ソースコードの編集に特化している分、軽快に動きます。メモリやディスクスペースもEclipseほどは消費せず、また機能も必要最低限に絞られているため「**多機能すぎて使い方がわからない**」といったこともないでしょう。

VSCは、以下のWebサイトで公開されています。

https://code.visualstudio.com/

図1-47：Visual Studio CodeのWebサイト。ここからダウンロードする。

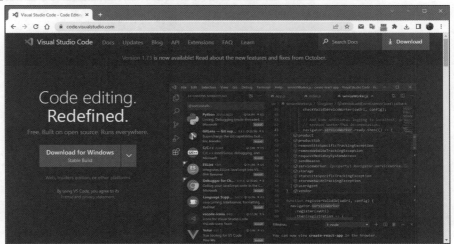

　このページにアクセスし、ページに表示されている「**Download for XXX**」（XXXはプラットフォーム名）といったボタンをクリックすると、ソフトウェアがダウンロードされます。ダウンロードされるのは、Windowsでは専用のインストーラ、macOSではZipファイルになります。Windowsはダウンロードしたインストーラを起動してインストールを行ないます。macOSの場合は、Zipファイルを展開するとそのままアプリケーションが保存されるので、それを「**アプリケーション**」フォルダにコピーするだけです。

システム全体へのインストール

　Windowsの場合、ダウンロードされるのは、利用しているユーザー限定のインストーラです。システム全体（全ユーザーが利用可能）にインストールしたい場合は、Webサイトの右上にある「**Download**」ボタンをクリックしてください。これで、各プラットフォーム用に配布されているVSCがすべて表示されます。

　ここから、Windowsのところにある「**System Installer**」の項目をクリックしてダウンロードすれば、全ユーザーが利用できるインストーラをダウンロードできます。

図1-48：ダウンロードページには各種のVisual Studio Codeが用意されている。

日本語化について

　インストールされるVSCは、英語版です。インストールができたら、VSCを起動してください。すると、VSCのエディタウィンドウが開かれ、その右下に「**表示言語を 日本語 に変更するには言語パックをインストールします。**」というアラートが表示されます。

　そこにある「**インストールして再起動**」ボタンをクリックすると、VSCが再起動します。そして次に起動したときから日本語で表示されるようになります。

図1-49：右下の「インストールして再起動」ボタンをクリックする。

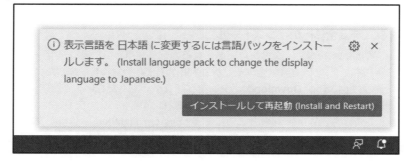

STSをインストールする

　VSCが起動したら、STSをインストールしましょう。ウィンドウの左端には、縦にアイコンが並んでいます。その中から「**拡張機能**」のアイコン（四角形がいくつか集まった形のもの）をクリックしてください。あるいは、キーボードからCtrlキー＋Shiftキー＋「**X**」キーを押しても開くことができます。

　これは、VSCにインストールする拡張機能プログラムを管理するためのものです。ア
イコンを選択すると、その右側（ウィンドウの左側）に拡張機能のリストが表示されます。

図1-50：拡張機能のアイコンをクリックする。

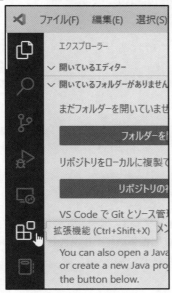

　この最上部にある検索フィールドに「**spring**」と入力して検索を行なってください。そ
して検索された一覧から、「**Spring Boot Extension Pack**」というものを探して選択して
ください。似たような名前のものがあるかも知れませんが、使用するのは「**Pivotal**」が開
発したものです。
　これを選択し、右側に表示される詳細画面から「**インストール**」ボタンをクリックしま
す。これで拡張機能プログラムがインストールされます。そしてVSCを再起動すれば、
STSが使えるようになります。

図1-51：Spring Boot Extension Packを選択しインストールする。

VSCのエディタウィンドウについて

　これで必要な拡張機能をインストールし、VSCが使える状態になりました。起動したVSCのウィンドウは、大きく3つの領域で構成されています。

■左端のアイコンバー

　ウィンドウ左端には、縦にいくつかのアイコンが並んでいます。これらは、ウィンドウの表示モードを切り替えるためのものです。ここからアイコンをクリックすることで、ファイルの編集モードにしたり、拡張機能の管理モードにしたりできるようになります。

■サイドバー

　アイコンバーの右側には、薄いグレー背景の領域があります。これはサイドバー（プライマリサイドバー）と呼ばれ、アイコンバーから選択したアイコンに応じて必要なツールが表示されます。例えばファイルを編集するならエクスプローラーというツールがサイドバーに表示されます。

■編集エリア

　その右側の広い領域が、編集のためのエリアです。ファイルを開いて編集するときは、ここにエディタが表示されます。また先ほど拡張機能をインストールするときは、ここに選択した拡張機能の説明ページが表示されました。

図1-52：エディタウィンドウは3つの部分に分かれている。

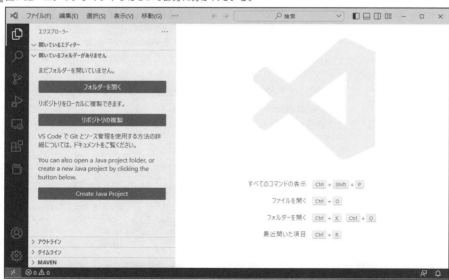

▌VSC は、フォルダを開いて編集する

　起動した状態では、ウィンドウには何のファイルも表示されていません。VSCの基本は、「**フォルダを開き、その中のファイルを編集する**」というものです。フォルダを開くと、サイドバーのエクスプローラーにその中身が階層的に表示されます。そこからファイル

をクリックして開き、編集を行うのです。

　試しに、テキストなどが入っているフォルダをVSCのウィンドウ内にドラッグ＆ドロップしてみてください。サイドバーに「**エクスプローラー**」というツールが現れ、そこにドロップしたフォルダの内容が階層的に表示されます。

　フォルダはクリックするとその中身が展開表示されます。そしてファイルをクリックするとエディタが開かれ、ファイルの内容を編集できるようになります。

図1-53：フォルダをドラッグ＆ドロップすると、その中身が階層表示される。

テキストエディタについて

　ファイルをクリックすると、VSC内蔵のテキストエディタで開かれ編集できるようになります。このエディタには、入力や編集を支援するための機能がいろいろと用意されています。主な機能を簡単にまとめておきましょう。

オートインデント

　ソースコードの構文を解析し、それに応じて自動的にインデント処理を行ないます。

閉じタグの自動生成

　HTMLやXMLのタグを記述すると自動的に閉じタグを生成したり、()や{}などの記号では閉じ記号を自動挿入してくれます。

■色分け表示

ソースコードに記述されている要素に応じて自動的にテキスト色やスタイルなどを変更して表示します。

■候補の表示

入力時にCtrlキー＋スペースバーを押すと、その場で使える候補をポップアップ表示し、選択するだけで自動的に入力できます。

ざっと見てもらえばわかりますが、Eclipseに用意されているエディタの支援機能とほぼ同じレベルのものが用意されていることがわかるでしょう。Visual Studio Codeは、編集機能に特化しているだけあって、エディタの機能は非常に強力なのです。

図1-54：テキストエディタでは、編集を支援する機能がいろいろ用意されている。

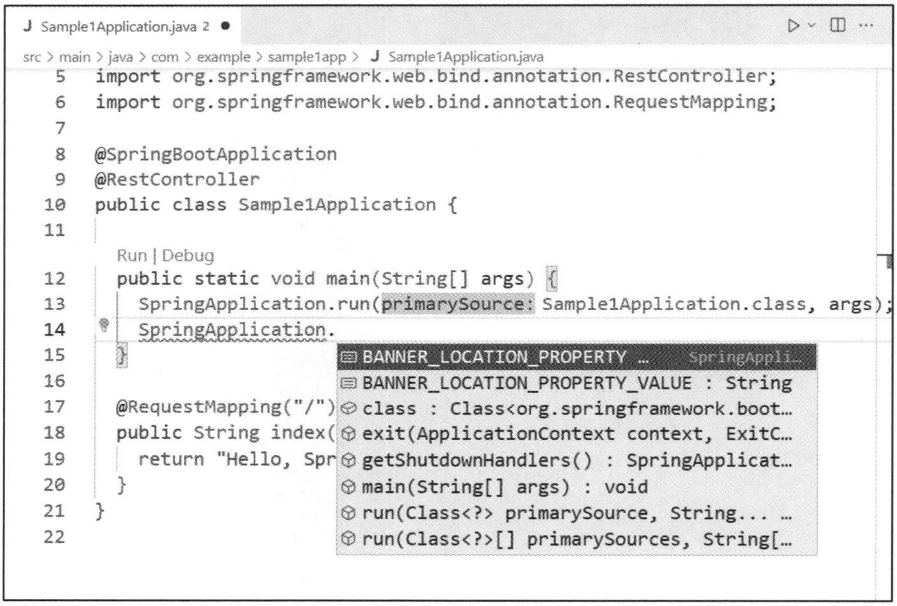

プロジェクトを作成する

では、VSCでSpring Bootのプロジェクトを作成してみましょう。VSCは、既に説明したように「**フォルダを開いて編集する**」のが基本です。従って、「**プロジェクトを作成する**」というような機能は本来用意されていません。そこで、STSにより、そのための機能を追加しているのですね。

このSTSの機能は、Eclipse版とはかなり実装の仕方が違っています。VSCの場合、Eclipseのように拡張機能によってビューやメニュー、ツールバーなどを組み込んだりすることはできません。では、どうやって機能を追加しているのかというと、「**コマンドパレット**」と呼ばれるUIを使って、追加されたコマンドを呼び出して実行していくのです。

このコマンドパレットは、VSCの「**表示**」メニューから「**コマンドパレット…**」を選んで呼び出します。

図1-55：「コマンドパレット…」メニューを選んでコマンドパレットを呼び出す。

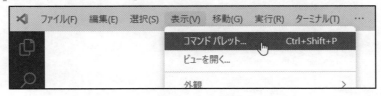

メニューを選ぶと、ウィンドウの中央最上部に細長い入力バーがポップアップ表示されます。これがコマンドパレットです。ここに実行したいコマンドを入力します。

入力バーの下には、主なコマンド類がリスト表示されています。入力バーにテキストを入力すると、そのテキストで始まるコマンドがバーの下にリアルタイムに表示されます。その中から、実行したいコマンドをクリックして選択すれば、それが自動的に選ばれます。

図1-56：コマンドパレットがポップアップ表示される。入力バーの下にはコマンドのリストが表示される。

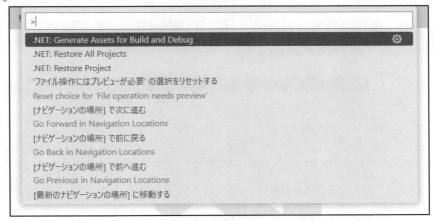

プロジェクトを作成する

ではコマンドパレットを使って、Springスタータープロジェクトの作成を行なってみましょう。「**コマンドパレット…**」メニューを選んでコマンドパレットを呼び出したら、入力バーに「**spring**」とタイプしてください。Springで始まるコマンド類がその下にリスト表示されます。その中から「**Spring Initializer**」をクリックして選択してください。これがSpringスタータープロジェクトを作成するためのコマンドです。

このSpring Initializerコマンドは、GradleプロジェクトとMavenプロジェクト用があります。ここでは「**Create a Gradle Project…**」と表示されている項目を選びましょう。こちらがGradleプロジェクトを作るコマンドです。

図1-57：コマンドパレットから「Spring Initializer」を選ぶ。

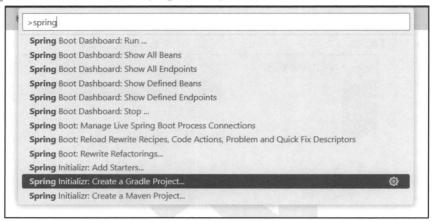

　Spring Bootのバージョンを選択します。利用可能なバージョンがリスト表示されるので、その中から利用するもの（ここでは3.x以降のバージョン）をクリックします。

図1-58：Spring Bootのバージョンを選択する。

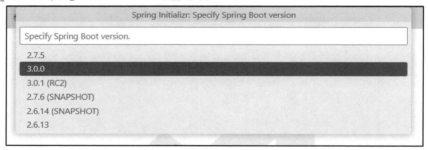

　使用する言語を選択します。リストから「**Java**」をクリックして選択してください。

図1-59：使用言語として「Java」を選択する。

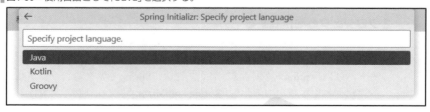

　グループIDを入力します。ここでは、「**com.example**」としておきましょう。

図1-60：グループIDを入力する。

　プロジェクトに割り当てるID（アーティファクトID）を入力します。ここでは「**sample1app**」としておきます。

図1-61：プロジェクトのIDを入力する。

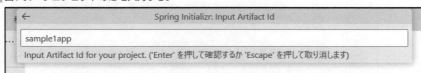

　パッケージ化の方法を選択します。JarかWarを選びます。ここでは「**Jar**」を選んでおきます。

図1-62：パッケージ化を「Jar」にする。

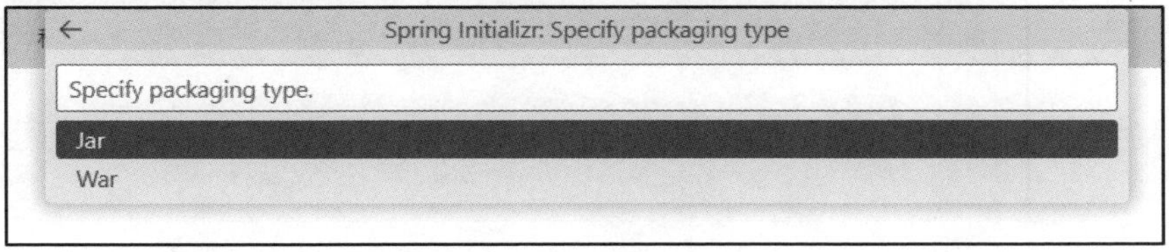

```
←              Spring Initializr: Specify packaging type

  Specify packaging type.

  Jar
  War
```

　Javaのバージョンを指定します。ここでは「**17**」かそれ以降のものを選んでおきましょう。

図1-63：Javaのバージョンは「17」以降にする。

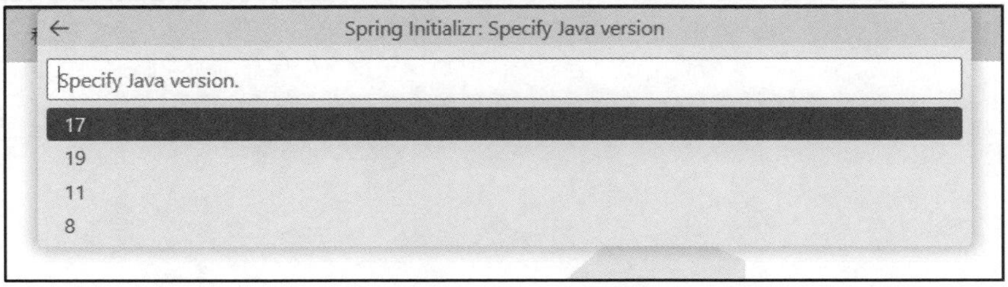

```
←              Spring Initializr: Specify Java version

  Specify Java version.

  17
  19
  11
  8
```

　使用するフレームワークのパッケージを選択していきます。Springスタータープロジェクトで使えるパッケージがリスト表示されるので、その中から使用するものを順に選んでいきます。ここでは「**Spring Web**」という項目を選んでください。選ぶと再度パッケージのリストが現れ、続いてパッケージを選択していけるようになっています。ここでは「**Spring Web**」だけでいいので、これを選んだらそのまま「**Selected 1dependency**」という項目を選択してください。

図1-64：パッケージのリストから「Spring Web」を選択し、続いて「Selected 1 dependenc」を選ぶ。

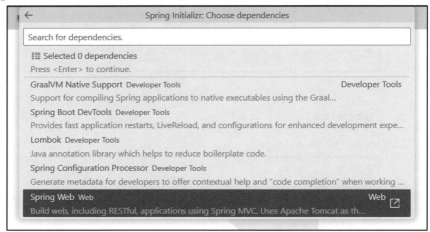

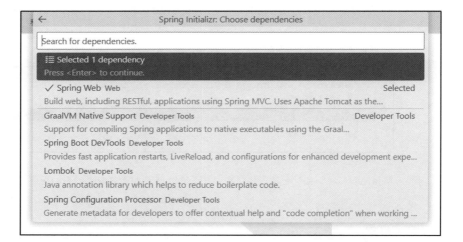

　パッケージの設定ができると、プロジェクトの保存場所を確定します。フォルダの選択ダイアログが現れるので、保存場所を選んでください。

図1-65：保存するフォルダを選択する。

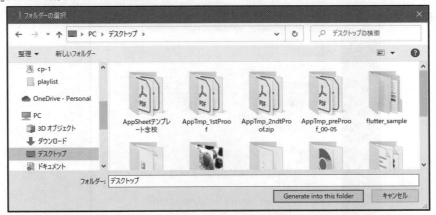

　これでプロジェクトが作成されます。作成されると、ウィンドウの右下に「**Successfully generation…**」と表示された小さなパネルが現れます。これは、プロジェクトが生成されたことを知らせるものです。ここにある「**Open**」というボタンをクリックすると、作成されたフォルダがエクスプローラーで開かれます。

図1-66：プロジェクトが作成されたら、右下のパネルから「Open」ボタンをクリックするとフォルダが開かれる。

エクスプローラーでフォルダを確認する

　これで、作成したプロジェクトのフォルダが開かれ、エクスプローラーにその内容が表示されます。「**SAMPLE1APP**」という項目を展開すると、プロジェクトのファイルやフォルダ類が階層表示されます。
　ここからファイルを選択してエディタで開き、編集作業をしていきます。

図1-67：「SAMPLE1APP」にプロジェクトのファイルやフォルダがまとめられている。

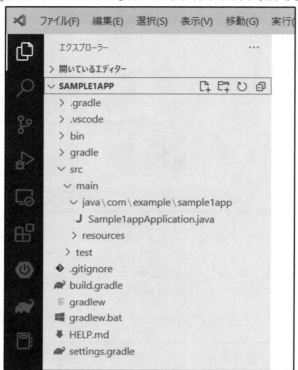

Eclipse/CLI との違い

　VSCでプロジェクトを作成した場合、Eclipse版のSTSやCLIのコマンドベースと若干違いがあります。それはアプリケーション名です。

　先にCLIやEclipseでプロジェクトを作成したときには、アーティファクトIDを「**sample1app**」とし、アプリケーション名は「**SampleBootApp1**」としました。これにより、プロジェクトのフォルダは「**SampleBootApp1**」となり、com.example.sample1appパッケージ内にSampleBootApp1Application.javaというファイル名でアプリケーションのJavaソースコードファイルが作成されました。

　VSCの場合、作成手順で気がついたかも知れませんが、アプリケーション名を入力する表示はありません。アーティファクトIDが自動的にアプリケーション名として使われます。このため、プロジェクトのフォルダ名や、作成されるアプリケーションのJavaソースコードファイル（ひいては、そこで定義されるクラス名）がCLI/Eclipseのプロジェクトとは違うものになります。

　本書では、基本的にSTSまたはCLIで作成したSpringBootApp1をベースに説明をしていきますが、もちろんVSCで作業することもできます。VSCを利用したい場合、CLIで作成したプロジェクトをCSVで開いて利用してもいいですし、CSVで作ったsample1appプロジェクトをそのまま使っても構いません。

　ただしsample1appプロジェクトを使う場合、起動用のメインクラス名が違っている（STS/CLIではSampleBootApp1ApplicationだがCSVではSample1appApplicationになって

いる)ので、この点だけ書き換えてコードを記述するようにして下さい。

Extension Pack for Java について

このエクスプローラーの表示は、プロジェクトのファイルを階層的に表示し編集できて便利なのですが、プロジェクトにある開発に使わないものまですべて表示されてしまうため、かなり表示される項目が多くなり煩雑な感じになってしまいます。例えば、「.gradle」や「.vscode」などはGradleやVSCが出力するものであり、開発者が編集することはありません。

こうした不要なものの表示を取り除き、プロジェクトに必要な情報を付け加えて、Javaのプロジェクトとして必要なものだけがきれいにまとめて表示されるような「**Java開発のための専用エクスプローラー**」のようなものがあれば便利ですね。

こうしたJava開発のためのさまざまな便利機能をVSCに追加するものとして開発元のMicrosoftが提供しているのが「**Extension Pack for Java**」という拡張機能です。VSCのアイコンバーから「**拡張機能**」のアイコンを選択し、Extension Pack for Javaという拡張機能を検索してインストールしてください。これでJavaの開発が更に便利になります。

図1-68：Extension Pack for Javaを検索し、インストールする。

この拡張機能がインストールされると、エクスプローラーに「**JAVA PROJECTS**」という項目が追加されるようになります。ここにプロジェクトの内容が整理されて表示されます。Javaのソースコードファイルやリソースファイルなどが保管されるフォルダが直接開けるようになっている他、「**.vscode**」フォルダなど開発者が使うことのないものは表示されません。またJREやプロジェクトのdependenciesでインポートしているパッケージの内容などを開いてブラウズできる項目なども追加されており、Javaの開発に必要にして十分な項目がまとめられていることがわかります。

Spring Bootでの開発を行うなら、エクスプローラーはこの「**JAVA PROJECTS**」を利用するとよいでしょう。なお、この項目は、マウスでドラッグして配置場所を変更できます。これが一番上に表示されるようにしておくと使いやすくなります。

図1-69：JAVA PROJECTSの表示。使わない項目は消え、パッケージの内容など必要な情報が追加されている。

Spring Boot Dashboardについて

STSがインストールされると、左側のアイコンバーに「**Spring Boot Dashboard**」というアイコンが追加されます。

このアイコンをクリックすると、サイドバーにSpring Bootのプロジェクトに関する以下のような情報が表示されます。

APPS	プロジェクトに用意されているアプリケーションのリストが表示されます。ここで項目を選択し、そのアプリを実行できます。
BEANS	プロジェクトにあるJava Beansのクラスが表示されます。クリックしてエディタを開き、Beanの編集が行なえます。
ENDPOINT MAPPINGS	「エンドポイント」とは、アプリケーション内のメソッドを呼び出すために割り当てられるURLです。エンドポイントにアクセスすることで設定された処理が実行されます。ここに、エンドポイントのマッピング情報が表示されます。

図1-70：Spring Boot Dashboardの表示。

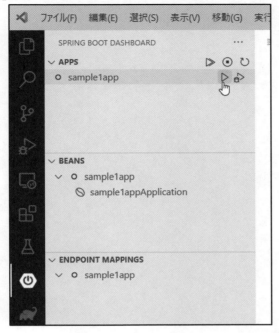

　この中で、まず最初に覚えておくべきは「**APPS**」です。ここに表示されるアプリケーションの項目には、実行のためのアイコンが用意されています。このアイコンをクリックするだけで、指定のアプリケーションを実行できます。実行したアプリの停止もアイコンで行なえます。

　これで、プロジェクトの作成から実行までができるようになりました。VSCでも十分にSpring Bootアプリの開発を行なえることがわかったのではないでしょうか。

Chapter 2

プロジェクトの
基本を覚える

Springスターター プロジェクトには、多数のファイルや
フォルダがあります。まずはそれらの役割を理解しましょう。
そして、Webアプリの中心部分である「コントローラー」の使
い方を覚え、簡単なコンテンツを表示させましょう。

2-1 プロジェクトの基本構成

プロジェクトの基本構成

　前章で、プロジェクトを作成し実行する、という基本は行えるようになりました。実際の開発では、作成したプロジェクトを元にファイルを追加したり編集したりしてプログラムを作成していくことになります。そのためには、「**プロジェクトにはどのようなファイルがどういう構成で用意されているのか**」ということをよく理解して置かなければいけません。

　では、作成したプロジェクトがどうなっているか見てみましょう。前章では、STS、CLI、VSCでそれぞれプロジェクトを作成しました。以後は、それらの中から自分で使いやすいと思った開発環境で作業して下さい。どのツールであっても、基本的にはプロジェクトの中身は同じですからすべて同じように作業できます（ただし、既に触れたようにVSCで作成したプロジェクトではメインクラス名だけが違っているので、この点だけ修正するようにして下さい）。

　作成したプロジェクトを見ると、以下のような構成になっていることがわかります。

■Gradleプロジェクトの場合

「src」フォルダ	ソースファイル類が保管されるところです。
「gradle」フォルダ	Wrapperと呼ばれる、Gradleで使うプログラムが用意されています。
「bin」フォルダ	ビルドされたファイル類を保存するところです。

■Mavenプロジェクトの場合

「src」フォルダ	ソースファイル類が保管されるところです。
「target」フォルダ	作成されるWebアプリケーションのファイル類がまとめられます。

　Spring Bootのプロジェクトは、ビルドツールにGradleとMavenを利用するものがありますので、それぞれのフォルダ構成を挙げておきました。どちらのものでも、基本的に「**src**」フォルダの中にアプリケーションのファイル類が全てまとめられている、という点は同じです。

　この基本的なフォルダの他に、プロジェクトに応じて「**.vscode**」「**.gradle**」「**.settings**」というようなフォルダが作成されます。ただし、これらはプロジェクトによって自動生成されるものであり、開発者がこれらのフォルダ内のファイルを編集したりすることはありません。従って、開発という点からはこれらは無視して構いません。

　またフォルダ以外のものとして、プロジェクト内にはいくつかのファイルも作成されています。それらの多くは、ビルドツールやGitで利用する設定情報を記述したファイルです。これらについては、後ほど改めて説明をします。

「src」フォルダの構成

　では、「**src**」フォルダの中身を見てみましょう。このフォルダの中には「**main**」と「**test**」というフォルダがあり、「**main**」の中は更に細かくフォルダ分けがされています。その基本的な構成について整理しておきます（なお、Package Explorerでは、「**java**」フォルダや「**resources**」フォルダはショートカットだけが表示され、フォルダが表示されません。これはSTSでの表示の問題です。実際のフォルダ構成は以下のようになっています）。

■**図2-1**：「src」フォルダ内の構成。

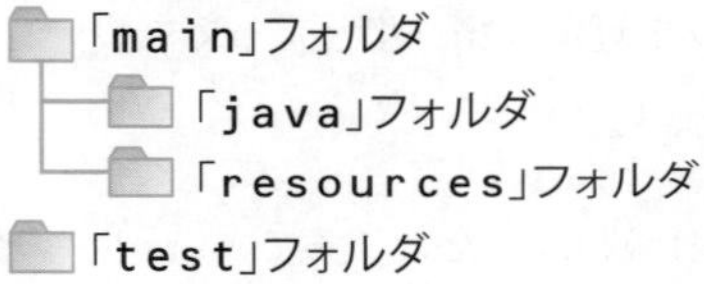

```
📁 「main」フォルダ
    📁 「java」フォルダ
    📁 「resources」フォルダ
📁 「test」フォルダ
```

■「main」フォルダ内にあるもの

「java」フォルダ	Javaのプログラムを作成するところです。Webアプリケーションでjavaのプログラムを利用する場合、この中にソースコードファイルを作成します。
「resource」フォルダ	リソースファイル類を用意するものです。アプリケーションに必要なCSSやJavaScript、HTMLファイルなどを保管する「statics」フォルダと、テンプレートファイルと呼ばれるものを保管する「templates」フォルダがあります。

■ フォルダのショートカット

　STSやVSCのエクスプローラーにあるJAVA PROJECTSでは、プロジェクトフォルダの直下には、「**src/〜**」というように、フォルダのパスが表示されたアイコンがいくつか並んでいます。これらは、「**main**」フォルダ内にあるフォルダのショートカットです。

　Springスタータープロジェクトでは、「**src**」内にある「**main**」フォルダの中に、作成するアプリケーションのソースコードを作成していきます。が、フォルダの階層が深くなると開くのも大変になってしまいます。そこで、非常によく使われるフォルダのショートカットを用意し、すぐにそのフォルダにアクセスできるようにしているのです。

　用意されているショートカットは以下のようなものです。

src/main/java	「main」フォルダ内の「java」フォルダのショートカット
src/main/resources	「main」フォルダ内の「resources」フォルダのショートカット
src/test/java	これはmainではなく、「test」内にある「java」フォルダのショートカット

　Webアプリケーションを作成する場合、Javaのソースコードは「**main**」内の「**java**」フォルダ内に作成し、HTMLファイルやCSSファイル、イメージファイルなどは「**resources**」内に配置する、というのが基本です。この基本のフォルダ構成をまずはしっかりと理解して下さい。

Gradleプロジェクトとビルドファイル

プロジェクトのフォルダ内には、プロジェクトに関する重要な情報を記述したファイルがあります。それは「**ビルドファイル**」です。

Gradleの場合、「**build.gradle**」という名前のファイルとして用意されています。これらのビルドファイルには、作成するアプリケーションに関する情報(名前、ID、バージョンといった基本的なもの)の他、このプロジェクトで利用しているパッケージ情報や、必要なパッケージをどこからダウンロードするか、アプリやテストの実行などに関するコマンドなど、アプリ開発に必要な様々な情報が記述されています。このビルドファイルの内容を理解することが、プロジェクト理解の第一歩と言っても良いでしょう。

build.gradle の内容

プロジェクトがちゃんと動作することがわかったところで、Gradleのビルドファイルである「**build.gradle**」の内容を見てみることにしましょう。これは以下のように記述されています。

リスト2-1

```
plugins {
    id 'java'
    id 'org.springframework.boot' version '3.x.x' //☆
    id 'io.spring.dependency-management' version '1.x.x' //☆
}


group = 'com.example'
version = '0.0.1-SNAPSHOT'
sourceCompatibility = '17'

repositories {
    mavenCentral()
}

dependencies {
    implementation 'org.springframework.boot:spring-boot-starter-web'
    testImplementation 'org.springframework.boot:spring-boot-starter-test'
}

tasks.named('test') {
    useJUnitPlatform()
}
```

(※ ☆部分のバージョン番号は、xに任意の値が当てはまったものになります)

Gradleは、Groovyというプログラミング言語のスクリプトとしてビルド情報を記述します。実行する処理の内容や情報がそのままコードとして書かれているわけですね。このGroovyは、Javaの基本的な文法と非常に似た形をしているので、Javaプログラマであ

れば何となくやっていることはわかるようになります。

　なお、この中のdependenciesのところに、他にもいくつかの項目が追加されている人もいるでしょう。それは、lombokとdevtoolsのパッケージです。プロジェクトを作成する際、これらのパッケージがデフォルトで追加されており、ユーザーが自分で削除していないと自動的に組み込まれます。これらは追加されていても全く問題ありません。

記述されている項目

　では、どのようなものが書かれているのか、ざっと整理しましょう。ファイルの中身はGroovyのソースコードですので、きちんと理解するにはある程度Groovyの知識が必要です。ここでは概要（これはこういう役割のもの、と理解する程度）だけ頭に入れておいて下さい。

plugins

　これはGradleに追加されるプラグインを設定するものです。プラグインにより、さまざまな環境のビルド処理が追加されます。ここではJava、Spring Boot、Springの依存性管理の3つのプラグインが追加されています。

```
group = 'com.example'
version = '0.0.1-SNAPSHOT'
sourceCompatibility = '17'
```

　これらはアプリケーションに関する基本的な情報を設定するものです。グループID、アプリのバージョン、そしてソースコードの互換性バージョン（どのバージョン互換で作成されているか）を示しています。

repositories

　リポジトリの設定です。リポジトリとは、開発で利用するパッケージが登録されている場所のことです。Gradleでは、指定されたリポジトリのサーバーにアクセスし、使用するパッケージ類をダウンロードし自動的に組み込みます。

　デフォルトでは、mavenCentral()という文がありますが、これはMaven CentralというMavenのリポジトリの情報を出力するメソッドです。これにより、Maven Centralリポジトリが使えるようになります。Spring関係のパッケージもすべてMaven Centralで公開されているので、このリポジトリさえ用意されていれば必要なパッケージを利用できるようになります。

dependencies

　これが、プロジェクトで必要となるパッケージ類を記述するところです。ここに書かれているパッケージ類がGradleによりリポジトリからダウンロードされプロジェクトにインストールされます。

　デフォルトでは、以下のようなパッケージが記述されています。

spring-boot-starter-web

　Webアプリ機能のためのパッケージです。Spring BootでWebアプリを作る際には必ず追加されます。前章でプロジェクトを作成した際、dependenciesの設定で「**Spring Web**」という項目を追加したのを思い出してください。これがspring-boot-starter-webパッケージです。

■spring-boot-starter-test

Spring Bootアプリのユニットテストのためのパッケージです。これはSpringのプロジェクトでは自動的に追加されます。

ざっと見ればわかるように、build.gradleは「**plugins**」「**repositories**」「**dependencies**」の3つと、いくつかの設定情報で構成されています。これらの記述により、必要なものがダウンロードされ実行できるようになります。

いずれも、それほど複雑な内容ではありませんから、なんとなく「**こういうことを書いているんだろう**」といったことはわかることでしょう。

▌build.gradle の使いどころ

このbuild.gradleを開発者が直接編集することはあるのでしょうか? 実は、あるのです。アプリの開発が進むにつれ、versionのバージョンを上げていく、といった使い方はよくされるでしょう。その他に重要なのは「**使用するパッケージの追加**」です。

開発が進むに連れ、プロジェクトに新たなパッケージを追加する必要が生じることもあります。例えば「**データベースを利用しよう**」となったら、そのためのパッケージをプロジェクトに組み込まないといけません。

このようなとき、build.gradleのdependenciesにパッケージを追加しビルドし直せば、プロジェクトに必要な機能を追加していくことができます。「**パッケージの編集はbuild.gradleで行える**」ということはしっかりと頭に入れておいてください。

Column repo.spring.ioのリポジトリについて

プロジェクトを作成したとき、ひょっとしたらrepositoriesのところに、mavenCentral()以外の文が書かれていたかも知れません。例えば、以下のようなものです。

```
maven { url 'https://repo.spring.io/milestone' }
maven { url 'https://repo.spring.io/snapshot' }
```

これらは、Spring Bootの正式リリース前の開発版を提供しているリポジトリです。まだ正式リリースされていないものも、これらのリポジトリを追加することで利用できるようになります。

なお、本書はSpring Boot 3の正式リリース前にRC版(Release Candidate、リリース候補版)をベースに執筆を行い、正式リリース後に動作確認をして出版しています。

Mavenプロジェクトとビルドファイル

続いて、Mavenを利用したプロジェクトについてです。Mavenプロジェクトでも、プロジェクトのビルドなどの処理はビルドファイルの記述を元に行われています。

Mavenのビルドファイルは、「**pom.xml**」というものです。これはプロジェクトを開いたところに用意されています。拡張子からわかるように、これはXMLファイルです。XMLを使って設定情報を記述しています。Mavenは、このpom.xmlに記述されている内容を元に、必要なライブラリをダウンロードして組み込むなどしてプログラムをビルドし実行するのです。

Mavenは、Spring Bootだけでなく、Javaの開発で非常に広く利用されています。Java関連のフレームワークも多くはMavenでの利用を前提に作られており、MavenはJavaにおけるビルドツールの標準といえます。ビルドファイルであるpom.xmlはSpring Boot以外でも頻繁に目にすることになるでしょう。

そこで、pom.xmlの記述について、ここで少しスペースを割いて説明しておくことにします。

pom.xml の内容

では、サンプルとして作成したプロジェクトのpom.xmlがどうなっているか見てみましょう（前章ではGradleプロジェクトとしてSampleBootApp1プロジェクトを作っていますが、これをそのままMavenプロジェクトで作成したものを想定して説明します）。これは、以下のように記述されているでしょう。

リスト2-2

```xml
<?xml version="1.0" encoding="UTF-8"?>
<project xmlns="http://maven.apache.org/POM/4.0.0"
    xmlns:xsi="http://www.w3.org/2001/XMLSchema-instance"
    xsi:schemaLocation="http://maven.apache.org/POM/4.0.0
        https://maven.apache.org/xsd/maven-4.0.0.xsd">
  <modelVersion>4.0.0</modelVersion>
  <parent>
    <groupId>org.springframework.boot</groupId>
    <artifactId>spring-boot-starter-parent</artifactId>
    <version>3.0.0</version>
    <relativePath/> <!-- lookup parent from repository -->
  </parent>
  <groupId>com.example</groupId>
  <artifactId>sample1app</artifactId>
  <version>0.0.1-SNAPSHOT</version>
  <name>SampleBootApp1</name>
  <description>Demo project for Spring Boot</description>

  <properties>
    <java.version>17</java.version>
  </properties>

  <dependencies>
    <dependency>
      <groupId>org.springframework.boot</groupId>
      <artifactId>spring-boot-starter-web</artifactId>
    </dependency>
    <dependency>
      <groupId>org.springframework.boot</groupId>
      <artifactId>spring-boot-starter-test</artifactId>
```

```
            <scope>test</scope>
        </dependency>
    </dependencies>

    <build>
        <plugins>
            <plugin>
                <groupId>org.springframework.boot</groupId>
                <artifactId>spring-boot-maven-plugin</artifactId>
            </plugin>
        </plugins>
    </build>

    <repositories>
    </repositories>

    <pluginRepositories>
    </pluginRepositories>

</project>
```

　なお、記述されている要素のうち、<repositories>と<pluginRepositories>については使用されていないため省略されている場合があります。

pom.xmlの基本構成

　pom.xmlは、XMLですからタグを使ってデータが構造的に記述されています。これらは整理すると、こんな形になっていることがわかるでしょう。

```
<project xmlns="http://maven.apache.org/POM/4.0.0" 略 >

    ……各種設定情報……

    <properties>
        ……プロジェクトのプロパティ……
    </properties>

    <dependencies>
        ……パッケージ情報……
    </dependencies>

    <build>
        ……ビルド時の情報(プラグイン関係) ……
    </build>
```

```
    <repositories>
      ……リポジトリの登録(不使用) ……
    </repositories>


    <pluginRepositories>
      ……プラグインのリポジトリ情報(不使用) ……
    </pluginRepositories>


</project>
```

　<project>というタグがあり、その中にプロジェクトに関する各種の情報を記したタグが並びます。複数形の名前のタグは、その中に単数形の名前のタグがあり、更にその中に細かな設定情報が用意されているのが一般的です。

▎<project> タグについて

　pom.xmlは、<project>というタグの中にすべての情報が記述されます。これが、ルート (一番外側にある、ベースとなるタグ)となります。このタグには、以下のような属性が記述されます。

```
xmlns="http://maven.apache.org/POM/4.0.0"
xmlns:xsi="http://www.w3.org/2001/XMLSchema-instance"
xsi:schemaLocation="http://maven.apache.org/POM/4.0.0
  http://maven.apache.org/xsd/maven-4.0.0.xsd"
```

　これらの属性は、「**Mavenのpom.xmlでは、必ずこの通りに記述する**」と割り切って考えて下さい。xmlnsとxsi:schemaLocationで、Mavenのバージョン番号が若干変更される場合はあるでしょうが、基本的にデフォルトで生成されたものをそのままコピー＆ペーストして利用すれば、どんな場合も問題なく使えるはずです。

▎プロジェクトの主な情報

　今回のプロジェクトで記述されている要素は、pom.xmlのもっとも基本的なものになります。以下に整理しておきましょう。

<modelVersion>	Mavenのバージョンです。
<groupId>	グループIDのタグです。
<artifactId>	アーティファクトIDのタグです。
<version>	バージョン名のタグです。
<name>	プロジェクトの名前です。
<description>	説明のテキストです。

　これらは、pom.xmlのもっとも基本的な要素です。プロジェクトに用意する必要最低限のものと考えてよいでしょう。

▌ <parent> について

　<modelVersion>の後に、<parent> 〜 </parent>という記述があります。これは「**pom.xmlの継承**」に関する設定情報です。

　Mavenでは、既にあるpom.xmlの内容を受け継いで新たなpom.xmlを作成することができます。このタグ内には、Spring Bootに用意されているpom.xmlの情報が以下のように記述されています。

```
<groupId>org.springframework.boot</groupId>
<artifactId>spring-boot-starter-parent</artifactId>
<version>3.0.0</version>
<relativePath/>
```

　見ればわかるように、グループID、アーティファクトID、バージョンといった値が指定されているだけです（<relativePath/>は特に使っていません）。これにより、org.springframework.bootのspring-boot-starter-parentというpomが継承され、そこにある情報がすべて読み込まれるようになります。

▌ <properties> について

　これは、ビルドに必要な設定をまとめてあるところです。ここでは、<java.version>17</java.version>というタグが追加されています。これはJavaのバージョンを指定するものです。

　この他にも、プロジェクト関係で必要な設定があれば、ここに追加されることになります。

▌ <dependencies> について

　これらのタグの中でも、もっとも重要なのが<dependencies>でしょう。これは、プロジェクトで利用しているライブラリなどの情報を記述するものです。

　利用するライブラリの情報は、この<dependencies>内に<dependency>というタグを使ってまとめられます（こちらは単数形です）。この中には、以下のようなタグが記述されます。

<groupId>	ライブラリのグループIDです。
<artifactId>	ライブラリのアーティファクトIDです。
<version>	使用するバージョンです。
<scope>	このライブラリが利用される範囲を示すのに用います。

　これらは、常にすべてのタグを用意しなければいけないわけではありません。例えば、<version>や<scope>は、特に指定する必要がない（バージョンや用途を特定しなくても普通に使える）場合は省略されます。

ただし、<groupId>と<artifactId>は必ず用意しなければいけません。これらは、使用するライブラリを特定するためのものなのですから。

2つの <dependency> 項目

サンプルで作成したプロジェクトでは、2つの<dependency>タグが用意されています。Spring BootのWebアプリケーションのためのライブラリと、ユニットテスト用のライブラリです。

■Webアプリケーション用

```
<dependency>
  <groupId>org.springframework.boot</groupId>
  <artifactId>spring-boot-starter-web</artifactId>
</dependency>
```

Spring BootでWebアプリケーションを作成する際に必要となるものです。これを用意することで、Webアプリケーションに必要なライブラリがすべて組み込まれるようになります。プロジェクトを作成する際、dependenciesという項目に「**Spring Web**」を指定しましたが、これの設定情報がこの記述になります。

■ユニットテスト用

```
<dependency>
  <groupId>org.springframework.boot</groupId>
  <artifactId>spring-boot-starter-test</artifactId>
  <scope>test</scope>
</dependency>
```

Spring Bootのユニットテストに関するライブラリです。これにより、テスト関連の機能が一通り組み込まれるようになります。これはSpringのプロジェクトでは全て自動的に用意されます。

<build> タグと <plugins> タグ

<build>は、プログラムのビルド時に利用される機能などの情報を用意するのに用いられます。その中にある<plugins>は、ビルド次に使うプラグインのプログラムに関する情報をまとめておくためのものになります。ここでは、1つのプラグイン情報が記述されています。

■spring-boot-maven-plugin

今回、<plugins>タグに用意されているのは、spring-boot-maven-pluginというプラグインの情報です。これは以下のように記述されています。

```
<plugin>
  <groupId>org.springframework.boot</groupId>
  <artifactId>spring-boot-maven-plugin</artifactId>
</plugin>
```

　　　　<plugin>タグには、グループIDとアーティファクトIDが記述されます。これにより、spring-boot-maven-pluginというプラグインがビルド時に利用されるようになります。このプラグインは、Spring Bootのアプリケーションを単独で実行できるようにするための機能を提供します。このプラグインがないとMavenで実行することはできないので注意しましょう。

開発版使用のリポジトリ

　　　　以上で、プロジェクトに関するタグ類はすべてなのですが、この他にもう1つ触れておきたいものがあります。それは、「**リポジトリ**」のタグです。

　　　　本書は、3.0.0をベースにプロジェクトを構成することを考えていますが、Spring Bootは随時アップデートされており、頻繁にスナップショット（現時点の最新版）や正式リリース前のマイルストーン版が配布されています。これらは正式リリースされていないため、Mavenのセントラルリポジトリで公開されていません。

　　　　こうしたスナップショット版を利用したい場合は、Spring独自のリポジトリを追加しておく必要があります。

　　　　pom.xmlには、<repositories>と<pluginRepositories>の2つを用意できます。これらがリポジトリのタグです。<project>タグ内に以下を追記すると、Spring独自のリポジトリが使えるようになります。開発版利用に必要な記述は以下のようなものになります。

リスト2-3

```
<repositories>
  <repository>
    <id>spring-snapshots</id>
    <name>Spring Snapshots</name>
    <url>https://repo.spring.io/snapshot</url>
    <snapshots>
      <enabled>true</enabled>
    </snapshots>
  </repository>
  <repository>
    <id>spring-milestones</id>
    <name>Spring Milestones</name>
    <url>https://repo.spring.io/milestone</url>
    <snapshots>
      <enabled>false</enabled>
    </snapshots>
  </repository>
</repositories>

<pluginRepositories>
  <pluginRepository>
    <id>spring-snapshots</id>
    <name>Spring Snapshots</name>
```

```
      <url>https://repo.spring.io/snapshot</url>
      <snapshots>
        <enabled>true</enabled>
      </snapshots>
    </pluginRepository>
    <pluginRepository>
      <id>spring-milestones</id>
      <name>Spring Milestones</name>
      <url>https://repo.spring.io/milestone</url>
      <snapshots>
        <enabled>false</enabled>
      </snapshots>
    </pluginRepository>
  </pluginRepositories>
```

　<repository>タ グ や<pluginRepositories>タ グ の 中 に、spring-snapshotsとspring-milestonesというIDの情報が記述されているのがわかるでしょう。これらは、ソフトウェアを入手するホストの情報です。Mavenでは、リポジトリという形でダウンロード先のホストの情報を用意しておくことで、そのホストから必要なソフトウェアを検索しダウンロードします。

　ここで用意されている2つのリポジトリは、「**Springスナップショット**」と「**Springマイルストーン**」のホストです。Springスナップショットは、開発中のソフトウェアの最新状態を配布するものです。Springマイルストーンは、ソフトウェアの正式リリース直前のバージョン（マイルストーン）を配布するホストです。正式リリース版以外を利用する場合は、これらのタグをpom.xmlに追記して使って下さい。

ビルドファイルはプロジェクト管理の基本！

　これで、GradleとMavenのビルドファイルの内容について一通り説明しました。GradleとMavenは、Javaの開発でもっとも広く利用されているビルドツールです。たいていのプロジェクトは、この2つのいずれかを利用してプロジェクト管理をしていると言っても良いでしょう。

　これらのプロジェクトの管理は、用意されたビルドファイルの内容を理解し、以下に編集するかにかかっています。例えば必要となるパッケージを追加するとき、例えばビルドするJavaのバージョンが変更になったときなど、すべてビルドファイルを編集することで対応します。

　Spring Bootに限らず、Javaで開発を行うなら、ビルドツールの基本は理解しておきましょう。

　なお、本書では以後、Gradleベースのプロジェクトを使って説明を行います。Mavenプロジェクトを利用したい方は、必要に応じてbuild.gradleの記述をpom.xmlの記述に置き換えてお読み下さい。

2-2 アプリケーションの基本を理解する

アプリケーションのソースコード

プロジェクトのビルド設定が一通りわかったところで、ようやくアプリケーションのプログラムに進むことができます。

「**src**」フォルダの中に、アプリケーションのファイル類がまとめられていましたね。この中に「**java**」フォルダがあり、ここにJavaのソースコードが用意されていました。

デフォルトでは、アプリケーションのパッケージ（com.example.sample1app）のフォルダが、「**jaca**」フォルダ内に「**com**」フォルダ、その中に「**example**」フォルダ、更にその中に「**sample1app**」フォルダ、というように作成されています。これはグループIDとアプリのアーティファクトIDを元に割り当てられています。従って、これらのIDが異なれば、作成されるフォルダの名前と階層も変わります。

この「**sample1app**」フォルダの中に、おそらく「**SampleBootApp1Application.java**」という名前のソースコードファイルが用意されているでしょう。これがSpringスタータープロジェクトのアプリケーションのソースコードファイルになります。Springスタータープロジェクトでは、「**アプリ名Application**」という名前でアプリケーションのクラスが作成されます。

アプリケーションクラスについて

では、作成されているSampleBootApp1Application.javaがどのようになっているか、ソースコードを見てみましょう（VSCのプロジェクトの場合はSample1appApplication.javaになります）。すると以下のように記述されているのがわかります。

リスト2-4

```
package com.example.sample1app;

import org.springframework.boot.SpringApplication;
import org.springframework.boot.autoconfigure.SpringBootApplication;

@SpringBootApplication
public class SampleBootApp1Application {

  public static void main(String[] args) {
    SpringApplication.run(SampleBootApp1Application.class, args);
  }

}
```

（※VSCのプロジェクトでは、クラス名はSample1appApplicationになっている）

前章で、CLIでプロジェクトを作った際、トップページにアクセスしたときの表示を修正しましたが、これについてはこの後で説明することにします。まずはデフォルトで生成されたコードから理解していきましょう。

Spring Boot アプリケーションクラス

用意されているSample1appApplicationクラスは、クラス自体は特に複雑なものではありません。クラスの継承もインターフェースの実装もしていない、いわゆるPOJO（Plain Old Java Object）のクラスです。

Spring Bootのアプリケーションである具体的な記述は、クラスに付けられている以下の**アノテーション**にあります。

```
@SpringBootApplication
```

詳細は、もう少しSpring Bootについて理解しないと説明しづらいのですが、Spring Bootでは、設定ファイルなどを用意する代りに、アノテーションを記述しておくだけで、プログラムで利用する機能を全て自動的に組み込んで使えるようにするようになっています。Springの根幹である「**DI（Dependency Injection、依存性注入）**」により、シンプルなクラスに必要な機能を外部から注入してくれるのです。

この@SpringBootApplicationはその機能を利用しています。このアノテーションを付けておくことで、Spring Bootは、他に設定ファイルなどを一切書かなくとも、「**このSampleBootApp1Applicationというクラスは Spring Boot で起動するアプリケーションだ**」ということがわかるのです。

SpringApplication クラスと run

アプリケーションクラスは、プログラムの起動クラスですから、mainメソッドが用意されている必要があります。このmainに起動時の処理を用意する、というのは一般的なJavaのプログラムと全く同じです。

mainメソッドで実行しているのは、1文だけのごく単純なものです。「**SpringApplication**」というクラスの「**run**」メソッドを実行する処理です。

```
SpringApplication.run(SampleBootApp1Application.class, args);
```

この「**SpringApplication**」クラスは、文字通りSpring Bootのアプリケーションクラスです。このクラスには、Spring Bootアプリケーションとしての基本的な機能がまとめられています。ここで実行している「**run**」は、アプリケーションを起動するためのメソッドです。

引数には、実行するクラスのClassインスタンスと、パラメータとして受け渡すデータを用意します。ここでは、SampleBootApp1AppApplicationクラスをそのまま起動するクラスとして設定し呼び出しています。

このSampleBootApp1Applicationには、@SpringBootApplicationアノテーションが付いている他は何もSpring Bootのアプリケーションらしいものはありません。このようなクラスを引数に指定した時は、Spring Bootはデフォルトの設定をそのまま使ってアプリ

ケーションを実行します。

　より本格的にSpring Bootを使いこなすようになると、さまざまな設定情報を記述したクラスを定義してSpringBootApplication.runの引数に指定するようになるでしょう。が、今のところは、とりあえず「**@SpringBootApplicationアノテーションをつけたクラスをそのまま引数指定すればいい**」と考えておきましょう。

Springでないプログラムの実行

　Springスタータープロジェクトのアプリケーションは、SpringApplication.runでアプリケーションクラスを実行すればいい、ということがわかりました。ただrunにクラスを指定して実行するだけで非常にシンプルです。

　Springのプログラムのユニークさは、この「**シンプルさ**」にあります。一見したところでは、何も複雑な実装をしていない単純なJavaアプリケーションと何ら変わりありません。mainに処理を書いておけばそれが実行される、これは同じなのです。

　実際に、mainメソッドを修正して、ごく一般的なアプリケーションのプログラムとして動かしてみましょう。mainメソッドを以下のように変更して下さい。

リスト2-5

```java
public static void main(String[] args) {
  System.out.println("Welcome to Spring!!");
}
```

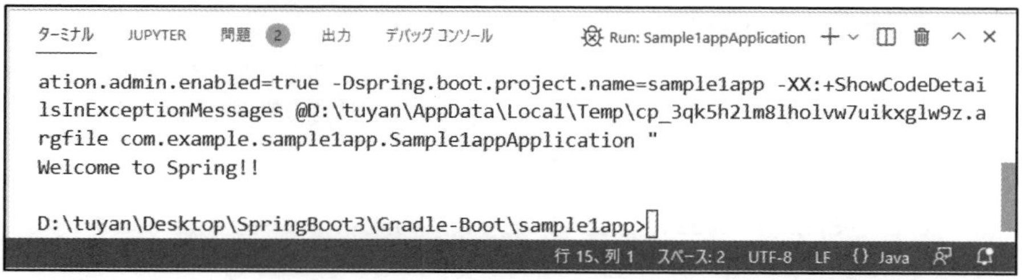

図2-2：実行すると「Welcome to Spring!!」と表示される。

　修正したらファイルを保存し、プロジェクトを実行してみましょう。するとターミナルやコマンドプロンプトに「**Welcome to Spring!!**」とテキストが出力され終了します。Springのアプリケーションクラスは、ごく一般的なJavaのアプリケーションとして普通に実行できるのです。

　Springのアプリケーションクラスが一般的なJavaアプリケーションクラスと異なるのは、@SpringBootApplicationアノテーションと、mainでSpringApplication.runが実行されている、という点だけです。SpringApplication.runにより、@SpringBootApplicationが指定されたクラスが実行されることで、Springのアプリケーションとして動作するようになるのです。

SpringApplicationのカスタマイズ

「**SpringApplication.run**でアプリケーションクラスを実行する」というのは非常に簡単な処理ですが、ただrunで実行するだけであるため、実行に関するカスタマイズなどが行えません。こうしたカスタマイズのための機能はないのでしょうか？

実は、いくつかの機能が用意されています。SpringApplication.runは、SpringApplicationのクラスメソッドですが、実を言えばSpringApplicationインスタンスを作成してrunを実行することもできます。こうすることで、起動時の設定などをカスタマイズすることができます。といっても、それほど豊富な機能が用意されているわけではありません。

実際のカスタマイズ例として、Springバナーの表示をOFFにしてみましょう。アプリケーションを実行すると、ターミナルやコマンドプロンプトにテキストでSpringのバナーが表示されます。これをOFFにしてみます。

図2-3：Springのアプリケーションを実行すると、Springのバナーが出力される。

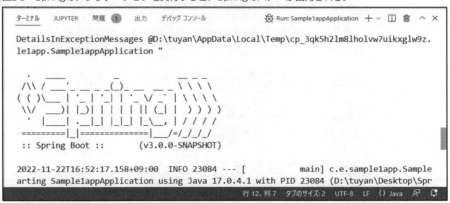

では、アプリケーションクラスのmainメソッドを以下のように書き換えて下さい。なお、import文も追記する必要があるので忘れずに。

リスト2-6

```
// import org.springframework.boot.Banner.Mode; 追記する

public static void main(String[] args) {
  SpringApplication app = new SpringApplication(SampleBootApp1Application.class);
  app.setBannerMode(Mode.OFF);
  app.run(args);
}
```

これでアプリケーションを実行すると、Springのバナーが表示されなくなります。ごく簡単な修正ですが、「**SpringApplicationの起動時の処理をカスタマイズできる**」というサンプルとして考えて下さい。

SpringApplication インスタンスを作って実行する

　では、実行している処理を見てみましょう。ここでは、まずSpringApplicationインスタンスを作成しています。

```
SpringApplication app = new SpringApplication(SampleBootApp1Application.class);
```

　引数には、アプリケーションクラスのclassプロパティを指定します。これで、SampleBootApp1Applicationをアプリケーションとして実行するSpringApplicationインスタンスが作成されました。
　続いて、バナーの表示モードを変更します。

```
app.setBannerMode(Mode.OFF);
```

　setBannerModeは、バナーのモードを設定するもので、org.springframework.bootパッケージに用意されているBanner.Modeで値を設定します。これはEnum型の値で、OFF、LOG、CONSOLEといった値が用意されています。OFFにするとバナーが出力されなくなります（LOGではログに、CONSOLEはコンソールに出力します）。
　設定を行ったら、runメソッドでアプリケーションを起動します。

```
app.run(args);
```

　引数には、mainメソッドの引数で渡されたargsをそのまま指定しておきます。これで起動時の処理をカスタマイズしてアプリケーションが起動できました！

コマンドラインプログラムについて

　Webアプリケーションの説明に進む前に、もう少し「**ただのアプリケーションプログラム**」についても触れておきましょう。
　Springスタータープロジェクトは、Webアプリとしてしか実行できないわけではありません。それ以外にもさまざまなプログラムを作ることができます。ターミナルやコマンドプロンプトから実行する一般的なプログラムも作れます。
　これは、先ほど行ったように、mainメソッドで実行する処理を直接記述してもいいのですが、Springに用意されている「**CommandLineRunner**」「**ApplicationRunner**」という機能を利用することで、一般的なコマンドラインから実行するプログラムを作成することができます。

CommandLineRunner について

　コマンドラインから実行するプログラムとしての機能を提供するインターフェースが「**CommandLineRunner**」です。コマンドプログラムを作成する場合、これをクラスにimplementsします。クラスの基本的な形は以下のようになります。

■CommandLineRunner実装クラス

```
public class クラス名 implements CommandLineRunner {

  @Override
  public void run(String... args) {
    ……実行する処理……
  }
}
```

　クラスには「**run**」メソッドを用意します。これは引数にString配列が渡され、ここにプログラムを実行した際の引数が渡されます。ここから必要な値を取り出して処理を行えます。

ApplicationRunner について

　アプリケーションとして実行するための機能を提供するインターフェースが「**ApplicationRunner**」です。アプリケーションとして実行するプログラムは、これをクラスにimplementsして作成します。クラスの基本的な形は以下のようになります。

■ApplicationRunner実装クラス

```
public class クラス名 implements ApplicationRunner {

  @Override
  public void run(ApplicationArguments args) {
    ……実行する処理……
  }
}
```

　ApplicationRunnerを実装すると、クラスには「**run**」メソッドを用意する必要があります。ほとんどCommandLineRunnerと同じように見えますが、こちらは引数にApplicationArgumentsというインスタンスが渡されます。これは実行時に渡された引数をアプリケーションで利用しやすい形にまとめたオブジェクトです。

CommandLineRunnerでコマンドプログラムを作る

　では、実際にこれらのインターフェースを使ってコマンドから実行するプログラムを作ってみましょう。まずは、CommandLineRunnerからです。
　アプリケーションのソースコードファイル（本書のサンプルではSampleBootApp1Application.java）の内容を以下に書きかえてください。

リスト2-7

```
package com.example.sample1app;


import org.springframework.boot.ApplicationArguments;
```

```
import org.springframework.boot.Banner.Mode;
import org.springframework.boot.CommandLineRunner;
import org.springframework.boot.SpringApplication;
import org.springframework.boot.autoconfigure.SpringBootApplication;


@SpringBootApplication
public class SampleBootApp1Application implements CommandLineRunner {

  public static void main(String[] args) {
    SpringApplication app = new SpringApplication(SampleBootApp1Application.class);
    app.setBannerMode(Mode.OFF);
    app.run(args);
  }

  @Override
  public void run(String[] args) {
    System.out.println("+--------------------------------------+");
    System.out.println("| this is CommandLine Runner program. |");
    System.out.println("+--------------------------------------+");
    System.out.println("[" + String.join(", ",args) + "]");
  }
}
```

　ここでは、runメソッドでテキストのメッセージと、引数argsで渡された値を出力しています。これを実行すれば、CommandLineRunnerの働きがわかるでしょう。

アプリケーションを実行する java コマンド

　では、どのようにアプリケーションを実行すればいいのでしょうか。これが、実は意外と難しいのです。
　Javaのクラスを実行する場合、一般的にはjavaコマンドを使い、「**java クラス名**」というように実行をします。従ってこの例でいえば、

```
java com.example.sample1app.SampleBootApp1Application
```

　このように実行すれば起動できるはずです。しかし、これではSampleBootApp1 Applicationは起動できません。なぜなら、SampleBootApp1Applicationで使っているSpring関連のクラスが見つからないからです。
　Springのアプリケーションクラスを実行するには、必要なクラス類をすべて正しく参照できるようにする必要がありますが、1つ1つのパッケージを手作業で指定するのは非常に大変でしょう。従って、まずアプリケーションをビルドしてJarファイルを作成し、このJarファイルを使ってjavaコマンドで実行するのが良いでしょう。

　（※以後の作業は、PCにGradleがインストールされている必要があります。https://gradle.org/ releases/ にアクセスし、Gradleをインストールして下さい）

　アプリケーションをビルドしてJarファイルを作成するには、gradleコマンドを使います。コマンドプロンプトあるいはターミナルを開き、Spring Bootプロジェクトのフォルダ（ここでは「**SampleBootApp1**」フォルダ）にcdコマンドで移動して下さい。そして以下のコマンドを実行します。

```
gradle build
```

　これで、プロジェクト内に「**build**」というフォルダが作成され、その中の「**lib**」フォルダ内に「**SampleBootApp1-0.0.1-SNAPSHOT.jar**」という名前でJarファイルが作成されます。ファイル名は「**アプリケーション-バージョン-SNAPSHOT.jar**」という名前になりますので、アプリケーション名やバージョン番号を変更している場合は別の名前になっています。
　このJarファイルを適当な場所にコピーして使えばいいのです。

引数を指定して実行する

　では、実際にコマンドプロンプトあるいはターミナルからアプリケーションクラスを実行してみましょう。作成したJarファイルがある場所にカレントディレクトリを移動し、以下のように実行して下さい。

```
java -jar SampleBootApp1-0.0.1-SNAPSHOT.jar --aaa=123 --zzz=456 abc xyz 99
```

　Jarファイル名は「**SampleBootApp1-0.0.1-SNAPSHOT.jar**」という前提でコマンドを記述してあります。ここでは、「**--aaa=123 --zzz=456 abc xyz 99**」という引数を追加してあります。--で始まる引数は、オプションとして用意される引数の場合に使われます。値だけが記述されるのは、オプションとして設定されていない、ただの引数です。
　これが正常に実行されると、以下のようなテキストが出力されるでしょう。

```
+------------------------------------+
| this is CommandLine Runner program. |
+------------------------------------+
[--aaa=123, --zzz=456, abc, xyz, 99]
```

　渡された引数がargsにまとめて渡されているのがわかります。ただの引数は値だけが用意されています。オプション引数は、--aaa=123というように引数名と値が1つのテキストとして渡されるため、ここから値を取り出す必要があるでしょう。
　いずれにせよ、runメソッドのargs引数で、渡された引数がすべて取り出せることがわかります。

図2-4：実行すると、引数がまとめて表示される。

ApplicationRunnerでアプリケーションプログラムを作る

　続いて、ApplicationRunnerを使ってアプリケーションのプログラムを作成してみましょう。先ほどと同様、SampleBootApp1Application.javaのファイルを書き換えてください。

リスト2-8

```java
package com.example.sample1app;

import java.util.Arrays;

import org.springframework.boot.ApplicationArguments;
import org.springframework.boot.ApplicationRunner;
import org.springframework.boot.Banner.Mode;
import org.springframework.boot.SpringApplication;
import org.springframework.boot.autoconfigure.SpringBootApplication;

@SpringBootApplication
public class SampleBootApp1Application implements ApplicationRunner {

  public static void main(String[] args) {
    SpringApplication app = new SpringApplication(SampleBootApp1Application.class);
    app.setBannerMode(Mode.OFF);
    app.run(args);
  }

  @Override
  public void run(ApplicationArguments args) {
    System.out.println("+---------------------------------------+");
    System.out.println("| this is Application Runner program. |");
    System.out.println("+---------------------------------------+");
    System.out.println(args.getOptionNames());
    System.out.println(args.getNonOptionArgs());
```

```
        System.out.println(Arrays.asList(args.getSourceArgs()));
    }
}
```

ApplicationArguments のメソッド

ApplicationRunnerも、CommandLineRunnerと同じようにrunメソッドに実行する処理を用意します。ただしApplicationRunnerでは、引数にはApplicationArgumentsというインスタンスが渡されます。このクラスには、引数を様々な形で取り出すメソッドが用意されています。以下に簡単にまとめておきます。

getOptionNames()

オプション引数の名前をSetにまとめたものを返します。これでどのようなオプション引数が渡されているかを調べることができます。

getOptionValues(引数名)

オプション引数の値を取り出すものです。引数にオプション引数の名前をStringで指定すると、その値が返されます。

getNonOptionArgs()

非オプション引数(引数の名前がつけられていない、値だけの引数)をListにまとめたものを返します。

getSourceArgs()

渡された引数をそのままString配列として取り出して返します。これは加工していない素の引数になります。

ApplicationRunnerの引数は、このようにオプション引数とそうでない引数をそれぞれ整理し、オプション引数については名前を指定して値を取り出せるようにしています。より具体的な引数の利用を考えられているといっていいでしょう。

java コマンドで実行する

では、修正したコードをgradle buildで再ビルドしJarファイルを生成したら、先ほど実行したのと同じ形でjavaコマンドを実行してみて下さい。引数には「**--aaa=123 --zzz=456 abc xyz 99**」とオプションを付けておきます。すると、以下のような出力がされるでしょう。

```
+--------------------------------------+
| this is Application Runner program. |
+--------------------------------------+
[aaa, zzz]
[abc, xyz, 99]
[--aaa=123, --zzz=456, abc, xyz, 99]
```

ここでは、getOptionNames、getNonOptionArgs、getSourceArgsの順で引数情報を出

力しています。それぞれ「**オプション引数の名前**」「**非オプション引数の値**」「**すべての引数**」が取り出されていることがわかるでしょう。

　アプリケーションでは、あらかじめ値の役割を名前で指定するオプション引数を利用することが多くなります。このような場合、ApplicationRunnerを利用したほうがより引数を便利に扱えるようになります。

図2-5：実行するとオプション引数と非オプション引数をそれぞれ整理して出力する。

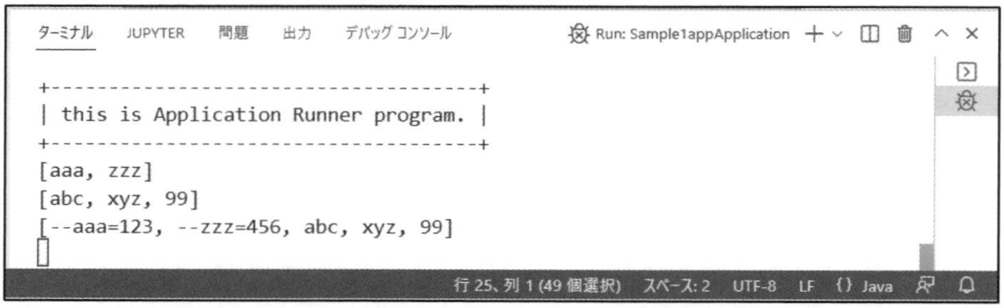

UIアプリケーションの実行

　コマンドから実行するプログラムは、必ずしもコマンドラインでのみ利用可能なものとは限りません。SwingなどのUIを利用したアプリケーションも動かすことができます。
　では、実際に簡単なUIアプリケーションを動かしてみましょう。SampleBootApp1Application.javaの内容を以下に書きかえてください。

リスト2-9

```java
package com.example.sample1app;

import javax.swing.JFrame;
import javax.swing.JLabel;

import org.springframework.boot.ApplicationArguments;
import org.springframework.boot.ApplicationRunner;
import org.springframework.boot.SpringApplication;
import org.springframework.boot.Banner.Mode;
import org.springframework.boot.autoconfigure.SpringBootApplication;

@SpringBootApplication
public class SampleBootApp1Application implements ApplicationRunner {

  public static void main(String[] args) {
    SpringApplication app = new SpringApplication(SampleBootApp1Application.class);
    app.setBannerMode(Mode.OFF);
    app.setHeadless(false);
    app.run(args);
  }
```

```
  @Override
  public void run(ApplicationArguments args) {
    JFrame frame = new JFrame("Spring Boot Swing App");
    frame.setDefaultCloseOperation(JFrame.EXIT_ON_CLOSE);
    frame.setSize(300,200);
    frame.add(new JLabel("Spring Boot Application."));
    frame.setVisible(true);
  }
}
```

図2-6：実行するとウィンドウが表示される。

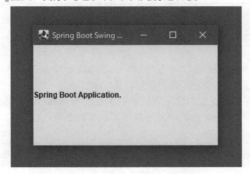

　これを実行すると、画面に小さなウィンドウが開かれます。テキストが表示されているだけでなんの機能もないウィンドウですが、とりあえず「**UIを使ったアプリケーション**」が動いていることだけは確認できるでしょう。クローズボックスでウィンドウを閉じるとプログラムも終了します。

　（※なお、gradle build時に「**FAILURE: Build failed with an exception.**」とエラーメッセージが表示されるでしょうが、これはプログラムに問題があるわけではなく、GUIを起動しているためデフォルトのユニットテストに失敗しているだけです。作成されるJarファイルは正常に動作します）

UI 利用時の注意点

　ここでは、runメソッドでSwingのJFrameを作成し、表示しています。Swingの利用部分は、ごく基本的なものであり、特に説明すべき点はありません。ポイントは、実はmainメソッド側にあります。

```
app.setHeadless(false);
```

　ここでは、このようなメソッドが追記されています。これはアプリケーションがヘッドレスであり、AWTをインスタンス化できないことを示すものです。SpringApplicationでは、デフォルトでこの値がtrue に設定されており、AWTのインスタンス化が許可されないようになっています。これをfalseにすることで、AWTやこれをベースにするSwingなどのUIアプリケーションが実行可能になります。

　SpringアプリケーションでUIを利用するには、このヘッドレスの設定変更が必須になります。これを忘れるとUIは使えません。

　とりあえず、これで「**コマンドラインから実行するプログラム**」が作れるようになりました。Spring Bootといえば「**Webアプリ**」が思い浮かびますし、本書でも以後はWebアプリ中心の説明をしていきます。けれど、このように「**Webアプリ以外の一般的なプログラムも作れるのだ**」ということは知識として知っておいて下さい。

2-3 RestControllerの利用

MVCアーキテクチャーについて

　Springアプリケーションの基本的な使い方がわかってきたところで、いよいよWebアプリケーションのための仕組みについて説明を行いましょう。
　Spring BootのWebアプリケーションは、既に触れましたが「**MVC**」と呼ばれるアーキテクチャをベースに設計されています。MVCとは以下のものです。

Model(モデル)	アプリケーションで使うデータを管理するもの
View(ビュー)	画面の表示を扱うもの
Controller(コントローラー)	全体の処理の制御を行うもの

図2-7：MVCでは、データを管理するModel、表示を担当するView、全体を制御するControllerがお互いに呼び出し合いながら動く。

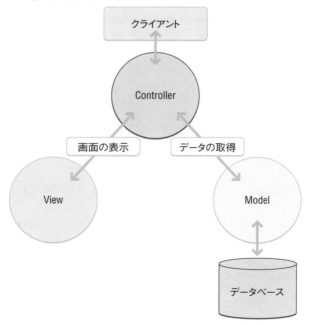

コントローラーと Web ページ

これらの中で、何よりもまず最初に用意しなければならないのが「**コントローラー (Controller)**」でしょう。コントローラーは、アプリケーションの制御を担当します。この「**アプリケーションの制御**」とは、具体的には「**特定のアドレスにアクセスした時に実行される処理**」を意味します。

Spring Bootで使われているWebアプリケーションフレームワーク「**Spring Web**」には、「**URLマッピング**」と呼ばれる機能が内蔵されています。特定のURLと処理を関連付ける機能です。これにより、あるURLにアクセスをすると、コントローラーに用意されているメソッドが呼び出されるような仕組みを作ることができます。

つまり、コントローラーを作れば、そこに用意してあるメソッドに割り当てられたURLにアクセスした時の処理が用意できる(つまり、そのアドレスにアクセスできるようになる)というわけです。

RestControllerについて

Webアプリを作るためには、まずコントローラーを作成し、そこにURLマッピングを使って特定のアドレスにアクセスしたときの処理を実装していきます。

コントローラーは、Spring Webに用意されているアノテーションを使って作成できます。クラスに、コントローラーを示すアノテーションを追加することで、そのクラスをコントローラーとして認識するようになるのです。

このコントローラー用のアノテーションは、実は1つだけではなく複数用意されています。その中で、もっとも使い方が簡単な「**RestController**」から利用してみましょう。これは、「**RESTのためのコントローラー**」です。

REST は Web API の基本仕様

REST(Representational State Transfer)は、Web APIで使われる仕様です。HTTPメソッドとパスを組み合わせてアクセスすることでさまざまな情報をやり取りできるようにするものです。このRESTに沿って設計されたAPIは「**RESTful**」と呼ばれます。

通常のWebアプリのためのコントローラーは、アクセスするとHTMLベースのコンテンツがクライアント側に送られ、それを元にWebページが表示されます。コンテンツを作成するためにはさまざまなデータやHTMLのコードなどを組み合わせる必要があり、そのための機能などもいろいろと用意されています。

このRESTのAPIとしてWebアプリを機能させるために用意されているREST用のコントローラーが「**RestController**」なのです。

RestControllerは、単に「**アクセスしたらデータが得られる**」といったシンプルなものであり、Webアプリ用のコントローラーに比べると扱いがとても簡単です。コントローラーとしての基本的な働きは同じですから、まずはRestControllerで「**コントローラーの使い方**」をしっかり理解しておくのが良いでしょう。

RestController クラスの定義

RestControllerの作成は非常に簡単です。クラスに「**@RestController**」というアノテーションを付けるだけで、そのクラスはRestControllerとして扱えるようになります。

```
@RestController
class クラス {
    ……クラスの内容……
}
```

この@RestControllerアノテーションは、org.springframework.web.bind.annotationというパッケージに用意されており、あらかじめimportしておく必要があります。

この@RestControllerが付けられたクラスでは、URLマッピングを行ったメソッドを作成してアクセスの処理を用意します。このメソッドは以下のように定義します。

```
@RequestMapping( パス )
public String メソッド() {
    ……実行する処理……
    return 値;
}
```

メソッドに特定のパスをマッピングして割り当てるためのアノテーションはいくつか用意されています。「**@RequestMapping**」はそのもっとも基本となるもので、引数に指定されたパスにアクセスされたときにこのメソッドを呼び出すようになります。

メソッドは戻り値を持っており、テキストをreturnすると、そのテキストがそのままクライアントに返送されます。

このように、コントローラークラスには、特定のパスに関連付けられたメソッドが用意されます。クライアントからのリクエストがあると、それに応じてメソッドが呼び出されます。

このようなメソッドを「**リクエストハンドラ**」と呼びます。コントローラーの作成とは、「**コントローラークラス内にいかにリクエストハンドラを作成していくか**」ということだと考えて下さい。

RestControllerの利用例

では、このRestControllerを利用したサンプルを見てみましょう。実をいえば、これは既に作っています。前章で、サンプルとして作成したSpring Bootのアプリケーションを修正して簡単な表示を行ったことがありましたね（リスト1-2）。以下のようなコードでした。

リスト2-10

```
package com.example.sample1app;

import org.springframework.boot.SpringApplication;
import org.springframework.boot.autoconfigure.SpringBootApplication;
import org.springframework.web.bind.annotation.RestController;
import org.springframework.web.bind.annotation.RequestMapping;

@SpringBootApplication
```

```
@RestController
public class SampleBootApp1Application {

  public static void main(String[] args) {
    SpringApplication.run(SampleBootApp1Application.class, args);
  }

  @RequestMapping("/")   //☆追加したメソッド
  public String index() {
    return "Hello, Spring Boot 3!!!";
  }
}
```

図2-8：RestControllerの利用例。http://localhost:8080/にアクセスするとテキストが表示される。

これで、http://localhost:8080/にアクセスをすると、「**Hello, Spring Boot 3!!!**」という
テキストが表示されました。

ここでは、SampleBootApp1Applicationのクラス定義の前に、@RestControllerが付け
られています。同時に、@SpringBootApplicationも付けたままになっていますね。これ
により、SampleBootApp1Applicationクラスは、Spring Bootのアプリケーションであり、
なおかつREST用コントローラーとして機能するようになります。

そして、このクラスには、indexというメソッドが追加されています。これが、リク
エストハンドラのメソッドです。

```
@RequestMapping("/")
public String index() {
    ……略……
}
```

このメソッドには、@RequestMapping("/")というアノテーションが付けられています。
これにより、"/"というパスにアクセスしたら、このindexメソッドが実行されるように
なります。

メソッドでは、return "Hello, Spring Boot 3!!!";というように簡単なテキストがreturn
されています。このreturnしたテキストがそのままクライアント側に送られ表示された
のです。

パラメータを渡す

　RESTでは、アクセスするパスに必要な情報を追加することで、その情報をもとにデータを表示させることができます。例えば、/api/1というようにアクセスすると、ID=1のデータが表示される、といった具合ですね。

　このようなパスにパラメータを追加して呼び出すやり方は、RestControllerでも使うことができます。では、やってみましょう。

　SampleBootApp1Application.javaのSampleBootApp1Applicationクラスを以下のように書き換えてください。

リスト2-11

```java
// import org.springframework.web.bind.annotation.PathVariable;   追記

@SpringBootApplication
@RestController
public class SampleBootApp1Application {

  String[][] data = {
    {"noname","no email address","0"},
    {"taro","taro@yamada","39"},
    {"hanako","hanako@flower","28"},
    {"sachiko","sachiko@happy","17"},
    {"jiro","jiro@change","6"}
  };

  public static void main(String[] args) {
    SpringApplication.run(SampleBootApp1Application.class, args);
  }

  @RequestMapping("/{num}")
  public String index(@PathVariable int num) {
    int n = num < 0 ? 0 : num >= data.length ? 0 : num;
    String[] item = data[n];
    String msg = "ID=%s. {name: %s, mail: %s, age: %s}";
    return String.format(msg, num, item[0], item[1], item[2]);
  }
}
```

図2-9：http://localhost:8080/番号 とアクセスすると、指定した番号のデータが表示される。

パスに番号をつけてアクセスすると、指定の番号のデータが表示されます。例えば、http://localhost:8080/3にアクセスをすると、「**ID=3. {name: sachiko, mail: sachiko@happy, age: 17}**」というテキストが表示されます。

ここでは、変数dataにStringの二次元配列としてデータを用意しています。そしてパラメータで番号が渡されたら、dataからその番号のString配列を取り出し、その中身を元にテキストを生成してreturnします。

@PathVariable によるパラメータの取得

今回のポイントは「**パラメータとして渡された値をどのようにして取り出すか**」です。そのポイントは、indexメソッドの定義部分にあります。今回は以下のような形に修正されていますね。

```
@RequestMapping("/{num}")
public String index(@PathVariable int num) {……
```

@RequestMappingの引数には、"/{num}"というようにパスが設定されています。ここにある{num}は、「**numというパラメータ**」を示します。つまりこれは、"/"というパスの後に{num}パラメータが付けられた状態を示しています。

このnumパラメータは、メソッドに引数として渡されます。int numという引数が用意されていますね？ この引数には、「**@PathVariable**」というアノテーションが付けられています。これは、引数がパスの変数であることを示しています。このアノテーションにより、num引数にはパスに用意されている{num}の値が渡されるようになります。

後は、このnumの値を使ってdataからデータを取り出し、必要な値をテキストにまとめてreturnするだけです。ここではformatメソッドを使ってテキストを生成しています。

```
String[] item = data[n];
String msg = "ID=%s. {name: %s, mail: %s, age: %s}";
return String.format(msg, num, item[0], item[1], item[2]);
```

String.formatは、テキストの中に埋め込まれた書式文字列に値をはめ込んでテキストを生成するものです。ここでは、テキストの値を示す%sという書式文字列をテキストリテラル内に埋め込み、これにnum引数とitem配列の値を埋め込んでテキストを生成しています。

JavaScriptなどのライトウェイト言語にはテキストリテラル内に式などを記述し展開

する機能がありますが、Javaにはこうした機能がありません。String.formatは、それに近い使い方ができるものです。使ったことがなかった人はここで覚えておくと良いでしょう。

オブジェクトをJSONで出力する

RESTのサービスというのは、確かに「**テキストを出力する**」というだけのシンプルなものですが、実際には「**Hello**」といったテキストを出力するだけのようなものを作ることはないでしょう。こうしたサービスは、必要な情報を取り出すために用意されるものです。したがって出力される内容も、もっと複雑なものであることのほうが多いのです。

Javaでは、複雑な情報を扱う場合にはクラスを定義し、そのインスタンスの形でやり取りするのが一般的です。RestControllerも、考え方は同じです。

RestControllerクラスは、Stringを戻り値に指定していましたが、これをクラスに変更することもできます。この場合、returnされたインスタンスの内容をJSON型式に変換したテキストが出力されるようになります。

JSONは、「**JavaScript Object Notation**」の略で、主にJavaScriptのオブジェクトをテキストとしてやり取りする際のフォーマットとして使われます。RestControllerは、Javaのインスタンスを、このJSON型式のテキストの形に変換し出力します。これはSpring Webにより自動的に行われるため、プログラマが手作業でインスタンスをJSON型式に変換するような作業は必要ありません。ただインスタンスをreturnするだけでいいのです。

▌DataObject を出力する

では、実際にやってみましょう。ここでは「**DataObject**」というデータを管理するクラスを用意して利用することにします。SampleBootApp1Application.javaを以下のように書き換えて下さい（packageとimportは省略しています）。

リスト2-12

```
@SpringBootApplication
@RestController
public class SampleBootApp1Application {

  DataObject[] data = {
    new DataObject("noname","no email address",0),
    new DataObject("taro","taro@yamada",39),
    new DataObject("hanako","hanako@flower",28),
    new DataObject("sachiko","sachiko@happy",17),
    new DataObject("jiro","jiro@change",6)
  };

  public static void main(String[] args) {
    SpringApplication.run(SampleBootApp1Application.class, args);
  }
```

```
    @RequestMapping("/{num}")
    public DataObject index(@PathVariable int num) {
      int n = num < 0 ? 0 : num >= data.length ? 0 : num;
      return data[n];
    }
}


class DataObject {
  private String name;
  private String mail;
  private int age;

  public DataObject(String name, String mail, int age) {
    super();
    this.name = name;
    this.mail = mail;
    this.age = age;
  }

  public String getName() { return name; }

  public void setName(String name) {
    this.name = name;
  }

  public String getMail() { return mail; }

  public void setMail(String mail) {
    this.mail = mail;
  }

  public int getAge() { return age; }

  public void setAge(int age) {
    this.age = age;
  }
}
```

　今回は、新たにDataObjectというクラスも追加されています。これが、ここで利用しているデータ用のクラスになります。このDataObjectクラスのインスタンスとしてデータを用意しておき、これを取り出してクライアント側に返します。

　先ほどと同じように、http://localhost:8080/番号 という形でアクセスをしてみて下さい。すると、取り出したDataObjectの内容がJSONフォーマットのテキストとして表示されるのがわかるでしょう。

図2-10：http://localhost:8080/2にアクセスすると、id=2のDataObjectがJSON形式で表示される。

リクエストハンドラの変更をチェックする

では、indexメソッドがどのように変更されたのかを確認しましょう。ここでは、以下のようにメソッドが用意されていました。

```
@RequestMapping("/{num}")
public DataObject index(@PathVariable int num) {
  int n = num < 0 ? 0 : num >= data.length ? 0 : num;
  return data[n];
}
```

@RequestMappingでは、"/{num}"というような形でURLパスからidの値を受け渡すようにしてあります。これは、@PathVariable int numで引数として渡されます。

メソッドは、これまでStringが戻り値になっていましたが、これが「**DataObject**」に変更されています。returnでは、data[n]の値をそのまま返しています。DataObjectをStringに変換するような処理はまったくありません。

これで、returnされたDataObjectは、

```
{"name":"hanako","mail":"hanako@flower","age":28}
```

例えば、こんな形のテキストに変換され出力されます。RestControllerでは、このように@RequestMappingが指定されたメソッドの戻り値をクラスにすると、そのクラスのインスタンスをJSONフォーマットのテキストに変換して出力することができます。

より複雑な情報を扱う場合、すべてを配列やリストで管理するのは大変です。すべてのデータを一式揃えて扱うクラスを定義し、そのインスタンスとしてデータを管理するのが一般的でしょう。こうしたデータは、そのままでは扱いが難しいものです。RestControllerではオブジェクトをJSONフォーマットのテキストに変換することで、汎用性のある形でクライアントに渡せるようになっているのです。JSONであれば、受け取った側でJavaScriptを利用して簡単にデータを処理することができます。

HTMLのコードを出力する

テキストではなく、HTMLでWebページを表示したい、と思う人ももちろんいることでしょう。RestControllerは、RESTを利用したWeb APIの作成などを考えて作られたコントローラーです。従って、HTMLによるWebページの出力などは考えていません。

ただし、ベースとなっている基本的な技術は通常のWebアプリケーションで使われて

いるものと共通です。例えば、クライアントからのリクエストやレスポンスは、内部では javax.servlet.http パッケージにある HttpServletRequest や HttpServletResponse が使われています。従って、これらを直接利用することでリクエストやレスポンスの設定を操作し、HTML のコンテンツを扱えるようにできるのです。

　では、実際にやってみましょう。アプリケーションクラスのファイル（SampleBootApp1Application.java）の内容を以下のように書き換えてください。

リスト2-13

```java
package com.example.sample1app;

import jakarta.servlet.http.HttpServletRequest;
import jakarta.servlet.http.HttpServletResponse;

import org.springframework.boot.SpringApplication;
import org.springframework.boot.autoconfigure.SpringBootApplication;
import org.springframework.http.MediaType;
import org.springframework.web.bind.annotation.RequestMapping;
import org.springframework.web.bind.annotation.RestController;

@SpringBootApplication
@RestController
public class SampleBootApp1Application {

  public static void main(String[] args) {
    SpringApplication.run(SampleBootApp1Application.class, args);
  }

  @RequestMapping("/")
  public String index(
      HttpServletRequest request,
      HttpServletResponse response) {
    response.setContentType(MediaType.TEXT_HTML_VALUE);
    String content = """
      <html>
        <head>
        <title>Sample App</title>
        </head>
        <body>
        <h1>Sample App</h1>
        <p>This is sample app page!</p>
      </html>
      """;
    return content;
  }
```

```
    }
```

図2-11：アクセスするとHTMLのページが表示される。

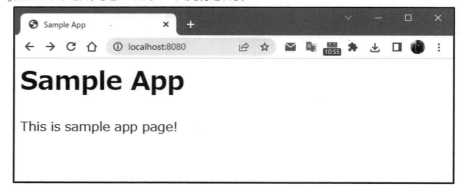

　保存したらプロジェクトを実行してhttp://localhost:8080/にアクセスしてみて下さい。ごく簡単なものですが、HTMLによるWebページが表示されます。

リクエストとレスポンス

　ここでは、indexメソッドに引数が増えています。以下のようになっていますね。

```
public String index(
    HttpServletRequest request,
    HttpServletResponse response)  {……}
```

　HttpServletRequestとHttpServletResponseが引数に用意されています。これらを引数に指定すると、リクエストとレスポンスを管理するこれらのクラスのインスタンスが渡されるのです。後は、これらのメソッドを呼び出して処理を行えばいいのですね。
　まず行っているのは、コンテンツタイプの設定です。

```
response.setContentType(MediaType.TEXT_HTML_VALUE);
```

　setContentTypeで、コンテンツタイプを"text/html"に変更しています。これにより、HTMLのコンテンツが送られることが伝えられるようになります。
　後は、HTMLのソースコードをテキストで用意し、returnするだけです。setContentTypeでコンテンツタイプはHTMLテキストに変更されているので、returnされたテキストはHTMLのソースコードとして扱われるようになります。結果、Webページとして表示されるようになります。
　このようにRestControllerでもHTMLのWebページを作成することは可能です。ただし、RestControllerは本来RESTful APIのためのものですから、そこでHTMLを使ってWebページを出力させるのは本末転倒でしょう。Webページを作りたいなら、RESTではないコントローラーを使うべきです。

2-4 Controllerの利用

一般的なコントローラーの利用

　では、RESTではない、一般的なコントローラーの利用について考えていきましょう。一般的なコントローラーは、「**@Controller**」というアノテーションを使って利用します。

```
@Controller
public class クラス名 {
    ……クラスの内容……
}
```

　このようになります。REST用コントローラーのクラスで使った@RestControllerと基本的な使い方は同じですね。
　クラス内には、URLマッピングするメソッドを用意します。やはりRestControllerの場合と同様に@RequestMappingアノテーションを使い、メソッドにパスを割り当ててやればいいのです。RestControllerでもControllerでも、基本的な使い方はだいたい同じです。

必要なパッケージをインストールする

　一般的なWebアプリのコントローラーを利用する場合、事前にやっておくことがあります。それは「**テンプレートエンジン**」をプロジェクトに追加することです。テンプレートエンジンというのは、Webページとして表示するコンテンツを読み込みレンダリングして実際の表示を生成するエンジンプログラムのことです。
　テンプレートエンジンについては次章で改めて説明するので、ここでは「**ビルドファイルに必要なパッケージを追加する**」という作業手順について説明しましょう。プロジェクトにパッケージを追加する場合、基本的には以下のような作業が必要になります。

1. ビルドファイルにパッケージ情報を追記する。
2. プロジェクトを更新し、パッケージを最新の状態にする。

　ビルドファイルを編集してパッケージを追加する、このやり方をまずは理解する必要があります。ビルドファイルは、その中にさまざまな情報が記述されていますから、適当に書いてはいけません。どこにどういう形で情報を追記すればいいかきちんと理解しておきましょう。
　ビルドファイルを修正しても、それだけではパッケージはインストールされません。修正したビルドファイルを元に、プロジェクトの状態を更新する必要があります。環境によっては、ビルドファイル編集時に自動的にプロジェクトが更新されるようになっている場合もありますが、基礎知識として「**どうすればプロジェクトを更新できるか**」は知っておく必要があります。
　この2点をしっかり理解できれば、必要に応じてどんなパッケージでも組み込めるよ

うになります。単に「**テンプレートエンジンの追加の仕方**」ということでなく、「**パッケージ追加の方法**」としてここでの説明を理解していってください。

build.gradleの編集

　まずは、Gradleプロジェクトについて説明しましょう。build.gradleファイルを開き、dependenciesのところを以下のように修正します。

リスト2-14

```
dependencies {
  implementation 'org.springframework.boot:spring-boot-starter-web'
  implementation 'org.springframework.boot:spring-boot-starter-thymeleaf' //☆
  testImplementation 'org.springframework.boot:spring-boot-starter-test'
}
```

　修正した部分は、☆マークの文です。これを新たに追記しています。これは「**Thymeleaf**」というテンプレートエンジンを利用するためのパッケージです。これを追記しファイルを保存します。
　dependenciesには、以下の2つの値が記述されます。

| implementation | アプリケーションに追加するパッケージ情報 |
| testImplementation | アプリケーションのテスト用に追加するパッケージ情報 |

　アプリになにかの機能を追加したいというときは、「**implementation**」を指定すればいいでしょう。
　そしてその後に、インストールするパッケージを記述します。これは、グループIDとアーティファクトIDをコロンでつなげた形になります。整理すると、このように記述すればいいわけです。

```
implementation '《グループID》:《アーティファクトID》'
```

　これが、build.gradleのパッケージ情報の書き方です。意外と単純なんですね！

Gradle プロジェクトのリフレッシュ

　記述したら、追加したパッケージをプロジェクトにインストールし、最新の状態に更新します。STSの場合、build.gradleを右クリックし、現れたメニューから「**Gradle**」内にある「**Gradleプロジェクトのリフレッシュ**」メニューを選びます。これでプロジェクトが最新の状態に更新されます。
　Gradleのプロジェクトでは、このように「**build.gradleにパッケージを追記したらGradleプロジェクトのリフレッシュを実行する**」という形で、追加したパッケージのインストールなどを行います。

図2-12：「Gradleプロジェクトのリフレッシュ」メニューを選ぶ。

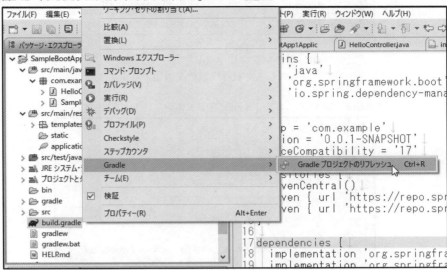

VSC の場合

　VSCを利用している場合、build.gradleファイルを開き、dependenciesを編集するだけです。ファイルを保存すると、自動的にプロジェクトの更新が行われます。

　（もし正常にプロジェクトが更新されなかった場合は、次のgradlewコマンドでリフレッシュして下さい）

その他の環境の場合

　CLIなどを利用して開発している場合は、gradlewコマンドで依存パッケージの更新を行ってプロジェクトをビルドします。コマンドプロンプトあるいはターミナルでプロジェクトのディレクトリに移動し、以下を実行して下さい。

```
gradlew clean build --refresh-dependencies
```

　これでプロジェクトのbuild.gradleを元にパッケージ類が最新の状態に更新されてビルドされます。

pom.xmlの編集

　続いて、Mavenプロジェクトを利用している場合のパッケージ追加についてです。Mavenの場合、pom.xmlというファイルとしてビルド情報が用意されていました。

　STSを利用しているのであれば、これは簡単です。pom.xmlを右クリックし、ポップアップして現れるメニューから「**Maven**」内にある「**依存関係の追加**」メニューを選びます。

　画面に、追加するパッケージ情報を入力するダイアログウィンドウが現れます。ここで以下のように入力をして下さい。

グループId	org.springframework.boot
アーティファクトId	spring-boot-starter-thymeleaf

これで「**OK**」ボタンをクリックして下さい。この他にも入力する項目はありますが、上記の2つだけ入力してあれば問題なく追加できます。

■**図2-13**：「依存関係の追加」ダイアログで追加するパッケージを指定する。

その他の環境の場合

VSCやCLIを利用している場合、pom.xmlを開いて直接ファイルを書き換えます。<dependencies>内に、以下のコードを追記して下さい。

リスト2-15

```
<dependency>
  <groupId>org.springframework.boot</groupId>
  <artifactId>spring-boot-starter-thymeleaf</artifactId>
</dependency>
```

パッケージ情報は、<dependency>の中に<groupId>と<artifactId>を用意し、それぞれグループIDとアーティファクトIDを記述します。この基本形をよく頭に入れておきましょう。

プロジェクトの更新

記述してファイルを保存したら、VSCなら「**ターミナル**」メニューから「**新しいターミナル**」を選んでターミナルを開きます（既にターミナルが表示されている場合はそのままそれを使って構いません）。CLIの場合はコマンドプロンプトまたはターミナルを開いてプロジェクトのフォルダ内に移動して下さい。そして以下のコマンドを実行します。

```
mvn install -U
```

これでpom.xmlの内容を元にパッケージ関係をすべて更新します。なお、STSで「**依存関係の追加**」メニューを使って追加した場合は、このコマンドの実行は不要です。

アプリケーションクラスを修正する

コントローラーの作成の前に、先ほど書き換えたアプリケーションクラス（SampleBootApp1Application）を修正し、RestControllerの記述を取り除いておきましょう。以下のような基本の形に戻して下さい。

リスト2-16

```
@SpringBootApplication
public class SampleBootApp1Application {

  public static void main(String[] args) {
    SpringApplication.run(SampleBootApp1Application.class, args);
  }
}
```

これでアプリケーションクラスがデフォルトの状態に戻りました。

コントローラークラスを用意する

では、コントローラーを作成し使ってみましょう。先ほどと同じく、アプリケーションクラスのSampleBootApp1Applicationを書き換えてコントローラー機能を追加してもいいのですが、今回は独立したクラスとして作ってみましょう。

STS（Eclipse）の場合

STS（Eclipse版）を利用している場合は、一般的なJavaのクラスとして作成をします。「**ファイル**」メニューの「**新規**」内にある「**クラス**」を選択して下さい。

図2-14：「ファイル」メニューの「新規」から「クラス」を選ぶ。

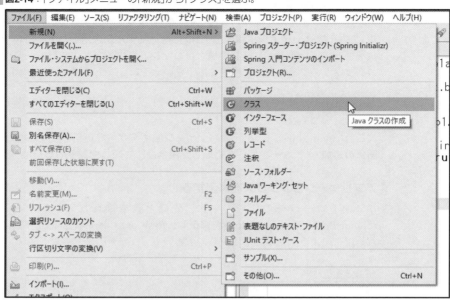

　画面にクラスを作成するためのダイアログウィンドウが現れます。ここで以下のように項目を設定していきます。

ソース・フォルダー	ファイルを保管する場所を指定します。デフォルトで「SampleBootApp1/src/main/java」となっているはずなので、そのままにしておきましょう。
パッケージ	クラスを置くパッケージを指定します。デフォルトで「com.example.sample1app」と設定されているのでそのままにしておきます。
エンクロージング型	これは内部クラスを作る時のものです。今回はOFFにします。
名前	クラス名です。ここでは「HelloController」とします。
修飾子	アクセス権の拡張子を指定します。ここでは「public」を選んでおきます。
スーパークラス	継承するスーパークラスを指定します。デフォルトでは「java.lang.Object」となっていますのでそのままにしておきます。
インターフェース	組み込むインターフェースを設定します。今回は特にないので空欄のままにしておきます。
どのメソッド・スタブを作成しますか？	生成するメソッドを設定するものです。今回は、一番下にある「継承された抽象メソッド：のみをONにしておきます。
コメントを追加しますか？	コメントを追加するかを指定します。今回はOFFにしておきます。

これらを一通り設定したら、「**完了**」ボタンを押せば、ウィンドウが消え、Javaソースコードファイルが生成されます。

図2-15：クラスの設定ダイアログで作成するクラスの内容を記述する。

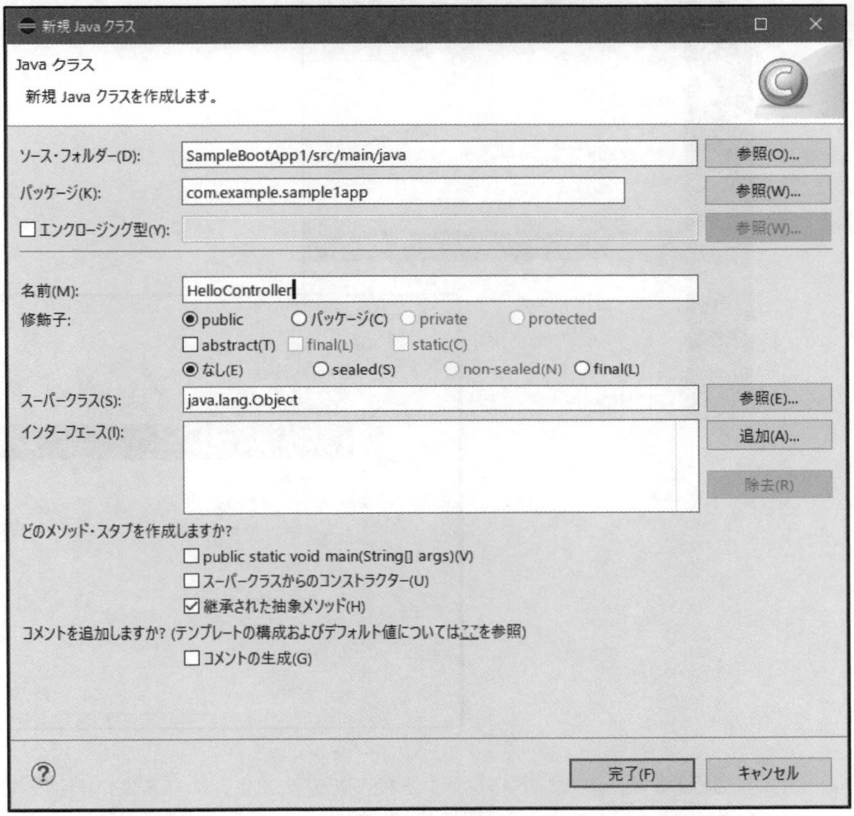

VSC の場合

VSCでSTSをインストールしている場合、いくつか方法があります。1つはエクスプローラーの機能を使ったものです。

エクスプローラーからファイルを作成する場所（ここではcom.example.sample1appパッケージ）を選択し、プロジェクト名のところにある「**＋**」アイコン（「**新しいファイル**」アイコン）をクリックすると新しいファイルが作成されます。そのままファイル名を「**HelloController.java**」と記入すればファイルが作られます。

あるいは、エクスプローラーの「**JAVA PROJECTS**」からパッケージの項目を右クリックし、「**New Java Class**」メニューを選んでクラス名を入力しても作成できます。

図2-16：エクスプローラーの「＋」アイコンか、JAVA PROJECTSの「New Java Class」メニューでファイルを作成できる。

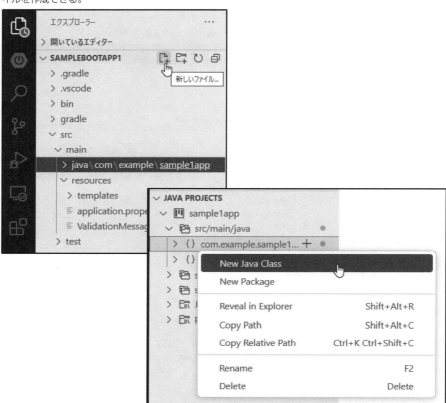

　もう1つは、コマンドパレットを使った方法です。エクスプローラーでcom.example.sample1appパッケージを選択し、「**表示**」メニューから「**コマンドパレット...**」を選びます。

図2-17：「コマンドパレット...」メニューを選ぶ。

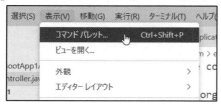

　ウィンドウ上部にコマンドパレットが現れます。そのまま「**class**」とタイプすると、classを含むコマンドがリスト表示されます。その中から「**Java: New Java Class**」をクリックして選択して下さい。これが新しいクラスを作成するためのコマンドです。
　コマンドを選んだら、そのままクラス名の入力を行います。コマンドパレットに「**HelloController**」と入力してEnterして下さい。これでHelloController.javaが作成されます。

図2-18：「Java: New Java Class」を選び、クラス名を入力する。

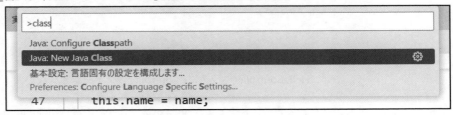

その他の場合

それ以外の環境（CLI利用など）の場合は、手作業でファイルを用意します。アプリケーションクラスのファイル（SampleBootApp1Application.java）があるのと同じ場所に「**HelloController.java**」という名前でファイルを作成して下さい。

HelloControllerクラスのソースコード

では、作成したHelloController.javaのソースコードを記述しましょう。STSやVSCでファイルを作成した場合には、おそらく以下のようなソースコードが記述されているでしょう。

リスト2-17

```
package com.example.sample1app;


public class HelloController {

}
```

クラスの枠組みだけが用意されていますね。これを元にコードを作成して下さい、ということでしょう。では、以下のようにソースコードを書き換えて下さい。

リスト2-18

```
package com.example.sample1app;

import org.springframework.stereotype.Controller;
import org.springframework.web.bind.annotation.RequestMapping;

@Controller
public class HelloController {

  @RequestMapping("/")
```

```
    public String index() {
        return "index";
    }
}
```

　ここでは、HelloControllerクラスに@Controllerアノテーションを追加しています。これで、このクラスがコントローラーとして認識されるようになります。

　そしてリクエストハンドラとなる「**index**」メソッドを用意し、@RequestMappingで"/"にマッピングをしています。先に作成したRestControllerと基本的な使い方は同じことがわかるでしょう。

▌return "index"; の働き

　ただし、基本的な形は同じですが、働きは微妙に異なります。RestControllerでは、@RequestMappingのメソッドに行っているreturn "index";は、"index"というテキストを出力する働きをしました。

　しかし、Controllerの場合、return "index";という文は「**indexという名前のテンプレートをレンダリングして表示する**」という働きをします。Controllerでは、コントローラーとは別にテンプレートファイルというものを用意しておき、それを表示するのです。

　従って、テンプレートファイルがないと、アクセスしても表示はされません。実際にプロジェクトを実行してhttp://localhost:8080/にアクセスしてみて下さい。「**Writelabel Error Page**」というエラーが現れます。テンプレートファイルがないと、このようにアクセスしても何も表示できないのです。

▌**図2-19**：テンプレートファイルがないと、アクセスしてもエラーになる。

HTMLファイルを用意する

　このテンプレートファイルというのは、テンプレートエンジンによって内容が異なるのですが、ここでは難しいことは考えず、「**ただのHTMLファイル**」を用意する、と考えましょう。

　表示に使うテンプレートファイルは、「**resources**」フォルダ内にある「**templates**」フォルダの中に用意します。では、この中に「**index.html**」という名前でファイルを作成しましょう。

STSの場合

　STSを利用している場合、HTMLファイルを生成する機能が用意されているのでそれを使いましょう。パッケージ・エクスプローラーから「**templates**」フォルダを右クリックします。そして現れたメニューから、「**新規**」内にある「**その他...**」メニューを選んで下さい。

図2-20：「新規」内の「その他...」メニューを選ぶ。

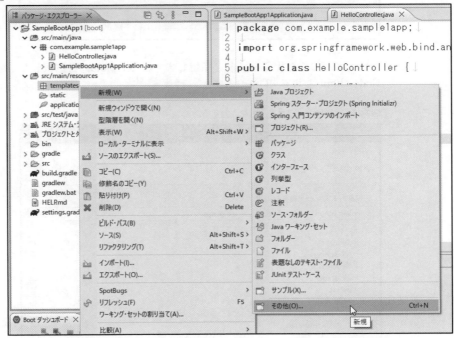

　画面に新規作成ウィザードというダイアログウィンドウが現れます。ここで、「**Web**」項目内にある「**HTMLファイル**」を選択して次に進みます。

図2-21：HTMLファイルを選ぶ。

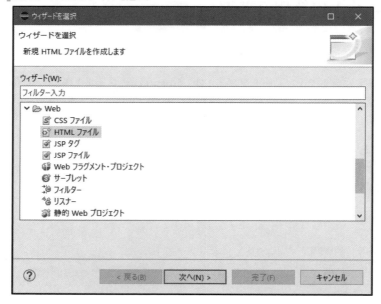

ファイルの保存場所と名前を指定します。「**templates**」を選択した状態で、名前を「**index.html**」として次に進みます。

図2-22：保存場所とファイル名を入力する。

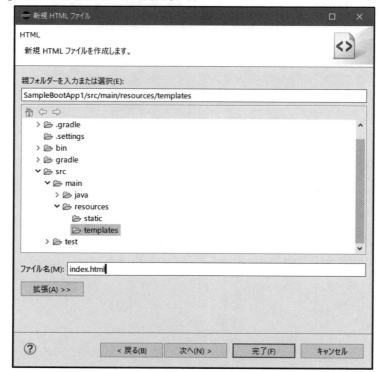

HTMLテンプレートの種類を選びます。「**新規HTMLファイル (5)**」というものを選んで「**完了**」ボタンをクリックして下さい。これでindex.htmlファイルが作成されます。

図2-23：HTMLテンプレートを選択する。

その他の場合

VSCを利用している場合は、エクスプローラーから「**templates**」を右クリックし、「**新しいファイル...**」メニューを選んで下さい。これでファイルが作成されるので、そのままファイル名を「**index.html**」と入力します。

それ以外の環境(CLIなど)では、「**templates**」フォルダ内に手作業で直接「**index.html**」フィルを作成して下さい。

図2-24:「新しいファイル...」メニューでファイルを作成する。

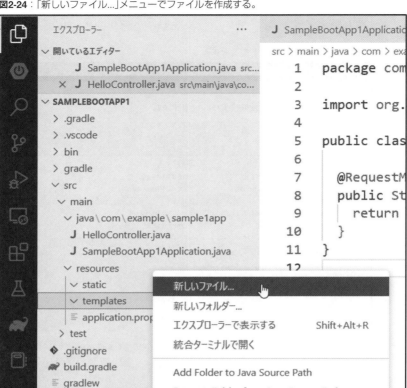

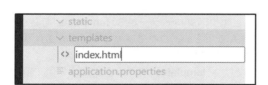

index.html を記述する

では、作成されたindex.htmlにWebページのコンテンツを記述しましょう。これは、サンプルとして表示するだけのものなので、どんなものでも構いません。本書のサンプルは以下のような内容にしてあります。

リスト2-19

```html
<!DOCTYPE HTML>
<html>
<head>
  <title>top page</title>
```

```
    <meta http-equiv="Content-Type"
      content="text/html; charset=UTF-8" />
    <link href="https://cdn.jsdelivr.net/npm/bootstrap@5.0.2/dist/css/bootstrap.min.css"
        rel="stylesheet">
  </head>
  <body class="container">
    <h1 class="display-4">Hello page</h1>
    <p class="msg">this is sample page.</p>
  </body>
</html>
```

　これでコントローラーを利用する準備は整いました。プロジェクトを実行してhttp://
localhost:8080/の表示を確認しましょう。作成したindex.htmlの内容が表示されるのが
わかります。

図2-25：index.htmlの内容が表示される。

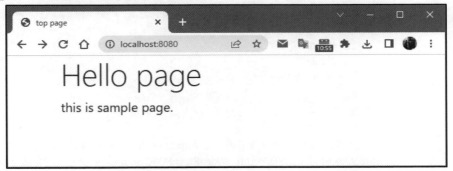

パラメータで表示を変える

　Controllerは、RestControllerと基本的な使い方が非常に使い方が似ています。
RestControllerで利用できた機能は、Controllerでも利用できます。

　例として、@PathVariableを使ったパラメータを利用してみましょう。パスに用意した
パラメータを元に、表示するページを設定してみます。

　まず、index.html以外のページを用意しましょう。「**templates**」フォルダ内に、「**other.
html**」というファイルを用意して下さい（ファイルの作成方法は既に説明しましたね）。
そして、簡単なコンテンツを記述しておきます。本書サンプルでは以下のように記述し
ておきました。

リスト2-20

```
<!DOCTYPE HTML>
<html>
<head>
  <title>other page</title>
  <meta http-equiv="Content-Type"
```

```
        content="text/html; charset=UTF-8" />
    <link href="https://cdn.jsdelivr.net/npm/bootstrap@5.0.2/dist/css/bootstrap.min.css"
        rel="stylesheet">
</head>
<body class="container">
    <h1 class="display-4">Other page</h1>
    <p class="msg">※これは、その他のページです。</p>
</body>
</html>
```

　記述できたら、コントローラーのメソッドを修正します。HelloControllerクラスの
indexメソッドを以下のように書き換えてください。

リスト2-21

```
@RequestMapping("/{temp}")
public String index(@PathVariable String temp) {
    switch(temp) {
        case "index":
        return "index";
        default:
        return "other";
    }
}
```

　これでプロジェクトを実行し、http://localhost:8080/にアクセスしてみましょう。
http://localhost:8080/やhttp://localhost:8080/indexにアクセスをするとindex.htmlが表
示されますが、その他のパスを指定するとother.htmlが表示されます。例えば、http://
localhost:8080/abcというように適当にパスにテキストを追加してアクセスしてみて下
さい。すべてother.htmlが表示されるのがわかるでしょう。

▌**図2-26**：http://localhost:8080/にアクセスするとindex.htmlが表示され、/の後にindex以外のパス
を追加するとother.htmlが表示される。

@PathVariable の利用

では、作成したindexメソッドを見てみましょう。ここでは以下のようにメソッドを定義しています。

```
@RequestMapping("/{temp}")
public String index(@PathVariable String temp) {……
```

@RequestMappingの引数に、{temp}というパラメータを用意してあります。そして引数には、@PathVariable String tempというようにしてパラメータの値をtemp変数に渡すようにしてあります。後は、このtemp引数の値をチェックし、表示するテンプレート名を決めればいいのです。

とりあえず、ごく初歩的なものですが、コントローラーを利用してページを表示することはできるようになりました。Controllerは、テンプレートエンジンを使って表示するWebページの内容を作成します。従って、これより先は、テンプレートエンジンについて理解を深めていく必要があります。

というわけで、次章ではコントローラーとテンプレートエンジンについて考えていくことにしましょう。

Chapter 3

テンプレートエンジンの
活用

Spring Bootでは、さまざまなテンプレートエンジンが利
用可能です。ここでは「Thymeleaf」「Mustache」「Groovy
templates」という3つのテンプレートエンジンについて基本
的な使い方をまとめて説明しましょう。

3-1 Thymeleafテンプレートエンジン

テンプレートエンジンについて

　前章で、通常のコントローラー（@Controllerによるもの）の基礎的な使い方について説明をしました。その際に、「**テンプレートエンジン**」と呼ばれるものをプロジェクトに追加したことを覚えているでしょう。

　Spring WebのControllerは、Webページを表示する際、テンプレートエンジンを使います。テンプレートエンジンとは、テンプレートとなるテキストを元に、さまざまなデータをその中に組み込んで実際に出力されるWebページを生成するプログラムのことです。ただHTMLのコードを出力するだけでなく、その中に必要に応じて値や式を埋め込み、実行時にそれらを演算処理して実際の表示を作成していきます。

　Spring Webは、MVCアーキテクチャをベースに設計されていました。テンプレートエンジンは、この「**V（View）**」の部分を担当するものだ、と考えればいいでしょう。

　このテンプレートエンジンは1つだけではなく、さまざまなものが作成され流通しています。前章では、「**Thymeleaf**」というテンプレートエンジンを組み込んでいます。

Thymeleaf とは

　Thymeleafは、JavaのWebアプリケーション開発での利用を前提に開発されているテンプレートエンジンです。現在のSpring Webではいくつかのテンプレートエンジンが利用できますが、以前はこのThymeleaf一択といってもいいほどに広く使われていました。「**Spring Bootの専用テンプレートエンジン**」といってもいいほどで、今でもSpring BootといえばThymeleafが基本と考える人は多いでしょう。

　このThymeleafは「**ナチュラルテンプレート**」というコンセプトを元に設計されています。これは「**表示に影響を与えずに拡張する**」という考え方です。

　多くのテンプレートエンジンは、HTMLに独自の拡張をするなどしており、記述されたテンプレートファイルはそのままではWebブラウザなどでうまく表示できないことが多いものです。しかしThymeleafのテンプレートは、そのままWebブラウザで開いても完全に表示することができます。これはThymeleafが独自の機能を属性として持たせているため、Webブラウザで表示を確認しながらテンプレートを作成していくことが可能です。

　このThymeleafは、「**JSP（Java Server Pages）**」の完全なる置き換えを目指しており、今や「**JavaのWebアプリケーション開発の標準的なテンプレートエンジン**」となりつつある、といえるでしょう。

Thymeleafのインストール

　前章で、既にThymeleafのパッケージはプロジェクトにインストールしてあります。パッケージの追加は、ビルドファイルに記述すればいいのでしたね。ここで、Thymeleafを追加するためのビルドファイルの記述を簡単について簡単に復習しておきましょう。

■【Gradle】build.gradleのdependenciesの記述

```
implementation 'org.springframework.boot:spring-boot-starter-thymeleaf'
```

■【Maven】pom.xmlの<dependencies>の記述

```
<dependency>
  <groupId>org.springframework.boot</groupId>
  <artifactId>spring-boot-starter-thymeleaf</artifactId>
</dependency>
```

　これらをビルドファイルの指定の場所に追記し、プロジェクトを更新すれば、ThymeleafをSpringスタータープロジェクトで利用するためのパッケージが追加され、Thymeleafが利用可能になります。

テンプレートに値を表示する

　では、前章で作成したテンプレート(index.html)を使い、Thymeleafの使い方を説明していきましょう。まずはテンプレートエンジンの基本である「**値の受け渡し**」からです。
　テンプレートエンジンでは、テンプレート内に変数を埋め込んでおき、コントローラー側でテンプレートをレンダリングする際に必要な値を渡して表示させることができます。これには、「**th:text**」という属性を使います。

```
<○○ th:text="値">
```

　このようにHTML要素を記述することで、その要素に表示するテキストがth:textの値に置き換えられます。

メッセージを表示する

　コントローラーからテンプレートに値を渡すことをやってみましょう。まずは、テンプレート側のソースコードを修正します。前章で作成したindex.htmlを開き、<body>部分を以下のように書き換えてください。

リスト3-1

```
<body class="container">
  <h1 class="display-4 mb-4">Hello page</h1>
  <p class="h6 alert alert-primary" th:text="${msg}"></p>
</body>
```

　ここでは、<p>内にth:text="${msg}"というように属性を追加してあります。th:textが、この要素のテキストを指定する属性名でしたね。そして値には、${msg}というものが記述されています。これは、「**msgという変数**」を示します。
　Thymeleafでは、独自に用意された属性の値に変数を埋め込むことができます。これは、${変数名}という形で記述をします。この${○○}というのが、変数を埋め込む基本的な書き方になります。

コントローラーでModelを利用する

　では、コントローラー側を修正しましょう。前章で作成したHelloController.javaを開き、HelloControllerクラスのindexメソッドを以下のように修正してください。なおimport文の追加も忘れないように。

リスト3-2

```
// import org.springframework.ui.Model;　追記

@RequestMapping()
public String index(Model model) {
  model.addAttribute("msg",
      "これはコントローラーに用意したメッセージです。");
  return "index";
}
```

図3-1：コントローラー側で用意したメッセージが表示される。

　これらを記述してアクセスをすると、「**これはコントローラーに用意したメッセージです。**」というメッセージが表示されます。

Model の利用

　ここでは、indexメソッドに「**Model**」というクラスの引数が追加されています。これがテンプレートを利用する際の重要なポイントになります。

　このModelは、各種のデータをまとめて管理する「**モデル**」と呼ばれる機能を提供するものです。Spring Webのコントローラーでは、クライアントからのアクセス時に呼び出されるメソッドで、このModelインスタンスを用意することができます。

　引数として渡されるModelに必要な値を設定しておくと、テンプレートエンジンでテンプレートをレンダリングする際、このModelから値を取り出してテンプレート内の変数に値を渡します。例えば、msgという値をModelに用意しておけば、テンプレートの${msg}にその値が渡され置き換えられる、というわけです。

　indexの処理を見ると、以下のような文が実行されているのがわかるでしょう。

```
model.addAttribute("msg", "これは……です。");
```

この「**addAttribute**」は、Modelにアトリビュート（属性）として値を追加します。第1引数には名前を、第2引数には値をそれぞれ用意します。これにより、ここではmsgという属性にテキストの値を設定していたわけです。

このmsgに設定された値が、index.htmlをレンダリングする際に$\{msg\}$に置き換えられて表示されていたのです。

パラメータを利用する

コントローラーでは、このようにModel引数を使ってテンプレートとやり取りができます。しかし、コントローラーのメソッドでは、Model以外のものが使われることもありました。そのような場合はどうなるのでしょう。Modelは同様に使えるのでしょうか。

簡単な例としてパラメータ変数を用意して利用するサンプルを作ってみましょう。HelloControllerのindexメソッドを以下のように書き換えてください。

リスト3-3
```
@RequestMapping("/{num}")
public String index(@PathVariable int num, Model model) {
    int res = 0;
    for(int i = 1;i <= num;i++) {
        res += i;
    }
    model.addAttribute("msg", "total: " + res);
    return "index";
}
```

図3-2：/123というように末尾に整数をつけてアクセスすると合計が表示される。

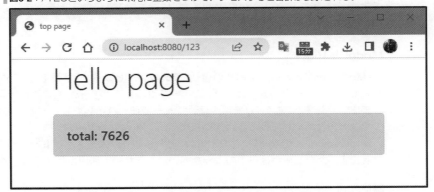

修正したら、ブラウザから「**http://localhost:8080/整数**」といった具合にアクセスしてみましょう。例えば、http://localhost:8080/123とアクセスすると、「**total: 7626**」と結果が表示されます。

▍テンプレートへの値の出力

では、修正したメソッドを見てみましょう。今回は、以下のような形でindexメソッドが記述されていますね。

```
@RequestMapping("/{num}")
public String index(@PathVariable int num, Model model) {……
```

@PathVariableが指定された引数numと、Modelの引数modelが共存しています。このようにコントローラーでは、必要となる引数をすべて記述すれば、それらが使えるようになります。

ちなみに「**最初に@PathVariableを書けばいいのか**」と思った人のために、別の書き方も挙げておきましょう。

```
public String index(Model model, @PathVariable int num) {……
```

これでも、問題なく動作します。重要なのは、引数の順番ではありません。引数の名前、値のタイプ、アノテーションなどを正確に記述することです。Spring Webはそれらを元に、必要とされる値を自動的に変数に割り当てます。

ModelAndViewクラスの利用

このModelは、テンプレート側に渡す情報をまとめて管理します。そして実際に表示するテンプレートは、returnで名前を返すことで指定します。このやり方に、どことなく違和感を覚える人もいることでしょう。テンプレートは名前をreturnし、そこで使う値は引数で渡されたModelにaddAttributeしておく。Modelとテンプレートはバラバラであり、まとめて管理されていません。

使用するテンプレートとそこで使われるデータを管理するModel。これらをまとめて扱えるようにしたほうが直感的でわかりやすいでしょう。そこで用意されたのが「**ModelAndView**」というクラスです。

▍Model と View

「**ModelAndView**」は、その名の通り「**モデル**」と「**ビュー**」の情報をまとめて管理するクラスです。ビューというのは、テンプレートエンジンで作成される画面表示の機能を示します。そして（ここでの）モデルは、ビューで使われる値を管理するものです。この2つをひとまとめにして扱えるようにしたのが、ModelAndViewです。

ModelAndViewとModel、この2つは、どちらもリクエストハンドラで利用することができます。ただし両者は以下のような違いがあるため、利用の仕方は若干異なります。

■Model

テンプレート側で利用するデータ類をまとめて管理するためのものです。データを管理するだけなので、ビュー関連（利用するテンプレート名など）の情報は持っていません。ですから、このModelを戻り値として使うことはできません（テンプレートの情報を持たないため）。

■ModelAndView

テンプレートで利用するデータ類と、ビュー（利用テンプレート）に関する情報をすべてまとめて管理します。ビュー関連の情報も持っていますので、これを利用する場合は、そのままこのModelAndViewを戻り値で返すことで、設定されたテンプレートを利用するようになります。

どちらも引数として用意され利用するのですが、Modelは戻り値にしないのに対し、ModelAndViewは戻り値として使用します。「**ビュー関連の情報を含むかどうか**」の違いにより、扱い方が変わってくるのです。

ModelAndView に書きなおす

では、先ほどのModelを利用したサンプルを、ModelAndView利用に書きなおしたらどうなるかやってみましょう。まず、コントローラー側の修正です。indexメソッドを以下のように書き換えてください（importの追記も忘れずに！）。

リスト3-4

```
// import org.springframework.web.servlet.ModelAndView; 追記

@RequestMapping("/{num}")
public ModelAndView index(@PathVariable int num,
    ModelAndView mav) {
  int total = 0;
  for(int i = 1;i <= num;i++) {
    total += i;
  }
  mav.addObject("msg", num + "までの合計を計算します。");
  mav.addObject("content", "total: " + total);
  mav.setViewName("index");
  return mav;
}
```

今回は、結果がわかりやすいようにメッセージと結果表示のコンテンツの2つをModelAndViewに追加してあります。これに合わせてindex.htmlの<body>も少し修正しておきましょう。

リスト3-5

```
<body class="container">
  <h1 class="display-4 mb-4">Hello page</h1>
  <p th:text="${msg}"></p>
  <p class="h6 alert alert-primary" th:text="${content}"></p>
</body>
```

これで完成です。http://localhost:8080/番号 にアクセスして、結果が正しく表示されるか確認してください。

図3-3：URLに整数を付けてアクセスすると合計が表示される。

ModelAndView 利用の流れ

では、indexメソッドがどのように修正されたか見てみましょう。まず、引数と戻り値にModelAndViewが用意されていますね。

```
public ModelAndView index(@PathVariable int num, ModelAndView mav)
```

@PathVariableでパラメータを渡す引数も用意されていますが、「**引数でModelAndViewが渡され、戻り値でModelAndViewが返される**」というのが、ModelAndView利用の基本になります。

indexメソッドでは、以下のようにして値の保管を行っています。

```
mav.addObject("msg", num + "までの合計を計算します。");
mav.addObject("content", "total: " + total);
```

値の保管は、基本的にはModelと同じようなやり方なのですが、メソッド名が「**addObject**」になっています。名前と値を引数に渡すという使い方は同じです。

そして、ModelAndViewにビューの名前を設定します。

```
mav.setViewName("index");
```

setViewNameは、引数にビューの名前をテキストで指定します。これにより、指定された名前のテンプレートを使って表示を行うようになります。これを忘れると、テンプレートが見つからないというエラーになるので注意しましょう。

フォームを利用する

これでModelAndViewによるビューの作成がだいたいわかりました。基本がわかったところで、Thymeleafを利用したWebページ作成について話を戻しましょう。

本格的なデータのやり取りを行う場合に用いられるのが「**フォーム**」です。次はフォー

ムの利用について考えてみましょう。

これは、実際にサンプルを書いて動かしながら説明をしましょう。まずはテンプレートの修正です。index.htmlの内容を以下のように変更してください。

リスト3-6

```
<body class="container">
  <h1 class="display-4 mb-4">Hello page</h1>
  <p th:text="${msg}"></p>
  <div class="h6 alert alert-primary">
    <form method="post" action=".">
      <div class="input-group">
        <input type="text" class="form-control me-1"
            name="text1" th:value="${value}" />
        <span class="input-group-btn">
          <input type="submit" class="btn btn-primary px-4"
              value="Click" />
        </span>
      </div>
    </form>
  </div>
</body>
```

先ほどと同様、<body>タグの部分のみをピックアップして掲載しました。ここでは、<form method="post" action="/">という形でフォームを用意しています。送信先は、同じ"/"で、POST送信させています。<input type="text">タグでは、th:value="${value}" というようにしてvalueの値を入力フィールドに表示させています。

コントローラーを修正する

では、コントローラー側も修正しましょう。今回はメソッドが2つに増えています。以下の内容をHelloControllerクラスに記述してください。

リスト3-7

```
// import org.springframework.web.bind.annotation.RequestMethod; 追記
// import org.springframework.web.bind.annotation.RequestParam; 追記


@RequestMapping(value="/", method=RequestMethod.GET)
public ModelAndView index(ModelAndView mav) {
  mav.addObject("msg","名前を書いてください。");
  mav.setViewName("index");
  return mav;
}


@RequestMapping(value="/", method=RequestMethod.POST)
public ModelAndView form(@RequestParam("text1") String str,
```

```
    ModelAndView mav) {
  mav.addObject("msg","こんにちは、" + str + "さん!");
  mav.addObject("value",str);
  mav.setViewName("index");
  return mav;
}
```

図3-4：フォームに名前を書いて送信すると、メッセージが表示される。

　修正ができたら、ブラウザからアクセスしてみましょう。名前を入力するフィールド
が表示されるので、ここで名前を書いて送信すると、「**こんにちは、○○さん!**」とメッ
セージが表示されます。

@RequestMapping の method 引数

　今回は、いろいろとソースコードの修正がされています。まず、@RequestMappingア
ノテーションです。これは以下のように書かれています。

```
@RequestMapping(value="/", method=RequestMethod.GET)
```

既に触れましたが、@RequestMappingの引数は、通常、("/")といった具合に書かれてしています。実は、これは正式な書き方ではないのです。valueだけしか値がない場合は、省略して値だけを書けばよいことになっているのですね。

今回のように、引数が複数あるような場合は、面倒でも1つ1つの引数名を指定して書かなくてはいけません。このため、(value=○○, method=○○)というように、各引数に名前を指定して記述をしています。

valueは、メソッドに割り当てるパスの値であることはわかるでしょう。では、もう1つの「**method**」は？ これは、このメソッドに割り当てる「**HTTPメソッド**」を示すものです。

HTTPでは、アクセスの方式を「**メソッド**」として用意しています。指定したURLにブラウザなどで普通にアクセスする場合は「**GET**」というメソッドを使います。フォームの送信などは「**POST**」というメソッドを利用して行います。メソッドが違うと、同じURLでも異なるアクセスとして処理されます。

今回は、value="/"に2つのメソッドをマッピングしています。1つはGETアクセス時に使うもの、もう1つはPOST送信された場合のものです。どちらも同じアドレスですから、methodを指定して「**こちらはGET用、あちらはPOST用**」と明確に区別する必要があります。そのためのmethod引数だったのです。

Column GetMappingとPostMapping

POSTアクセスの処理を行う場合は、@RequestMappingにmethodで指定をしますが、「**なんか書くのが面倒だな**」と思った人もいるかも知れません。実をいえば、GET/POSTアクセスのマッピングは別のやり方も用意されています。例えば、@RequestMapping("/")のマッピングは、こんな具合にも書けるのです。

```
@GetMapping("/")
@PostMapping("/")
```

これらは、それぞれGETとPOSTによるアクセスのマッピングを設定するものです。これなら、いちいち引数にmethod=RequestMethod.POSTなどと書く必要もありませんね！

@RequestParam によるフォームの受け取り

フォームから送信された値は、sendメソッドで受け取り処理しています。これは、以下の引数によって値を取得しています。

```
@RequestParam("text1")String str
```

@RequestParamが、フォーム送信された値を指定するためのアノテーションです。これにより、フォームにあるname="text1"というコントロールに入力された値が、この引数strに渡されるようになります。

値が取得できたら、後はそれを利用して表示を作成するだけです。

その他のフォームコントロール

フォーム送信の基本がわかったところで、その他のコントロール類についても見てみることにしましょう。主なコントロール類の、コントローラー側での扱いについて簡単に整理しておきましょう。

チェックボックス	値は、選択状態をboolean値として得ることができます。
ラジオボタン	値は、選択した項目のvalueをStringとして渡せます。未選択の場合はnullになります。
選択リスト	単一項目のみ選択の場合、値は選択された項目をStringとして渡します。複数項目選択可の場合、値は選択された各項目をひとつにまとめたString配列になります。いずれも未選択の場合はnullになります。

フォームのテンプレートを用意する

では、実際にこれらのコントロールを使ってみましょう。まずは、テンプレートの修正からです。以下のようにindex.htmlの<body>を修正してください。

リスト3-8

```
<body class="container">
  <h1 class="display-4 mb-4">Hello page</h1>
  <p th:text="${msg}"></p>
  <div class="h6 alert alert-primary">
    <form method="post" action=".">
      <div class="my-2">
        <input class="form-check-input" type="checkbox" name="check1" />
        <label class="frm-check-label" for="check1">チェック</label>
      </div>
      <div class="my-2">
        <input class="form-check-input" type="radio" name="radio1" value="male" />
        <label class="frm-check-label" for="radioA">男性</label>
      </div>
      <div class="my-2">
        <input class="form-check-input" type="radio" name="radio1" value="female" />
        <label class="frm-check-label" for="radioB">女性</label>
      </div>
      <div class="my-2">
        <select class="form-select"  name="select1" size="1">
          <option value="Windows">Windows</option>
          <option value="Mac">Mac</option>
          <option value="Linux">Linux</option>
```

```
          </select>
        </div>
        <div   class="my-2">
        <select class="form-select"   name="select2" size="4" multiple="multiple">
          <option value="Android">Android</option>
          <option value="iphone">iPhone</option>
          <option value="Winfone">Windows Phone</option>
        </select>
      </div>
      <input class="btn btn-primary" type="submit" value="Click" />
    </form>
  </div>
</body>
```

コントローラークラスの修正

　ここでは、<checkbox>、2つの<radio>、単項目選択と複数項目選択の2種類の<select>
を用意してあります。これらの送信された値を処理するようにコントローラーを書き換
えましょう。HelloControllerクラスのメソッド2つを以下のように変更します。

リスト3-9

```
@RequestMapping(value="/", method=RequestMethod.GET)
public ModelAndView index(ModelAndView mav) {
  mav.setViewName("index");
  mav.addObject("msg","フォームを送信ください。");
return mav;
}


@RequestMapping(value="/", method=RequestMethod.POST)
public ModelAndView form(
    @RequestParam(value="check1",required=false)boolean check1,
    @RequestParam(value="radio1",required=false)String radio1,
    @RequestParam(value="select1",required=false)String select1,
    @RequestParam(value="select2",required=false)String[] select2,
    ModelAndView mav) {

  String res = "";
  try {
    res = "check:" + check1 +
    " radio:" + radio1 +
    " select:" + select1 +
    "\nselect2:";
  } catch (NullPointerException e) {}
  try {
    res += select2[0];
```

```
      for(int i = 1;i < select2.length;i++) {
         res += ", " + select2[i];
      }
   } catch (NullPointerException e) {
      res += "null";
   }
   mav.addObject("msg",res);
   mav.setViewName("index");
   return mav;
}
```

図3-5：フォームを設定して送信すると、各コントロールの選択状態を調べ結果を表示する。

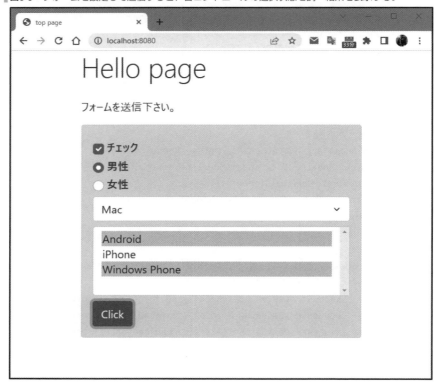

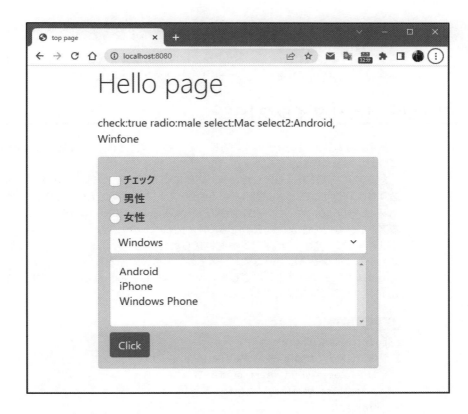

　変更ができたら、ブラウザからアクセスしてください。そしてフォームを適当に設定し、送信してみましょう。それぞれのコントロールの状態がメッセージにまとめられて表示されます。

フォームの値の受け取り

　フォームから送信された値は、sendメソッドで受け取ります。このメソッドに、フォームから送られた値が受け取れるように、@RequestParamをつけた引数が4つ用意されています。が、よく見ると、この記述が少し変わっています。

```
@RequestParam(value="check1",required=false)boolean check1
```

　引数には、「**value**」と「**required**」という2つの値が用意されています。valueは、受け取るパラメータの名前ですね。もう1つのrequiredは、この値が必須かどうか（値がない場合もあるか）を指定するものです。

　通常、@RequestParamを指定したパラメータは、必ず用意された引数に渡されなければいけません。値が存在しないと内部エラーになってしまいます。が、このrequired=falseを指定することで、そのパラメータがなくともエラーにならず処理が進められるようになります。

　チェックボックス、ラジオボタン、選択リスト。これらは、まったくの未選択だと値が送られません。このためrequired=falseを指定しないとエラーになってしまいます。こ

れを用意することで、未選択でも問題なく処理が実行できるようになります。値が渡されない場合は、nullの値として処理されます。

required=falseの引数は、受け取った値が「**nullの場合もある**」ということを前提に処理を作成する必要があります。これは忘れないようにしてください。

フォワードとリダイレクト

基本的なコントローラーの使い方は一通りわかってきました。最後に、「**ページの移動**」についても触れておきましょう。

あるアドレスにアクセスしたとき、必要に応じて別のアドレスに移動させたい場合もあります。こうしたときに利用されるのが「**フォワード**」と「**リダイレクト**」です。

フォワードは、サーバー内部で別のページを読み込み表示するものです。アクセスするアドレスはそのままに、表示内容だけが別のページに差し替えられます。

リダイレクトは、クライアント側に送られた後で別のページに移動させるものです。ですから、アクセスしているアドレスそのものも移動先のものに変更されます。

では、これもサンプルを用意しましょう。まずは、index.htmlからです。例によって、<body>タグだけを掲載しておきます。

リスト3-10
```html
<body class="container">
  <h1 class="display-4 mb-4">Hello page</h1>
  <div class="alert alert-primary">
    <p th:text="${msg}"></p>
  </div>
</body>
```

そして、コントローラー。"/"と、リダイレクト用・フォワード用のアドレスで呼び出されるリクエストハンドラも用意しておくことにします。

リスト3-11
```java
@RequestMapping(value="/", method=RequestMethod.GET)
public ModelAndView index(ModelAndView mav) {
  mav.setViewName("index");
  mav.addObject("msg","HelloController/indexのページです。");
return mav;
}

@RequestMapping("/other")
public String other() {
  return "redirect:/";
}

@RequestMapping("/home")
public String home() {
```

```
    return "forward:/";
}
```

図3-6：”/home”にアクセスすると、アドレスはそのままに”/”の表示が現れる。”/other”はアドレス自体が”/”に変わる。

　だいぶシンプルになりましたから、やっていることはだいたいわかるでしょう。http://localhost:8080/homeにアクセスをすると、アドレスはそのままに、表示だけがhttp://localhost:8080/に変わります。http://localhost:8080/otherにアクセスすると、アドレス自体がhttp://localhost:8080/に変更されます。

リダイレクトとフォワード

　リダイレクトとフォワードの処理は、実は非常に簡単です。見ればわかるように、returnするString値を、”redirect:○○”あるいは”forward:○○”といった形にすればいいのです（○○は、新しいアドレス）。たったこれだけで、別のアドレスに移動させることができてしまいます。

ModelAndView の場合は？

　リクエストハンドラの戻り値がStringの場合はこれでOKです。が、ModelAndViewを戻り値に設定している場合は？　この場合は、新たにModelAndViewインスタンスを作成し、これをreturnすればいいのです。

```
return new ModelAndView("redirect:/");
```

　例えば、こんな具合にModelAndViewインスタンスを作成し、その際、引数に”redirect:○○”というようにリダイレクト先を指定すれば、そのアドレスにリダイレクトします。フォワードの場合もやり方は同じです。

th:ifによる条件処理

　Thymeleafには、「**変数を表示する**」という機能の他にも便利な機能がいろいろと用意されています。それらについても順に説明していきましょう。
　まずは「**条件による表示**」についてです。Thymeleafには、「**その要素を表示するかどう**

か」を示す属性が用意されています。「**th:if**」「**th:unless**」というもので、以下のように記述します。

■値が真だと表示
```
<○○ th:if="${ 値 }">
```

■値が偽だと表示
```
<○○ th:unless="${ 値 }">
```

　このth:ifは、用意されている変数の値に応じて表示するかどうかを決めます。この変数は真偽値を使い、trueならば表示され、falseならば表示されません。th:unlessはそのちょうど逆の働きをします。trueならば表示されず、falseならば表示されます。

　これらを使うことで、コントローラー側で用意する値によって表示をON/OFFできるのです。

アクセスするごとに表示が変わる

　では、実際に簡単なサンプルを作ってみましょう。まず、コントローラーを修正します。HelloControllerクラスを以下のように書き換えてください。

リスト3-12
```
@Controller
public class HelloController {
  private boolean flag = false;

  @RequestMapping("/")
  public ModelAndView index(ModelAndView mav) {
    flag = !flag;
    mav.setViewName("index");
    mav.addObject("flag", flag);
    mav.addObject("msg", "サンプルのメッセージです。");
    return mav;
  }
}
```

　ここではflagというboolean型変数を用意し、indexではその値をflag = !flag;で交互に切り替えています。そしてaddObjectでflagという名前でビュー側に渡しています。これで、アクセスされるごとにflagがtrue/falseと切り替わりながらビューに渡されるようになります。

　では、テンプレートを修正しましょう。index.htmlの<body>を以下のように書き換えてください。

リスト3-13
```
<body class="container">
  <h1 class="display-4 mb-4">Hello page</h1>
```

```
    <div class="alert alert-primary" th:if="${flag}">
        <h5>Alert</h5>
        <p th:text="${msg}"></p>
    </div>
    <div class="card" th:unless="${flag}">
        <div class="card-body">
            <h5 class="card-title">Message</h5>
            <p class="card-text" th:text="${msg}"></p>
        </div>
    </div>
</body>
```

図3-7：アクセスするごとに表示が交互に切り替わる。

　この例では、アクセスするごとに2つの表示が交互に切り替わります。flagがtrueのときは淡いブルー背景のメッセージが表示され、falseのときはグレーの枠線で囲まれたメッセージが表示されます。

ここでは、2つの<div>に以下のような形で属性を用意しています。

trueで表示	th:if="${flag}"
falseで表示	th:unless="${flag}"

これで、${flag}の値がtrue/falseと切り替わるたびに2つの表示が切り替わるようになっていた、というわけです。

th:eachによる繰り返し処理

th:ifが条件分岐に相当するものなら、「**繰り返し**」に相当するのが「**th:each**」です。これは以下のように記述をします。

```
<○○ th:each="変数名 : ${ コレクション }">
   …繰り返す表示内容…
</○○>
```

th:eachは、${ コレクション }に変数やリストなど多数の値を保管する値を指定します。すると、このコレクションから値を順に取り出して変数に代入し、その要素内に記述された内容を出力していきます。この繰り返し出力される表示内容では、th:textなどにコレクションから取り出された値が代入される変数を使って表示を作成することができます。

データをリスト表示する

このth:eachは、実際に使ってみないと働きが今ひとつわかりにくいでしょう。では、簡単なサンプルを作ってみます。

まずコントローラーの修正を行いましょう。HelloControllerのindexメソッドを以下のように書き換えてください。

リスト3-14

```
@RequestMapping("/")
public ModelAndView index(ModelAndView mav) {
  mav.setViewName("index");
  mav.addObject("msg", "データを表示します。");
  String[] data = new String[] {"One","Two","Three"};
  mav.addObject("data", data);
  return mav;
}
```

ここではString配列を用意し、これをdataという名前でaddObjectしています。テンプレート側では、このdataから順に値を取り出して表示を作成します。

では、index.htmlの<body>を以下のように書き換えてください。

リスト3-15

```
<body class="container">
  <h1 class="display-4 mb-4">Hello page</h1>
  <p th:text="${msg}"></p>
  <ul class="list-group" th:each="item:${data}">
    <li class="list-group-item" th:text="${item}"></li>
  </ul>
</body>
```

図3-8：data配列の値をリストにして表示する。

　アクセスすると、「**One**」「**Two**」「**Three**」といった項目のリストが表示されます。これ
らは、コントローラー側で作成したString配列の値ですね。それが以下のようにしてリ
スト表示されたのです。

```
<ul th:each="item:${data}">
  <li th:text="${item}"></li>
</ul>
```

　関係のないclass属性は省略してあります。th:each="item:${data}"により、${data}
から順に値を取り出してitemという変数が作成されます。<ul>の内部にある<li>では、
th:text="${item}"としてitem変数を表示しています。th:eachにより、配列の要素の数だけ
<li>が呼び出され出力され、リストが完成したというわけです。

th:switchによるスイッチ処理

　この他、覚えておくと便利なものとして「**値に応じて表示を切り替える**」ための属性が
あります。「**th:switch**」というもので、これはプログラミング言語のswitch文に相当する
もので、値に応じていくつでも表示を用意することができます。

```
<○○ th:switch="${ 変数 }">
  <△△ th:case="値1">
  <△△ th:case="値2">
  ……必要なだけ用意……
</○○>
```

　th:switchは、チェックする変数を値として用意します。この値をチェックし、同じ値の th:caseがあればその要素を表示します。th:caseは必要に応じていくつでも用意できます。

月の値で季節を表示

　では、これも簡単な例を挙げておきましょう。まずコントローラーを修正します。 HelloControllerクラスのindexメソッドを以下のように書き換えてください。

リスト3-16

```
@RequestMapping("/{month}")
public ModelAndView index(@PathVariable int month,
    ModelAndView mav) {
  mav.setViewName("index");
  mav.addObject("msg", month + "月は？");
  mav.addObject("month", month);
  return mav;
}
```

　ここでは、パラメータ変数monthを用意し、その値をそのままaddObjectでビュー側に 渡しています。このmonthの値を元に表示を行います。
　では、index.htmlの<body>を以下のように書き換えましょう。

リスト3-17

```
<body class="container">
  <h1 class="display-4 mb-4">Hello page</h1>
  <p th:text="${msg}"></p>
  <div th:switch="${month}">
    <p class="alert alert-primary" th:case="1"
        th:text="${month} + 月は、正月です。"></p>
    <p class="alert alert-primary" th:case="2"
        th:text="${month} + 月は、冬です。"></p>
    <p class="alert alert-warning" th:case="3"
        th:text="${month} + 月は、春です。"></p>
    <p class="alert alert-warning" th:case="4"
        th:text="${month} + 月は、春です。"></p>
    <p class="alert alert-warning" th:case="5"
        th:text="${month} + 月は、春です。"></p>
    <p class="alert alert-danger" th:case="6"
        th:text="${month} + 月は、夏です。"></p>
```

```
    <p class="alert alert-danger" th:case="7"
        th:text="${month} + 月は、夏です。"></p>
    <p class="alert alert-danger" th:case="8"
        th:text="${month} + 月は、夏休みです。"></p>
    <p class="alert alert-success" th:case="9"
        th:text="${month} + 月は、秋です。"></p>
    <p class="alert alert-success" th:case="10"
        th:text="${month} + 月は、秋です。"></p>
    <p class="alert alert-success" th:case="11"
        th:text="${month} + 月は、秋です。"></p>
    <p class="alert alert-primary" th:case="12"
        th:text="${month} + 月は、師走です。"></p>
    <p class="alert alert-secondary" th:case="*"
        th:text="ごめんなさい、わかりません。"></p>
  </div>
</body>
```

図3-9：URLの末尾に整数をつけてアクセスすると、その月の季節を表示する。

　URLの末尾に整数をつけてアクセスしてみましょう。例えば、/1とつければ、「**1月は
正月です。**」とメッセージが表示されます。1 ～ 12の整数をつけてアクセスしてみてくだ
さい。それぞれの値に応じたメッセージが表示されます。また、それ以外の整数をつけ
ると、「**ごめんなさい、わかりません。**」と表示されます。
　ここでは、以下のようにしてth:switchを使っています。

```
<div th:switch="${month}">
```

　これで、この<div>内に用意してある要素から、${month}の値と同じものが表示され
るようになります。この中に用意している要素は、例えばこのようになっています。

```
<p th:case="1" th:text="${month} + 月は、正月です。"></p>
```

　class属性は省略しています。th:caseで${month}の値がいくつのときに表示するかを指定
しています。そしてth:textでメッセージを表示しています。"${month} + 月は、正月です。"
というのは、${month}の後にテキストをつなげているのですね。このように、""の値内で
は数値やテキストを演算する演算記号が使えます。この場でちょっとしたテキストなどを
生成できるようになっているのです。

基本さえ押さえればThymeleafは使える

　Thymeleafによる基本的なテンプレートの使い方はだいぶわかったことでしょう。こ
こまでの説明がしっかりと頭に入っていれば、テンプレートの利用で困ることはあまり
ないはずです。
　Thymeleafに用意されている機能は、これがすべてというわけではありません。とい
うより、ここまで説明した内容は、Thymeleafに用意されている機能のごく一部のみです。
このテンプレートエンジンには非常に多くの機能が搭載されており、すべてをマスター
しようと思ったなら解説書一冊にはなるでしょう。
　しかし、それらを今すぐ覚える必要はないのです。テンプレートエンジンは、すべて
理解しなければ使えないような不自由なものではありません。基本的な機能だけでも覚
えれば、すぐに使うことができます。Thymeleafでいえば、${}による変数の埋め込みさ
えわかれば、基本的なWebページの作成はできるようになります。これに加えてth:ifと
th:eachを覚えれば、ほとんどのWebページは作成できるでしょう。
　これより先は、実際にThymeleafを使ってみて「**ここがもっと便利になれば……**」とい
う欲求が出てきてから学習を再開すればいいでしょう。

3-2 Mustacheテンプレートエンジン

Mustacheとは？

Spring Webで使えるテンプレートエンジンは、Thymeleafばかりではありません。その他にも利用できるテンプレートエンジンはいくつも用意されています。

Thymeleafが高機能さで知られるものだとすれば、その対極にあるのが「**Mustache**」でしょう。これは「**シンプルさ**」を最大の特徴とするテンプレートエンジンです。Thymeleafを使ってみて「**なんだか複雑で難しいな**」と感じていた人は、Mustacheを試してみるといいかも知れません。

Mustacheは、自身を「**Logic-less templates**」と銘打っています。Mustacheは、非常にシンプルなタグを使って値を記述していきます。Thymeleafにあったような制御構造のような働きをする構文等はありません。が、シンプルなタグを使いこなすことで、条件処理や繰り返しなど複雑な表現も可能になっています。シンプルですが、決して低機能ではない、そこにMustacheの魅力があります。

▌Mustache のインストール

では、Mustacheを利用するためのビルドファイルの記述をまとめておきましょう。以下の内容をビルドファイルに追記し、プロジェクトを更新することでMustacheが使えるようになります。

■【Gradle】build.gradleのdependenciesの記述

```
implementation 'org.springframework.boot:spring-boot-starter-mustache'
```

■【Maven】pom.xmlの<dependencies>の記述

```
<dependency>
  <groupId>org.springframework.boot</groupId>
  <artifactId>spring-boot-starter-mustache</artifactId>
</dependency>
```

これでMustacheのパッケージが追加され利用できるようになります。ただし、これだけではまだ動作しません。もう1つやっておくべきことがあります。

▌application.properties の作成

Mustacheを利用するためには、いくつかの設定情報を用意しておく必要があります。これは、アプリケーションのプロパティとして記述をします。

「**resources**」フォルダの中にある「**static**」フォルダを開くと、ここに「**application. properties**」というファイルがあります。これはその名前の通り、アプリケーションで使うプロパティの情報を記述しておくためのものです。ここにMustacheの設定情報を記述します。以下のように追記してください。

リスト3-18

```
spring.mustache.servlet.cache=false
spring.mustache.prefix=classpath:/templates/
spring.mustache.suffix=.html
```

　これらは、それぞれMustacheのキャッシュ機能のON/OFF、テンプレートのプレフィックス（ファイル名の前につける値）とサフィックス（ファイル名のあとに付ける値）を示すものです。これらにより、「**templates**」フォルダ内に「**○○.html**」という名前で用意されたテンプレートファイルを検索し利用できるようになります。

　これらの記述を忘れると、「**templates**」フォルダにファイルを置いても認識されません。必ず記述しておいてください。

テンプレートに値を渡す

　では、実際にMustacheを使ってみましょう。まずは基本として、簡単な値をリクエストハンドラからテンプレートファイルに渡して表示してみます。

　ではコントローラーの修正から行いましょう。HelloControllerクラスのindexメソッドを以下のように修正してください。なお、HelloControllerクラスに追記してあったflagフィールドは、もう使わないので削除しておきましょう。

リスト3-19

```
@RequestMapping("/")
public ModelAndView index(ModelAndView mav) {
  mav.setViewName("index");
  mav.addObject("msg", "メッセージだよ。");
  return mav;
}
```

　特に説明するまでもない単純な処理ですね。引数で渡されたModelAndViewのビューネームを"index"に設定し、addObjectでmsgという値を用意しています。

　Mustacheでも、値の受け渡しにはModelやModelAndViewを利用します。これらはThymeleafでも使いましたが、テンプレートエンジンであれば基本的にすべてModel/ModelAndViewが利用できると考えてください。従って、コントローラー側の操作はテンプレートエンジンが何であっても同じです。

{{}} で値を埋め込む

　では、テンプレートファイルを修正しましょう。index.htmlの<body>を以下のように書き換えてください。

リスト3-20

```
<body class="container">
  <h1 class="display-4 mb-4">Hello page</h1>
  <p>{{msg}}</p>
</body>
```

図3-10：コントローラー側で用意したメッセージがWebページに表示される。

　修正したらアクセスをしてみましょう。「**メッセージだよ。**」というメッセージが表示されます。これは、コントローラー側のindexメソッドで用意した値ですね。それがテンプレート側で表示されていたのです。
　それを行っているのが以下の部分です。

```
<p>{{msg}}</p>
```

　この{{}}という記号が、値を埋め込んでいるところです。これで、msgの値がこの場所に出力されます。Mustacheでは、{{値}}というように記述することで、コントローラー側で用意された値を埋め込むことができます。

HTMLコードのエスケープ

　Mustacheのもっとも重要な機能は、{{}}による値の出力です。これさえわかっていれば、すぐにでもテンプレートを使ったプログラムが作成できます。
　ただし、この{{}}による値の出力には注意すべき点が一つあります。それは、「**HTMLの要素はエスケープされる**」という点です。例えば、こんな値が用意されていることを考えてみましょう。

```
msg = "<h1>Hello</h1>"
```

　このmsgの値を{{msg}}というようにして出力するとどうなるか？「**Hello**」とは表示されないのです。表示されるのは「**<h1>Hello</h1>**」というテキストだけ。HTMLのタグがテキストに含まれていると、<>などの記号を自動的にエスケープ処理し、「**<h1>というテキスト**」として表示されるのです。<h1>というテキストを、「**HTMLの<h1>要素**」と認識して表示させることはできないのです。

{{{}}} でエスケープさせない

　では、HTMLのコードをテキストとして出力させたい場合はどうすればいいのでしょうか。これは、{{{}}}という記号を使います。}が2つではなく3つついていますね？ こうすると、HTMLのコードをHTMLコードのまま出力して表示させることができるようになります。

HTML コードを出力させる

では、実際に試してみましょう。簡単なHTMLコードを値として渡し、表示させています。まず、コントローラーを修正しましょう。HelloControllerクラスのindexメソッドを以下のように修正してください。

リスト3-21

```java
@RequestMapping("/")
public ModelAndView index(ModelAndView mav) {
  mav.setViewName("index");
  String msg = """
  <div class="border border-primary">
    <h2>Message</h2>
    <p>This is sample message!</p>
  </div>
  """;
  mav.addObject("msg", msg);
  return mav;
}
```

ここでは変数msgにHTMLのコードをテキストとして代入し、それをaddObjectでmsgに設定しています。これをテンプレート側で表示させてみます。

index.htmlの<body>部分を以下のように修正してみてください。

リスト3-22

```html
<body class="container">
  <h1 class="display-4 mb-4">Hello page</h1>
  <hr>
  <pre>{{msg}}</pre>
  <hr>
  <pre>{{{msg}}}</pre>
  <hr>
</body>
```

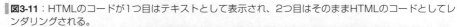

図3-11：HTMLのコードが1つ目はテキストとして表示され、2つ目はそのままHTMLのコードとしてレンダリングされる。

アクセスすると、HTMLのコードがテキストとして表示され、その下にHTMLコードが実際にコードとして実行された表示がされます。

ここでは変数msgを2つ出力しています。1つ目の部分に{{msg}}と記述をし、2つ目では{{{msg}}}としています。これにより、1つ目がテキストにエスケープ処理されて表示され、2つ目はそのままHTMLのコードとして表示されていたのです。

条件による表示

Mustacheは「**ロジックレス**」を最大の特徴としています。が、Thymeleafでいろいろ表示を作成した際に、条件処理や繰り返し処理などをテンプレートで利用していたのを覚えているでしょう。ロジックレスということは、そうしたことはできないのでしょうか。

実は、ちゃんとそうした機能も用意されています。まずは「**条件による表示**」についてやってみましょう。これは、以下のように記述して行います。

■値がtrueのとき表示する

```
{{#真偽値}}
……true時に表示する内容……
```

```
{{/真偽値}}
```

{{}}の中に「#○○」というようにして値を指定します。この値は、必ず真偽値を使います。この真偽値がtrueだと、{{/○○}}までの文が表示されます。

では、条件分岐の「**else**」節に相当するものはないのでしょうか。つまり、真偽値がfalseだった場合に表示させる処理はどうするのでしょう。

これには、{{^}}という記号を使います。

■値がfalseのとき表示する

```
{{^真偽値}}
……true時に表示する内容……
{{/真偽値}}
```

この{{^}}というタグは、真偽値がfalseのときに表示を行います。従って、{{#}}と{{^}}を組み合わせることで、if 〜 else 〜の両方の節の表示を作成できるようになrます。

flag に応じて表示を変える

では、これもサンプルを挙げておきましょう。HelloControllerクラスの内容を以下のように書き換えてください。

リスト3-23

```
@Controller
public class HelloController {
  private boolean flag = false;

  @RequestMapping("/")
  public ModelAndView index(ModelAndView mav) {
    mav.setViewName("index");
    flag = !flag;
    mav.addObject("flag", flag);
    mav.addObject("msg", "メッセージを表示します。");
    return mav;
  }
}
```

今回はflagの追記などもあるのでHelloControllerクラス全体を掲載しておきました。

これで、flagという真偽値とmsgというメッセージテキストが用意できました。flagの値は、アクセスするごとにtrue, false, true, false……と値を繰り返していくようにしてあります。

テンプレートを修正する

では、テンプレート側の修正を行いましょう。index.htmlの<body>部分を以下のように書き換えてください。

リスト3-24

```html
<body class="container">
  <h1 class="display-4 mb-4">Hello page</h1>
  <h6>※flagの状態：{{flag}}</h6>
  {{#flag}}
  <p class="alert alert-primary">{{msg}}</p>
  {{/flag}}
  {{^flag}}
  <p>no message...</p>
  {{/flag}}
</body>
```

図3-12：アクセスすると、淡いブルーのメッセージと、「no message...」が交互に表示される。

完成したらアクセスしてみましょう。最初にアクセスすると、淡いブルーでメッセー

ジが表示されます。再度リロードしてアクセスすると、今度は「**no message...**」と表示
されてしまいます。

　ここでは、2つの条件表示の処理を用意してあります。

```
{{#flag}}
……true時の表示……
{{/flag}}
{{^flag}}
……false時の表示……
{{/flag}}
```

　このように記述されていますね。{{#flag}} 〜 {{/flag}}の部分が、flagがtrueのときに表
示される内容で、{{^flag}} 〜 {{/flag}}の部分がfalse時に表示される内容になります。

　このように、{{#flag}}と{{^flag}}をセットで使うことで、プログラミング言語のif 〜
else 〜 と同じような役割を実現できます。

繰り返し

　では、繰り返し処理はどうでしょうか。用意されたデータを元に繰り返し表示を行わ
せたい場合は?

　実は、これも{{#}}を使って行えます。こんな形です。

```
{{#配列など}}
……取り出したオブジェクト内の値……
{{/配列など}}
```

　{{#}}には、さまざまな働きがあります。真偽値を指定すると、「**trueのときだけ表示する**」
という表示を作ることができました。そして配列やコレクションなどの値を指定すると、
そこから順に値を取り出して内部の記述を繰り返し出力させることができるのです。

　注意したいのは、「**取り出した値の扱い**」です。配列から取り出された値はどうやって
出力するのでしょうか。これは、{{.}}という記述で出力されます。これにより、取り出
された値がここにはめ込まれます。

　また、整数の配列などのような単純なものでなく、オブジェクト配列を扱う場合は、
そのオブジェクト内のプロパティを直接指定して出力させることもできます。例えば、
{{name}}とすると、配列から取り出されたオブジェクトのnameプロパティを出力できま
す。

MyData 配列を出力する

　では、実際にサンプルを作ってみましょう。ここでは「**MyData**」というクラスを用意し、
このクラスのインスタンスを配列としてテンプレートに渡し表示させてみることにしま
す。

　まずはコントローラー側の修正です。HelloController.javaに記述したHelloController
クラスを以下のように書き換えてください。なおMyDataクラスも用意しているので、
これも忘れずに記述しましょう。

リスト3-25

```
@Controller
public class HelloController {

  @RequestMapping("/")
  public ModelAndView index(ModelAndView mav) {
    mav.setViewName("index");
    MyData[] data = new MyData[] {
      new MyData("Taro", 39),
      new MyData("Hanako", 28),
      new MyData("Sachiko",17)
    };
    mav.addObject("data", data);
    return mav;
  }
}

class MyData {
  public String name;
  public int age;

  public MyData(String name, int age) {
    this.name = name;
    this.age = age;
  }

  public String toString() {
    return String.format("{Name: %s, age: %s}",name,age);
  }
}
```

　ここではnameとageの2つのフィールドを持つMyDataクラスを定義しています。そしてHelloControllerクラスのindexメソッドでは、このクラスのインスタンスを配列にまとめたものを用意し、これをaddObjectでdataという名前で設定しておきます。
　では、このdataの内容を出力させてみましょう。index.htmlの<body>を以下のように書き換えてください。

リスト3-26

```
<body class="container">
  <h1 class="display-4 mb-4">Hello page</h1>
  <ul>
    {{#data}}
    <li>{{.}}</li>
    {{/data}}
```

```
    </ul>
    <hr>
    <ul>
      {{#data}}
      <li><b>{{name}}</b>[{{age}}]</li>
      {{/data}}
    </ul>
  </body>
```

図3-13：dataの内容を出力する。1つ目は取り出した値をそのまま出力し、2つ目はオブジェクトからnameとageを取り出して出力している。

　実行すると、dataの内容を2通りの形で出力しています。1つ目は、{{#data}} 〜 {{/data}}の内部で{{.}}を使って直接値を出力しています。このようにすると、MyDataクラスのtoStringにより、{Name: Taro, age: 39}というような形でMyDataの内容が出力されます。

　2つ目のものでは、繰り返し内で{{name}}[{{age}}]というようにして出力をしています。こうすると、dataから取り出されたMyDataのnameとageの値を{{name}}、{{age}}に出力します。オブジェクトの配列の場合は、このように直接オブジェクト内の値を書き出すことができることがわかります。

ラムダ式による表示のカスタマイズ

　Mustacheの基本的な機能は、ここまでの説明でほぼすべてです。{{}}と{{{}}}による値の表示、そして{{#}}を使った条件表示と繰り返し表示。これらが一通りマスターできれば「**Mustacheはほぼ使えるようになった**」といっていいでしょう。

　ただし、これらの組み合わせですべてを作っていこうとすると、面倒なことも多いの

は確かでしょう。テンプレートエンジン利用の強みは、「**定型的な表示を簡単に作れる**」というところにあります。例えば決まったフォーマットの表示を、必要な値だけ渡せば作成できる、というような機能があれば、テンプレートを使って劇的に表示を簡略化できます。

　Mustacheにはこうした表示のカスタマイズに関するような機能はないのでしょうか？実は、ないわけではありません。

　Mustacheには「**ラムダ式**」を使った表示を行う機能があります。ラムダ式というのは、関数やメソッドなどの処理を値として利用できるようにするもので、Javaでもver. 8から導入されています。このラムダ式を使い、コンテンツの内容を出力する関数を値として渡して表示を作成することができるのです。

　ただ、多くのライトウェイト言語では「**その場で関数を定義して使える**」という非常にシンプルな使い方ができるのに対し、Javaではあらかじめインターフェースを定義するなどしておく必要があり、使い勝手は今ひとつの感があります。そこでMustacheでは、Mustacheで利用できるラムダ式を簡単に作成するための機能を提供しています。

Lambda インターフェースについて

　ラムダ式を作るための機能は「**Lambda**」というものです。これはインターフェースであり、これを実装した無名クラスを作成することで簡単にラムダ式の処理を実装できるようになっています。

　Lambdaの使い方は以下のようになります。

```
変数 = new Lambda() {
  public void execute (Fragment frag, Writer out)
      throws IOException {
    ……処理を用意……
  }
};
```

　Lambdaには「**execute**」というメソッドを1つ用意します。これは「**Fragment**」と「**Writer**」という2つの引数が渡されます。

Fragment	ラムダ式に渡されるテンプレートの内容をカプセル化したものです。
Writer	Webページの内容を出力するためのライタークラスです。

　Fragmentには、ラムダ式に渡される内容(フラグメント)の情報があります。これとWriterを利用することで、用意されている内容を出力できます。またWriterを利用することで、それ以外の内容も出力することができます。

　こうして用意したLambdaをテンプレートに渡し、それを{{#}}で利用すればいいのです。

```
{{#ラムダ式}}
  ……内容……
{{/ラムダ式}}
```

この{{#}}〜{{/}}で挟まれた部分が、Fragmentで取り出せるところです。この内部の
コンテンツは、細かく処理することはできず、全体として1つのコンテンツとして扱わ
れます。例えばこの中にいくつかのHTML要素があったとして、それらを1つずつ個別
に取り出して処理をしたりする機能は特に用意されていません。

アラート表示をするラムダ式を作る

では、実際にラムダ式を使ってみましょう。まずはコントローラーの修正です。
HelloControllerクラスのindexメソッドを以下のように書き換えてください（import文も
忘れずに！）。

リスト3-27

```
// import java.io.IOException;
// import java.io.Writer;
// import com.samskivert.mustache.Mustache.Lambda;
// import com.samskivert.mustache.Template.Fragment; 以上を追記

@RequestMapping("/")
public ModelAndView index(ModelAndView mav) {
  mav.setViewName("index");
  mav.addObject("title","ラムダ式のサンプル");
  mav.addObject("msg", "これはラムダ式を利用してメッセージを表示したものです。");

  Lambda fn = new Lambda() {
    public void execute (Fragment frag, Writer out)
        throws IOException {
      out.write("<div class=¥"alert alert-primary¥">");
      frag.execute(out);
      out.write("</div>");
    }
  };
  mav.addObject("fn",fn);
  return mav;
}
```

説明は後で行うとして、テンプレートも作ってしまいましょう。index.htmlの<body>
を以下のように書き換えてください。

リスト3-28

```
<body class="container">
  <h1 class="display-4 mb-4">Hello page</h1>
  {{#fn}}
  <h6>{{title}}</h6>
  <p>{{msg}}</p>
```

```
   {{/fn}}
</body>
```

図3-14：タイトルとメッセージを{{#fn}}でまとめて表示する。

　修正したらアクセスして表示を確認しましょう。すると、薄いブルーの背景にタイトルとメッセージが表示されるのがわかるでしょう。ここでは、こんな具合にHTMLの表示を作っていますね。

```
{{#fn}}
   <h6>{{title}}</h6>
   <p>{{msg}}</p>
{{/fn}}
```

　内部の<h6>と<p>は、そのまま出力されています。これらを淡いブルーのアラート表示にするためのHTML要素が{{#fn}}によりコンテンツの前後に書き出され、表示を作成しているのですね。

ラムダ式の内容をチェックする

　では、ラムダ式の部分がどうなっているか見てみましょう。ここでは、executeメソッドで以下のように出力を行っています。

```
out.write("<div class=¥"alert alert-primary¥">");
frag.execute(out);
out.write("</div>");
```

　「**out.write**」は、引数のテキストをそのままWebページに出力するものです。そして、「**frag.execute(out)**」は、フラグメントの内容(ここでは{{#fn}} 〜 {{/fn}}の内部)をoutに出力するものです。これにより、以下のようなHTMLコードがWebページに出力されます。

```
<div class="alert alert-primary">
    …フラグメントの内容…
</div>
```

これでアラートの表示を作成していた、というわけです。ラムダ式を利用すると、このように、コンテンツの前後に必要なHTML要素を付け加えて表示を作成することができます。あらかじめこうしたLambda値をいくつか用意しておけば、独自のコンテンツ表示を簡単に作れるようになります。

Mustacheはシンプルさが信条

以上、Mustacheの基本的な利用について一通り説明しました。最後のラムダ式だけは少し難しかったでしょうが、それまでの部分は非常にシンプルで、一度使えばすぐに使い方が理解できます。このシンプルさがMustacheの最大の特徴です。

Thymeleafは非常にパワフルですが、実際にテンプレートで必要となる機能はMustacheに用意されている程度のもので十分ではないでしょうか。実際にWebアプリの開発を行ってみると、「**テンプレートに高度な機能は実はいらない**」ということに気がつくでしょう。

Mustacheは、Javaだけでなく非常に多くの言語に対応しており、さまざまな環境で使われています。シンプルであるがゆえに移植もしやすいのでしょう。Thymeleafが「**Java（Spring Boot）に特化したテンプレートエンジン**」という位置づけであるのに対し、Mustacheは「**どんな言語でも使えるテンプレートエンジン**」といえます。

Spring Bootだけでなく、それ以外の言語やフレームワークによる開発なども行うのであれば、Mustacheは非常によい選択といえるでしょう。

3-3 Groovy templatesテンプレートエンジン

Groovy templatesとは？

世の中には多数のテンプレートエンジンが流通していますが、それらは細かな点では違いがあるものの、基本的なところではだいたい共通する考え方の上に構築されています。それは、「**実際に表示されるHTMLのコードをベースに、テンプレートエンジン固有の機能を加えていく**」というものです。つまり、テンプレートのベースはあくまで「**表示するHTMLのコード**」であり、それを活かしつつ、いかに独自の機能を組み込んでいくか、ということに腐心しているのです。

ところが、そうした「**誰もが当たり前と考える共通基盤**」を根底から覆して設計されているテンプレートエンジンも存在します。その一つが「**Groovy templates**」です。

▌HTML ではなく、コードで書く！

Groovy templatesは、その名の通り「**Groovy**」を使ったテンプレートエンジンです。

Groovyというのは Java 仮想マシン上で動作するスクリプト言語で、「**Javaの簡易版**」のような文法になっており、Javaプログラマならば誰でもすぐに使えるようになります。Javaと同様、コンパイラで Java のクラスファイルを作成し、Java 仮想マシン上で動作することから、「**もう1つの Java 言語**」ともいわれています。Gradle も Groovy ベースで動いていますし、Java の世界では思った以上に Groovy は利用されています。

この Groovy templates のベースとなっている考え方、それは「**HTMLではなく、Groovyのコードとしてテンプレートを書く**」というもの。プログラムのコードとして書けるなら、プログラマもすらすらテンプレートを書けるだろう、ということですね。

ただし、HTMLのコードをすべて捨てて設計されているため、テンプレートファイルは Web ブラウザや各種の Web ページ作成ツールでは一切表示できません。またすべて Groovy のコードなので、Java や Groovy がわからないとまったく Web ページが作れないことになります。

が、逆にいえば、Java や Groovy がわかっているなら、Groovy templates はテキストエディタでスラスラと Web ページが書けます。またプログラミング言語で書くため、すべてきっちりと文法に従って記述しなければ文法エラーになりますから、HTMLでありがちな「**曖昧な書き方**」が一切ありません。また<hr>は<hr />にしたほうがいいのか、などといったことで悩むこともありません。

HTMLは、HTMLやCSSの細かな部分までしっかり理解してないと正しいコードを書くのは大変難しいため、多くの Web ページでは「**正しくはないけど、まぁだいたい通用するコード**」で書かれています。が、Grooby templates なら、正しいコードを書けば、後はテンプレートエンジンによって「**完全に正しい HTML コード**」が生成されます。「**HTMLやCSSの細かなことはよくわからない**」という人でも問題のない HTML コードを書けるわけです。

なにより、「**コードで Web ページを書ける**」というのは、慣れてくるとプログラマにとっては HTML ベースより遥かに快適なことがすぐにわかるでしょう。

Grooby templates のインストール

では、Groovy tempaltes を利用する準備をしましょう。これは、「**spring-boot-starter-groovy-templates**」というパッケージをインストールすることで利用可能になります。Gradle と Maven のプロジェクトで、それぞれビルドファイルに記述する内容を以下に整理しておきましょう。

■【Gradle】build.gradle の dependencies の記述

```
implementation 'org.springframework.boot:spring-boot-starter-groovy-templates'
```

■【Maven】pom.xml の<dependencies>の記述

```
<dependency>
  <groupId>org.springframework.boot</groupId>
  <artifactId>spring-boot-starter-groovy-templates</artifactId>
</dependency>
```

これで必要なパッケージがプロジェクトに追加されます。基本的には、これだけで

Groovy templatesは使えるようになります。

applicaiton.properties について

テンプレートエンジンの設定情報を記述するapplication.propertiesには、Groovy templatesの記述は特に用意する必要はないでしょう。それで問題なく動作するはずです。ただし、キャッシュのOFFや、拡張子の指定などは明示的に設定しておいたほうがいいかも知れません。これは、以下のように記述を書き換えればいいでしょう。

リスト3-29

```
spring.groovy.template.cache=false
spring.groovy.template.suffix=.tpl
```

Groovy templatesのテンプレートファイルは、「**〇〇.tpl**」という拡張子を利用するのが一般的です。これに合わせておくとよいでしょう。

テンプレートコードの基本

Groovy templatesは、他のテンプレートエンジンと違い、「**ただ何かを表示する**」ために覚えなければいけない事柄がけっこうあります。なにしろ、すべてGroovyのコードですから、テンプレート記述に必要なメソッドなどを一通り理解しておかないといけないのです。

では、テンプレートの基本部分のコードを簡単に説明しておきましょう。

■テンプレートの基本コード

```
yieldUnescaped '<!DOCTYPE html>'

html {
  head {
    ……ヘッダーの内容……
  }
  body {
    ……ボディの内容……
  }
}
```

冒頭には、「**yieldUnescaped**」というメソッドがあります。これは、「**エスケープ処理しないでコンテンツを出力する**」ためのものです。HTML5では、HTMLのコードの前に<!DOCTYPE html>という記述を付けておきます。これを出力するためのものです。

それ以降のhtml {……}という部分が、HTMLのコードに相当するものです。Groovy templatesでは、HTMLの各要素はメソッドとして用意されています。これは以下のような形で記述します。

```
要素名 ( 属性など ) {
  ……内部に組み込まれる要素……
```

```
}
```

()の部分は、用意する属性が特になければ省略できます。この基本を頭に入れて、テンプレートのコードを考えてみましょう。

■<html>要素

```
html {
    …<html>内の要素…
}
```

■<head>要素

```
head {
    …<head>内の要素…
}
```

■<body>要素

```
body {
    …<body>内の要素…
}
```

これらを組み合わせてHTMLの基本コードができている、ということが何となくわかってきたのではないでしょうか。

Webページを表示する

では、実際に簡単なテンプレートを用意してWebページを表示させてみましょう。まずは、コントローラーの処理を用意します。HelloControllerクラスのindexメソッドを以下のように書き換えてください。

リスト3-30

```
@RequestMapping("/")
public ModelAndView index(ModelAndView mav) {
    mav.setViewName("index");
    mav.addObject("title", "Groovy templates");
    mav.addObject("msg", "This is sample message!!");
    return mav;
}
```

ここでは、titleとmsgという値をaddObjectで追加してあります。setViewNameでは"index"をビュー名にしてあります。既に何度となく書いたものですから説明は不要でしょう。

▌index.tpl を作成する

では、テンプレートを作成しましょう。今回は新しいファイルを用意します。

「**templates**」フォルダの中に「**index.tpl**」という名前でファイルを用意してください。そして以下のようにコードを記述しましょう。

リスト3-31

```
yieldUnescaped '<!DOCTYPE html>'

html(lang:'ja') {
  head {
    meta(charset:"UTF-8")
    title(title)
    link(rel:"stylesheet", type:"text/css",
      href:"https://cdn.jsdelivr.net/npm/bootstrap@5.0.2/dist/css/bootstrap.min.css")
  }
  body(class:"container"){
    h1(class:"display-4", title)
    p(msg)
  }
}
```

図3-15：アクセスするとタイトルとメッセージが表示される。

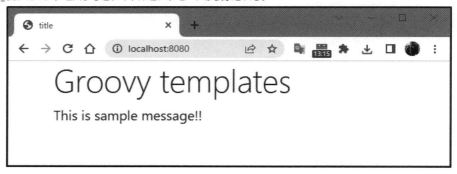

　保存したら、実際にアクセスしてみましょう。index.tplをレンダリングし、リクエストハンドラで用意したtitleとmsgを表示するWebページが現れます。

作成したコードをチェックする

　では、作成したコードの内容をチェックしていきましょう。yieldUnescapedは既に説明済みですね。その後に、htmlメソッドが以下のように記述されています。

```
html(lang:'ja') {……}
```

　引数には、lang:'ja'と値が用意されています。これにより、<html lang="ja">という形でHTML要素が生成されます。lang:'ja'という引数が、そのままlang="ja"という属性として<html>に用意されることがわかるでしょう。

head 内の要素

　htmlの{}内には、headとbodyが用意されています。まずはheadメソッドから見てみましょう。その{}内には、3つのメソッドが記述されています。それぞれ、メソッドがどのようにHTMLの要素に変換されるかを整理してみましょう。

■＜meta＞要素

```
meta(charset:"UTF-8")
```
↓
```
<meta charset='UTF-8'/>
```

■＜title＞要素

```
title(title)
```
↓
```
<title>title</title>
```

■＜link＞要素

```
link(rel:"stylesheet", type:"text/css", href:"https://……/bootstrap.min.css")
```
↓
```
<link rel='stylesheet' type='text/css' href='https://……/bootstrap.min.css'/>
```

　いかがですか。()内に用意されている引数が、そのまま要素の属性として組み込まれているのがよくわかるでしょう。

body 内の要素

　続いて、bodyメソッドです。今回は以下のような形にメソッドの呼び出しが修正されていますね。

```
body (class:"container"){……}
```

　これにより、<body class="container">という形で要素が出力される、というのはもうわかってきたことでしょう。では、このbody内にある2つのメソッドについても簡単に整理しておきましょう。

■＜h1＞要素

```
h1 (class:"display-4", title)
```
↓
```
<h1 class='display-4'>Groovy templates</h1>
```

■＜p＞要素

```
p(msg)
```
↓
```
<p>This is sample message!!</p>
```

　h1とpの引数を見ると、class:"○○"というように引数のキーが指定されているものの他に、ただ値だけが記述されているものがあるのがわかります。h1ならばtitle変数、pならばmsg変数ですね。

　このキーがない、値だけの引数は、「**その要素のコンテンツとなるテキスト**」を示します。これは、開始タグと終了タグの間にコンテンツを記述して表示するHTML要素で使われます。つまり、こういうことです。

```
メソッド（変数）
```
↓
```
<メソッド>変数の値</メソッド>
```

　そして、コンテンツとして表示される値には、変数が設定されています。これは、リクエストハンドラから渡されるものです。title変数ならば、addObject("title", ○○)という形でtitleという値に設定された値が表示されます。

条件による表示の変更

　Groovy templatesが、コードを直接記述するという方式であることは、複雑な処理の作成に強いということを意味します。なにしろプログラミング言語でテンプレートを書くのですから、その言語に用意されている制御構文などはすべて利用することができるのです。必要なのは、Groovyの基礎文法を理解することだけです。

　では、実際の利用例をいくつか見ていきましょう。まずは「**条件による表示の変更**」からです。条件分岐のテンプレート版ですね。

　これは、非常に簡単です。そのままGroovyの条件分岐（if）を使ってコードを書けばいいのです。

■条件による表示の変更

```
if ( 条件 ) {
    ……true時の表示内容……
} else {
    ……false時の表示内容……
}
```

　基本的にはJavaのif文と書き方は同じです。そしてtrueの場合とfalseの場合でそれぞれ表示内容をメソッドで用意していけばいいのです。

flag の値で表示を ON/OFF する

　では、利用例を挙げておきましょう。先に作成した「**flag変数の値で表示をON/OFFする**」というものを作ってみます。

　まず、コントローラーの修正をしておきましょう。HelloControllerクラスを以下のように書き換えてください。

リスト3-32

```
@Controller
public class HelloController {
    private boolean flag = false;


  @RequestMapping("/")
  public ModelAndView index(ModelAndView mav) {
    flag = !flag;
    mav.setViewName("index");
    mav.addObject("title", "Groovy templates");
    mav.addObject("msg", "This is sample message!!");
    mav.addObject("flag", flag);
    return mav;
  }
}
```

　ここではtitle, msg, flagという3つの値をaddObjectで用意しています。flagはboolean値で、アクセスするたびにtrue/falseを切り替えます。

index.tpl を修正する

　では、表示するテンプレートを作りましょう。index.tplのbodyメソッドの部分を以下のように書き換えてください。

リスト3-33

```
body(class:"container"){
  h1(class:"display-4", title)
  p("Flag: $flag.")
  if (flag) {
    div(class:"alert alert-primary") {
      h6(msg)
    }
  } else {
    p("no message...")
  }
}
```

図3-16：アクセスするたびにメッセージの表示がON/OFFされる。

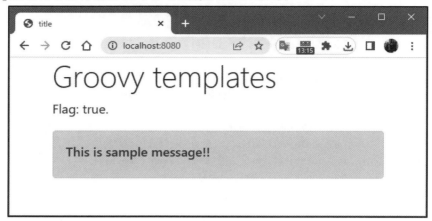

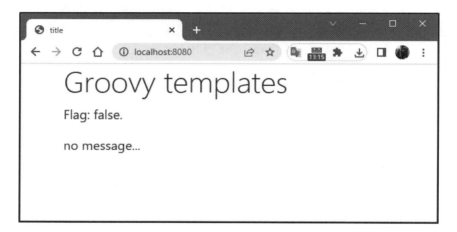

　アクセスすると、淡いブルーの背景でメッセージが表示されます。再度アクセスすると、メッセージは消え、「**no message...**」と表示されます。アクセスするたびにメッセージの表示がON/OFFされるのがわかるでしょう。
　ここでは、if (flag)としてflag変数の値をチェックし、それに応じて結果を表示しています。ifと要素のメソッドの書き方がわかれば、何をやっているかはすぐに見当がつきますね。

変数の埋め込み

　今回、ifの手前で変数flagの値を<p>で表示している部分でちょっと見慣れない書き方がされていました。

```
p("Flag: $flag.")
```

　この「**$flag**」というのは、テキストリテラルの中に変数を埋め込むためのものです。

Groovy templatesでは、要素のコンテンツや属性の値にテキストを指定しますが、そのテキストの中で変数を埋め込んで使いたい場合、「**$変数**」というように記述することができます。これはよく使われる機能なのでここで覚えておきましょう。

繰り返し表示

条件による表示ができたら、繰り返し表示についても考えてみましょう。これにはいくつかの方法がありますが、ここでは配列のeachメソッドを利用したものを挙げておきます。

まず、HelloControllerクラスのindexメソッドを修正します。

リスト3-34
```
@RequestMapping("/")
public ModelAndView index(ModelAndView mav) {
  String[] data = {"Windows", "macOS", "Linux", "ChromeOS"};
  mav.setViewName("index");
  mav.addObject("title", "Groovy templates");
  mav.addObject("msg", "This is sample message!!");
  mav.addObject("data", data);
  return mav;
}
```

ここではdataというString配列を用意し、これをテンプレートに渡しています。このdataを繰り返しで表示させようというわけです。

index.tpl を修正する

では、index.tplを修正しましょう。bodyメソッドを以下のように書き換えてください。

リスト3-35
```
body(class:"container"){
  h1(class:"display-4", title)
  p(msg)
  ul(class:"list-group") {
    data.each {
      li(class:"list-group-item", it)
    }
  }
}
```

図3-17：dataのテキストをリストにまとめて表示する。

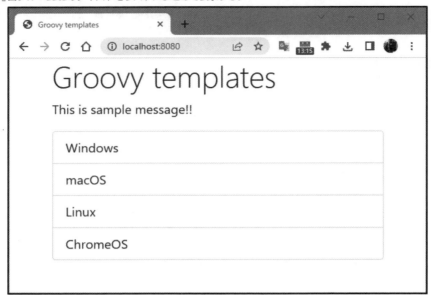

　アクセスすると、dataに用意したテキストをリストにまとめて表示します。ここでは、こんな形でdataの値を繰り返し表示しています。

```
data.each {
  li(class:"list-group-item", it)
}
```

　eachメソッドは、data配列から順に値を取り出して{}内を実行します。取り出された値は「**it**」という変数に収められています。ここではliメソッドのコンテンツとしてそのままit変数を出力しています。
　繰り返しの方法は他にもいろいろとあります（Javaと同様にwhileやfor構文もあります）。ある程度Groovyに慣れてきたら、他にどういう方法があるか調べてみるとよいでしょう。

fragmentによる内部テンプレート

　このeachを利用したリストの表示は、いろいろな書き方ができます。その一例として、「**fragment**」というメソッドを利用した書き方を挙げておきましょう。

リスト3-36

```
body (class:"container"){
  h1(class:"display-4", title)
  p(msg)
  ul(class:"list-group") {
```

```
    data.each {
      fragment "li(class:'list-group-item', item)", item:it
    }
  }
}
```

　作成されるWebページはまったく同じものです。ここではeach内で、fragmentという
メソッドを使って表示を作成しています。これでも、先ほどと同様のリストが作成され
ます。
　このfragmentは、引数にテンプレートコードのテキストを指定することで、テンプレー
ト内で更にテンプレートをレンダリングし表示する働きをします。ここでは、以下のテ
ンプレートをレンダリングしています。

```
"li(class:'list-group-item', item)"
```

　この中には「**item**」という変数が使われています。これを設定しているのが、その後に
ある「**item:it**」です。これにより、eachで取り出された値を保管している変数itが内部テ
ンプレートのitemに設定されます。レンダリングされる際に、item変数にこのitの値が
代入されて表示が生成される、というわけです。
　このfragmentではテキストでテンプレートを用意し、その場でレンダリングし生成で
きるため、自由にテンプレートを作成し表示できるようになります。まぁ、これだけの
説明では「**具体的にどういうときに使うのか**」がピンと来ないかも知れません。今すぐ使
いこなす必要はありませんが、「**Groovy templatesでは、テキストでテンプレートのコー
ドを用意し、その場でレンダリングできる**」ということは知っておきましょう。

includeによるテンプレートの組み込み

　fragmentは、テキストリテラルでテンプレートを用意し表示するものでしたが、あら
かじめテンプレートファイルとして表示内容を用意しておき、テンプレート内からその
ファイルを読み込んで内部に組み込むこともできます。これを行うのが「**include**」という
メソッドです。
　このincludeは、以下のような使い方ができます。

```
include template: テンプレートファイル
include escaped: テキストファイル
include unescaped: テキストファイル
```

　「**include template:**」が、もっとも基本となるものでしょう。template:にテンプレート
ファイル名をテキストで指定すると、そのテンプレートの内容を読み込んでその場でレ
ンダリングし表示します。
　「**include escaped:**」と「**include unescaped:**」は、どちらもテキストファイルを読み込
んで表示するものですが、escaped:がHTMLの要素をすべてエスケープ処理するのに対
し、unescaped:はエスケープ処理せずHTML要素としてレンダリング表示します。

content.tpl をレンダリングする

では、実際にやってみましょう。まず、includeで読み込むテンプレートファイルを用意します。「**templates**」フォルダ内に、新たに「**content.tpl**」というファイルを用意してください。これには、以下のようにコードを記述しておきます。

リスト3-37

```
div(class:"alert alert-primary") {
  h6(title)
  p(msg)
}
```

簡単なアラート（淡いブルーの背景の中にコンテンツを表示するもの）のコードです。ここではtitleとmsgという変数をそのまま\<h6>と\<p>で表示させています。コードそのものはシンプルですから説明の要はないでしょう。

content.tpl をインクルードする

では、このテンプレートファイルをincludeで読み込んでみましょう。index.tplを開いて、bodyメソッドを以下のように書き換えてください。

リスト3-38

```
body(class:"container"){
  h1(class:"display-4", title)
  p(msg)
  include template:"content.tpl"
}
```

ここでは、\<h1>と\<p>を出力した後で、「**include template:"content.tpl"**」というようにしてcontent.tplを読み込みレンダリングしています。これにより、この場所にcontent.tplの内容が表示されるようになります。

content.tplではtitleとmsgという変数を利用していますが、includeする際には、特に変数を受け渡すような処理は行っていません。includeしたときに既に用意されている変数は、読み込んだcontent.tpl内でもそのまま使うことができるのです。

index メソッドを修正する

では、このindex.tplを読み込んで表示する処理をHelloControllerクラスに用意しておきましょう。index.メソッドを以下のように書き換えます。

リスト3-39

```
@RequestMapping("/")
public ModelAndView index(ModelAndView mav) {
  String[] data = {"Windows", "macOS", "Linux", "ChromeOS"};
  mav.setViewName("index");
  mav.addObject("title", "Groovy templates");
```

```
    mav.addObject("msg", "This is include content sample.");
    return mav;
}
```

図3-18：index.tpl内からcontent.tplを読み込み表示する。アラートの部分がcontent.tplによるもの。

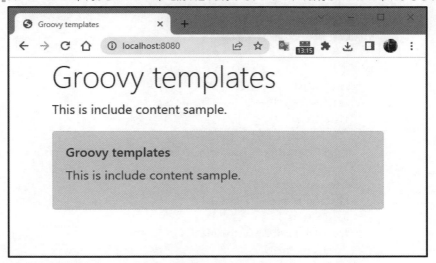

　アクセスすると、タイトルとメッセージの下に、淡いブルーの背景の部分（アラート）が表示されます。これが、content.tplによるものです。ちゃんとaddObjectで渡されたtitleとmsgの値を使ってコンテンツが作成されていることがわかるでしょう。

　このように、includeを利用すれば、複数のテンプレートファイルを組み合わせてWebページを作ることが可能になります。

レイアウト機能について

　多数のWebページがあるようなWebアプリでは、すべてのページの基本的なレイアウトを同じにして統一感を出す必要があります。このようなときに役立つのが、Groovy templatesのレイアウト機能です。

　これは「**layout**」というメソッドとして用意されています。これは以下のように呼び出します。

```
layout ファイル名 ,キー1:値1, キー2:値2, ……
```

　この「**layout**」はヘルパーメソッドと呼ばれるものです。layoutの後に、レイアウトとして利用するテンプレートファイルをテキストで指定します。その後には、このレイアウト用のテンプレートファイルで必要な値を「**キー:値**」という形で記述していきます。これで用意された値は、テンプレートファイルにキー名の変数として渡されます。例えば「**a:"abc"**」とすれば、テンプレートファイル内にaという変数として"abc"が利用できるようになります。

layout.tpl を作成する

では、これも実際にレイアウト用のテンプレートファイルを作って利用してみましょう。「**templates**」フォルダの中に、新たに「**layout.tpl**」というファイルを用意してください。そして以下のようにコードを記述しておきます。

リスト3-40

```
yieldUnescaped '<!DOCTYPE html>'

html {
  head(lang:'ja') {
    meta(charset:"UTF-8")
    title(title)
    link(rel:"stylesheet", type:"text/css",
      href:"https://cdn.jsdelivr.net/npm/bootstrap@5.0.2/dist/css/bootstrap.min.css")
  }
  body(class:"container") {
    h1(class:"display-4", title)
    bodyContents()
    footer(class:"fixed-bottom p-2") {
      hr(class:"m-1")
      p(class:"text-center m-0 p-0", "copyright by SYODA-Tuyano 2023.")
    }
  }
}
```

　ちょっと複雑そうに見えるかも知れませんが、基本は先ほどまで使っていたindex.tplを再利用しています。head部分はほぼ同じですし、bodyのところでfooterを追加し、<footer>でフッターの表示をさせています。

　この中の最大のポイントは、bodyにある「**bodyContents()**」です。これを見て「**bodyContentsというメソッドがあるのか**」と思ったかも知れませんが、違います。これは、bodyContentsという変数なのです。この変数にメソッドを代入しておき、bodyContents()と呼び出すことで、代入されたメソッドをその場で実行しているのですね。

　ということは、リクエストハンドラ側でbodyContentsという値にメソッドを代入しておけば、そのメソッドの実行結果がここに出力されるようになる、というわけです。

index.tpl を修正する

　では、このlayout.tplを利用してWebページを表示してみましょう。index.tplの内容を以下のように書き換えてください。

リスト3-41

```
layout 'layout.tpl',
  title: title,
```

```
bodyContents: contents {
  p(msg)
  div(class:"alert alert-primary") {
    h6("alert")
    p("Message: $msg")
  }
}
```

　ここでは、layoutメソッドを呼び出す1文が書かれているだけです。1文にしては長い
ですが、これは整理するとこのようになっています。

```
layout 'layout.tpl', title: title, bodyContents: contents {……}
```

　layoutの引数に'layout.tpl'を指定しています。その後には、titleとbodyContentsの値を
用意しています。これにより、titleとbodyContentsという値がlayout.tplに渡され、利用
できるようになります。
　bodyContentsに設定されているのは、「**contens**」というメソッドです。これは、{}
に用意されたコードをコンテンツとして出力するものです。このcontentsメソッドを
bodyContentsに代入し、レイアウト側でbodyContents()として実行することで、{}内の
コードをレンダリングした結果が出力されます。
　要するに、「**contentsの{}にそのページで表示するコンテンツの内容を書いておけば、
それがbodyContentsで表示される**」ということですね。

index メソッドを修正する

　最後に、コントローラーを修正しておきましょう。indexメソッドを以下のように書
き換えてください。

リスト3-42
```
@RequestMapping("/")
public ModelAndView index(ModelAndView mav) {
  mav.setViewName("index");
  mav.addObject("title", "Groovy templates");
  mav.addObject("msg", "レイアウト機能を使ったサンプルです。");
  return mav;
}
```

図3-19：アクセスすると、layout.tplによるレイアウトを使ってindex.tplのコンテンツが表示される。

作成できたら実際にアクセスしてみてください。画面にはタイトルとメッセージ、淡いブルーのアラート、フッターといったものがレイアウトされ表示されます。これらのうち、ここで使っているindex.tplテンプレートファイルに記述してあるのはメッセージとアラートの部分だけです。それ以外のものは、すべてlayout.tplによって用意されています。

layoutメソッドとcontentsメソッドの使い方をよく理解する必要がありますが、レイアウト用のテンプレートが使えるようになれば、それぞれのページで使用するテンプレートには、ただ表示するコンテンツをcontentsでまとめて記述しておくだけで済むようになります。

Groovyにさえ慣れれば快適！

以上、Groovy templatesの基本的な使い方について説明をしました。おそらく、ここでの説明を読み始めた頃は、「**全部、コードで書くなんて面倒くさい**」と思った人は多かったことでしょう。しかし、ある程度読み進めているうちにGroovyのコードに慣れてくると、意外と理解しやすく、場合によってはHTMLベースのテンプレートより書きやすいことに気がついたのではないでしょうか。

本書を読んでいる人の多くは、「**Webデザイナー**」ではなく「**プログラマ**」であるはずです。デザイナーがWebページの作成を行ってくれるのなら別ですが、プログラマが自分でページの作成までしなければならないとすると、果たしてHTMLベースのテンプレートは本当に便利でしょうか。それより、プログラマがもっとも得意とする「**コードでページを書く**」やり方のほうが、慣れれば快適ではありませんか？

Groovy templatesは、ThymeleafやMustacheなどとはまるで違うアプローチのテンプレートエンジンです。今すぐこれを採用すべきとは思いませんが、「**Thymeleafのようなテンプレートエンジンとはまったく違う選択肢もある**」ということは頭に入れておくとよいでしょう。

Chapter 4

モデルとデータベース

データベースアクセスに関する処理を扱うために用意されているのが「モデル」です。Spring Bootでは、「エンティティ」と「リポジトリ」というクラスを使って必要最小限のコードでデータベースアクセスを実現できます。これらを使ったデータベース利用の基本について説明しましょう。

4-1 JPAによるデータベースの利用

SpringとJPA

　MVCアーキテクチャでは、データの扱いは「**Model（モデル）**」として定義されるようになっています。では、Springでは、どのようにモデルは扱われているのでしょうか。

　Spring Bootでは、Webアプリケーションの基本部分は「**Spring Web**」というパッケージとして用意されていました。このSpring Webで、Webアプリの基本構造である「**MVC**」アーキテクチャが実現されています。

　が、実をいえば、Spring Webの中には、モデルに関する部分はないのです。というと「**データベースアクセスの機能はSpring Bootで統合されていないのか？**」と思ってしまいますが、そういうわけではありません。

　Springは、多数のフレームワークによる総合的なフレームワークです。この中には、データベースアクセスに関連するものもいくつかあります。つまり、Spring Webという枠内で、わざわざそのためだけのデータベースアクセス機能まで用意する必要がない、ということなのです。

　また、Jakarta EE（旧Java EE）には「**JPA（Java Persistence API）**」といった永続化のためのAPIも用意されています。こうした機能をうまく活用してデータベースアクセスに関する機能を実装したほうが便利ですね。

　そこでSpringでは、このJPAという技術をベースにして、MVCのモデル（Model）に関するフレームワークを独立して開発していったのです。したがって、Spring Webにはデータベースの機能はありませんが、別に用意されているデータベース関係のSpringフレームワークを組み合わせることで、Webアプリ内でデータベースを利用できるようになります。

　また、これらのデータベース関連のフレームワークはSpring Webから独立していますから、Webアプリ以外の一般的なアプリであっても利用することができます。

モデルに必要な技術について

　今回、データベース関連の機能を実装するのに利用するのは「**JPA**」という技術です。これは先に述べたようにJava EEの「**データの永続化**」に関する機能です。永続化というのは、要するに「**オブジェクトなどのデータを保存して常に利用できるようにすること**」ですね。具体的には、オブジェクトの内容をデータベースに保存し、必要に応じて取り出してオブジェクトを再構築する技術です。

図4-1：Webアプリケーションでは、JPAという技術を利用してデータベースにアクセスを行う。モデルはJPA技術の上に作成され、JPAを通してデータベースを利用する。

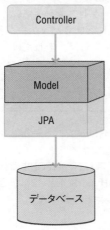

このJPAを利用するに当たり、以下のようなライブラリ／フレームワークを用意することにします。

HyperSQL

これはJavaで作られたオープンソースのデータベースライブラリです。MySQLなど既存のデータベースを利用してもいいのですが、Javaで作られているため「**アプリケーション自身にデータベースまで内蔵することができる**」という利点があります。この種のライブラリにはJava DB（Apache Derby）などがありますが、HyperSQLはサイズが非常に小さく、利用しやすいのです。またファイルに保存するだけでなく、メモリ上にデータベースを保管したりできるため、開発段階のテスト用データベースとしても非常に役立ちます。

H2

これもJavaで作られたオープンソースのデータベースライブラリです。 HyperSQLと同様、Javaライブラリとして利用することができ、別途データベースソフトなどを用意する必要がありません。 HyperSQLの開発者が新たにフルスクラッチで開発したもので、非常にパフォーマンスに優れています。Javaのライブラリとして組み込み使えるデータベースとして、もっとも広く使われているライブラリといってよいでしょう。

Spring Data

Springのデータベース関連のフレームワーク群です。コアとなるフレームワークの他、JDBを利用するSpring Data JDBC、JPAを利用するSpring Data JPAなど多数のフレームワークで構成されています。このSpring Dataから、実際のデータベースアクセスで利用するものをピックアップしインストールして利用します。

こうしたライブラリ／フレームワークを統合的に利用することで、Springのデータベース部分は作成されていきます。

　Spring Bootでは、上記のライブラリ／フレームワーク類のうち、データベース部分（Spring Data関連のもの）を「**Spring Boot Starter Data**」というパッケージで組み込むことができます。ここでは、JPAを中心にデータベースアクセスを行っていくので、「**Spring Boot Starter Data JPA（spring-boot-starter-data-jpa）**」というパッケージと、データベースのライブラリ（HyperSQLやH2など）をインストールすれば、それだけでデータベースを扱えるようになります。

ビルドファイルの修正

　では、データベース関連のパッケージをプロジェクトにインストールしましょう。データベース関連のパッケージ類も、ビルドファイルに追記することでインストールできます。では、Spring Boot Starter Data JPAとデータベース（HyperSQLまたはH2）のインストールに必要な記述を整理しておきましょう。なおHyperSQLとH2は、どちらか1つだけインストールすれば動作します。両方用意する必要はありません。

Spring Boot Starter Data JPA のインストール

■【Gradle】build.gradleのdependenciesの記述

```
implementation 'org.springframework.boot:spring-boot-starter-data-jpa'
```

■【Maven】pom.xmlの<dependencies>の記述

```
<dependency>
  <groupId>org.springframework.boot</groupId>
  <artifactId>spring-boot-starter-data-jpa</artifactId>
</dependency>
```

HyperSQL のインストール

■【Gradle】build.gradleのdependenciesの記述

```
runtimeOnly 'org.hsqldb:hsqldb'
```

■【Maven】pom.xmlの<dependencies>の記述

```
<dependency>
  <groupId>org.hsqldb</groupId>
  <artifactId>hsqldb</artifactId>
</dependency>
```

H2 のインストール

■【Gradle】build.gradleのdependenciesの記述

```
runtimeOnly 'com.h2database:h2'
```

■【Maven】pom.xmlの<dependencies>の記述

```
<dependency>
```

```
    <groupId>com.h2database</groupId>
    <artifactId>h2</artifactId>
</dependency>
```

　記述後、プロジェクトを更新しておくのを忘れないでください。以下のコマンドでプロジェクトは更新できましたね。

Gradle プロジェクトの場合

```
gradlew clean build --refresh-dependencies
```

Maven プロジェクトの場合

```
mvn install -U
```

　この他、前章でMustacheやGroovy templatesテンプレートエンジンを利用する際にapplication.propertiesに記述したものは、もう使わないので削除しておきましょう。

その他のSQLデータベースについて

　本書では、H2あるいはHyperSQLを使ってデータベース利用の基本を説明していきますが、もちろんそれ以外のデータベースを利用することもできます。こうしたSQLデータベースの利用についても、ここで簡単に触れておきましょう。
　SQLデータベースをSpringから利用するには、大きく2つのものを用意する必要があります。

データベースドライバ

　SQLデータベースを利用する場合は、そのデータベースを利用するためのドライバのパッケージを追加する必要があります。

データベースの設定情報

　先ほど、applicaiton.propertiesにMySQLの設定情報を記述しました。これと同じように、使用するSQLデータベースに関する設定情報をアプリケーションのプロパティとして記述する必要があります。

　この2点をきちんと準備すれば、その他のSQLデータベースをSpringから利用することができるようになります。例えば、MySQLとPostgreSQLの設定は以下のようになります。

MySQL の場合

■Gradleプロジェクトのパッケージ情報
```
runtimeOnly 'com.mysql:mysql-connector-j'
```

■Mavenプロジェクトのパッケージ情報
```
<dependency>
```

```
    <groupId>com.mysql</groupId>
    <artifactId>mysql-connector-j</artifactId>
    <scope>runtime</scope>
</dependency>
```

■アプリケーションプロパティ
```
spring.datasource.driver-class-name=com.mysql.cj.jdbc.Driver
spring.datasource.url=jdbc:mysql://ホスト名/データベース名
spring.datasource.username=ユーザー名
spring.datasource.password=パスワード
```

PostgreSQL の場合

■Gradleプロジェクトのパッケージ情報
```
runtimeOnly 'org.postgresql:postgresql'
```

■Mavenプロジェクトのパッケージ情報
```
<dependency>
    <groupId>org.postgresql</groupId>
    <artifactId>postgresql</artifactId>
    <scope>runtime</scope>
</dependency>
```

■アプリケーションプロパティ
```
spring.datasource.driver-class-name=org.postgresql.Driver
spring.datasource.url=jdbc:postgresql://ホスト名/データベース名
spring.datasource.username=ユーザー名
spring.datasource.password=パスワード
```

　これらを用意すれば、SpringでMySQLやPostgreSQLが利用できるようになります。
　ただしH2などと違い、SQLデータベースを利用する際は、使用するデータベースにあらかじめテーブルを用意しておく必要があります。このテーブルは、Spring Data JPAで使うエンティティクラス（この後に登場します）に対応するものであり、テーブルにはエンティティのフィールドと同じ項目を用意しておく必要があります。
　正しくテーブルが用意できれば、Spring Data JPAからSQLデータベースにアクセスしデータのやり取りが行えるようになります。

エンティティクラスについて

　では、いよいよモデルとなるJavaクラスを作成していきましょう。
　JPAを利用する場合、データベースのデータとなる部分は「**エンティティ**」と呼ばれるクラスとして定義されます。データベースは通常、データベース内にテーブルを定義し、そこにレコードとしてデータを保管していきますが、エンティティはこの1つ1つのレコードをJavaオブジェクトとして保管したもの、と考えるとよいでしょう。テーブルか

ら必要なレコードを取り出したりすると、それはJPAではエンティティクラスのインスタンスの形になっている、というわけです。またレコードを追加する場合も、エンティティクラスのインスタンスを作り、それを永続化する処理を行えば、JPAによりそのオブジェクトの内容がレコードとしてテーブルに保管されるのです。

では、エンティティクラスはどのように作成されるのでしょうか。その基本形を整理すると以下のようになるでしょう。

■エンティティクラスの基本形

```
@Entity
public class クラス名 {
    フィールドの定義;
    …必要なだけフィールドを定義…
}
```

エンティティクラスは、非常に単純です。これはごく一般的なPOJO（Plain Old Java Object、何ら継承も依存関係もないシンプルなJavaオブジェクト）なのです。注意点は1つだけ。クラス定義の前に「**@Entity**」というアノテーションを付けるだけです。

エンティティには、保管する値をフィールドとして用意します。通常はprivateフィールドとして定義し、それぞれにアクセサとなるメソッドを用意します。それ以外の特別なものは何も必要ありません。

Personクラスの作成

では、実際に簡単なエンティティクラスを作ってみましょう。今回は、以下のような項目を値として保管するクラスを考えてみます。

ID	プライマリキーとして割り当てられるID番号（long値）
name	名前（String値）
mail	メールアドレス（String値）
age	年齢（int値）
memo	メモ（String値）

ごく単純な個人情報管理のテーブルをイメージすればいいでしょう。これらを保管する「**Person**」というクラスを作成します。

■STS の場合

STSを利用している場合は、パッケージエクスプローラーからプロジェクトの「**src/main/java**」を選択し、「**ファイル**」メニューの「**新規**」内にある「**クラス**」を選んでクラス作成のダイアログウィンドウを呼び出してください。そして以下のように設定してPersonクラスを作ります。

ソース・フォルダー	SampleBootApp1/src/main/java
パッケージ	com.example.sample1app
円クロージング型	OFFのまま
名前	Person
修飾子	publicのみ選択
スーパークラス	java.lang.Object
インターフェース	空白のまま
各種チェックボックス	「継承された抽象メソッド」のみONに

図4-2：新規クラス作成のダイアログ。「Person」クラスを作成する。

VSC の場合

　VSCでは、エクスプローラーの「**JAVA PROJECTS**」という表示から、src/main/java内にある「**com.example.sample1app**」パッケージ右端の「**＋**」をクリックするか、あるいは項目を右クリックして現れるメニューから「**New Java Class**」メニューを選びます。

　ウィンドウ上部にクラス名を入力するコマンドパレットが現れるので、「**Person**」と記

入し、Enterキーを押してください。これでPerson.javaが作成されます。

図4-3：JAVA PROJECTSのcom.example.sample1appの「+」または「New Java Class」メニューを選び、クラス名を入力する。

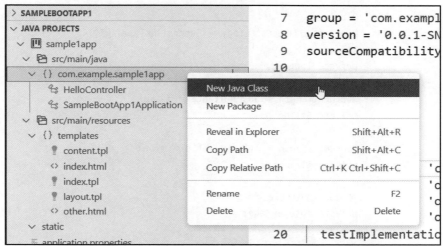

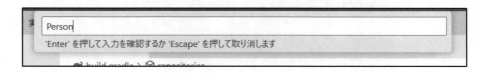

その他の環境の場合

それ以外の環境の場合は、手動でHelloController.javaファイルがあるのと同じフォルダー内に「**Person.java**」というファイルを作成してください。

Personエンティティのソースコード

Person.javaファイルが作成されたら、ファイルを開いて以下のようにソースコードを記述しましょう。

リスト4-1

```
package com.example.sample1app;

import jakarta.persistence.Column;
import jakarta.persistence.Entity;
import jakarta.persistence.GeneratedValue;
import jakarta.persistence.GenerationType;
import jakarta.persistence.Id;
import jakarta.persistence.Table;
```

```
@Entity
@Table(name="people")
public class Person {

  @Id
  @GeneratedValue(strategy = GenerationType.AUTO)
  @Column
  private long id;

  @Column(length = 50, nullable = false)
  private String name;

  @Column(length = 200, nullable = true)
  private String mail;

  @Column(nullable = true)
  private Integer age;

  @Column(nullable = true)
  private String memo;

  public long getId() {
    return id;
  }
  public void setId(long id) {
    this.id = id;
  }

  public String getName() {
    return name;
  }
  public void setName(String name) {
    this.name = name;
  }

  public String getMail() {
    return mail;
  }
  public void setMail(String mail) {
    this.mail = mail;
  }

  public Integer getAge() {
    return age;
```

```
  }
  public void setAge(Integer age) {
    this.age = age;
  }

  public String getMemo() {
    return memo;
  }
  public void setMemo(String memo) {
    this.memo = memo;
  }
}
```

Column エンティティクラスのフィールドについて

　ここでは、値を保管するフィールドは基本的にすべてprivateにし、アクセサである
Getter/Setterメソッドを用意してあります。これらのフィールドはデータベースに保管
する値を管理するものなので、値の設定や取得を必要に応じて制御できるようにするた
めです。

　基本的にエンティティのクラスはこのような形で定義しますが、「**フィールドをpublic
にして直接値を読み書きできるようにしてはいけない**」というわけではありません。値
の入出力を特に制御しなくていい（どんな形で値がやり取りされても構わない）のであれ
ば、Getter/Setterメソッドなど用意せず、すべてpublicフィールドとして用意しても問
題なく動作します。

エンティティクラスのアノテーションについて

　「**単純なPOJOクラス**」といった割には見覚えのないimport文が多数並んでますが、こ
れらはクラス内に記述されているアノテーションのためのものです。クラスそのものは
単純なのですが、アノテーションを使ってクラスやフィールドに関する細かな情報を指
定しているのです。

　では、ここで使われているアノテーションについてまとめておきましょう。

@Entity

　これは既に説明しましたね。エンティティクラスであることを示すアノテーションで
す。エンティティクラスでは必ず記述します。

@Table(name = "people")

　これは、このエンティティクラスに割り当てられるテーブルを指定するためのもので
す。nameでテーブル名を指定します。実は、これは省略してもかまいません。その場
合はクラス名がそのままテーブル名として使われます。

　「**使用するテーブルをこうやって設定できる**」ということを示すために今回はあえて記
述してあります。

@Id

これは、プライマリキーとなるものを指定するためのものです。エンティティクラスを定義する際には、必ず用意しておくようにしましょう。

@GeneratedValue(strategy = GenerationType.AUTO)

プライマリキーのフィールドに用意されていますね。これは値を自動生成するためのものです。

strategyではキーの生成方法を指定します。これはGenerationTypeという列挙型の値で指定をします。ここでは「**AUTO**」を指定していますが、これにより自動的に値を割り振るようになります。

@Column

そのフィールドに割り当てられるコラム名を指定するものです。これも省略可能です。省略した場合には、フィールド名がそのままコラム名として使われます。

このアノテーションには、フィールドに関するいくつかの引数が用意できます。ここでは以下のようなものを使っています。

name	コラム名を指定します(ここでは省略しています)。
length	最大の長さ(Stringでは文字数)を指定するものです。
nullable	null(未入力)を許可するかどうかを指定します。

ざっと見ればわかるように、@Entityや@Idは必須の項目であり、@Tableや@Columnは、例えば既にあるテーブルにエンティティを割り当てるような場合に使うものと考えるとよいでしょう。ここでは基本のアノテーションとして一応用意しておきましたが、省略してもかまいません。

これでエンティティの部分はできました。続いて、これを利用するための機能を作成します。といっても、いきなりコントローラーにエンティティ利用の処理を書くわけではありません。Springでは、続いて「**データベースアクセスを行うためのクラス**」を用意することになります。

リポジトリについて

エンティティは、テーブルに保管されるデータをJava内でオブジェクトとして扱えるようにするためのクラスであり、これだけでデータベースアクセスが完成するわけではありません。別途、データベースアクセスに必要な処理をいろいろと用意する必要があります。

これには、さまざまなアプローチがあります。まず最初に、Springを利用するメリットが最大限感じられる「**リポジトリ**」というものを使った方法から説明していきましょう。その後、データベースアクセスの基底となる「**EntityManager**」というクラスを使って、より高度な検索などを行う方法について説明していくことにします。

リポジトリとは？

「**リポジトリ**」は、データベースアクセスのための基本的な手段を提供するためのものです。これは通常、インターフェースとして用意されます。というと、「**じゃあそれをimplementsした実装クラスを定義して、その中でデータベースアクセスの処理を書いていくんだな**」と思うかもしれませんが、違います。クラスは実装しないし、処理も書かないのです。

リポジトリは、汎用的なデータベースアクセスの処理を自動的に生成し実装します。このため、ほとんどコードを書くことなくデータベースアクセスが行えるようになるのです。と言葉で説明しても「**コードを書かずにデータベースにアクセス？　どういうことだ？**」とうまく理解しにくいかもしれませんね。

これは、説明するより、実際にやってみたほうが早いでしょう。とにかく、使ってみましょう。そうすればすぐにリポジトリがどんなものかわかりますから。

リポジトリ用パッケージを用意する

まず最初に、リポジトリクラスを配置するためのパッケージを用意しましょう。STSとVSCの場合は専用の機能が使えます。

STSの場合

パッケージ・エクスプローラーからプロジェクトの「**src/main/java**」フォルダーを選択し、「**ファイル**」メニューの「**新規**」内にある「**パッケージ**」メニューを選びます。これでパッケージ作成のダイアログウィンドウが現れるので、以下のように設定をします。

ソースフォルダー	ソースファイルの置かれているフォルダーを指定します。デフォルトでは「SampleBootApp1/src/main/java」と設定されており、このままでOKです。
名前	パッケージの名前を指定します。ここでは「com.example.sample1app.repositories」と入力します。
package-info.javaを作成する	パッケージ情報を生成したファイルを作成するためのものです。これはOFFのままでいいでしょう。

これで「**完了**」ボタンを押せば、com.example.sample1app.repositoriesというパッケージが作成されます。

図4-4：パッケージ作成のダイアログでcom.example.sample1app.repositoriesパッケージを作成する。

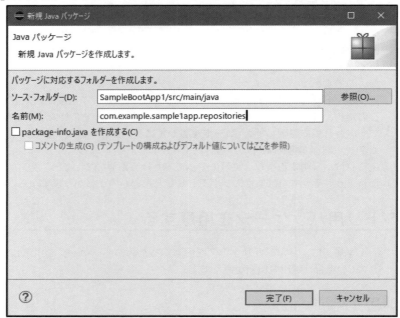

VSC の場合

　エクスプローラーの「**JAVA PROJECTS**」から、「**com.example.sample1app**」パッケージを右クリックし、「**New Package**」メニューを選びます。そして上部に現れるコマンドパレットのフィールドに「**com.example.sample1app.repositories**」と入力し、Enterします。これでパッケージが作成されます。

図4-5：「New Package」メニューを選び、コマンドパレットのフィールドにパッケージ名を入力する。

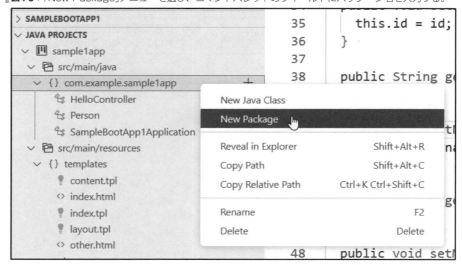

```
実 com.example.sample1app.repositories
   'Enter' を押して入力を確認するか 'Escape' を押して取り消します
```

その他の環境の場合

それ以外の環境の場合は、HelloController.javaファイルがある場所（「**sample1app**」フォルダー）内に「**repositories**」というフォルダーを作成してください。

リポジトリクラスPersonRepositoryを作成する

では、リポジトリクラスを作成しましょう。といっても、実は作るのはインターフェースです。今回は「**PersonRepository**」という名前で作成することにしましょう。

STS の場合

パッケージ・エクスプローラーから「**com.example.springboot.repositories**」パッケージを選択し、「**ファイル**」メニューの「**新規**」内から「**インターフェース**」を選びます。現れたダイアログウィンドウで以下のように設定してください。

ソース・フォルダー	SampleBootApp1/src/main/java
パッケージ	com.example.sample1app.repositories
エンクロージング型	OFFのまま
名前	PersonRepository
修飾子	publicのみ選択
拡張インターフェース	空白のまま
コメントの生成	OFFのまま

図4-6：新規インターフェース作成のダイアログでPersonRepositoryインターフェースを作成する。

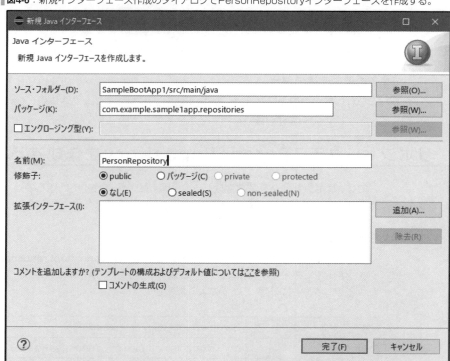

VSC の場合

エクスプローラーの「**JAVA PROJECTS**」から、作成したcom.example.sample1app.repositoriesパッケージの「**＋**」をクリックし、現れたコマンドパレットのフィールドに「**PersonRepository**」と入力してEnterします。

図4-7：repositoriesパッケージの「＋」をクリックし、フィールドに「PersonRepository」と入力する。

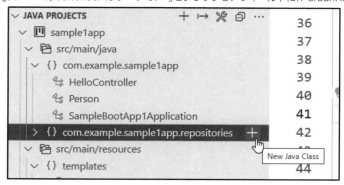

その他の環境の場合

先ほど作成した「**repositories**」フォルダーの中に「**PersonRepository.java**」という名前でソースコードファイルを用意してください。

PersonRepository インターフェースのコードを作成する

先 ほ ど のcom.example.springboot.repositoriesパッケージ内に「**PersonRepository. java**」というソースコードファイルが用意されました。ではファイルを開き、ソースコードを作成しましょう。

リスト4-2

```
package com.example.sample1app.repositories;

import org.springframework.data.jpa.repository.JpaRepository;
import org.springframework.stereotype.Repository;

import com.example.sample1app.Person;

@Repository
public interface PersonRepository  extends JpaRepository<Person, Long> {

}
```

インターフェース自体は、JpaRepository<Person, Long>というクラスを継承しています。この、「**JpaRepository**」というクラス(正確にはインターフェース)は、新たにリポジトリを作成する際のベースとなるものです。すべてのリポジトリは、このJpaRepositoryを継承して作成されます。

このPersonRepositoryインターフェースの中には、まだ何もメソッドは定義されていません。空っぽの状態ですが、とりあえずはこれでOKです。

@Repository アノテーション

このPersonRepositoryでは、JpaRepositoryを継承する他にも重要なポイントがあります。それは、@Repositoryアノテーションです。

この@Repositoryアノテーションは、このクラスがデータアクセスのためのものであることを示します。@Controllerアノテーションなどと同様に、そのクラスがどういう役割をはたすものかを示すアノテーションです。リポジトリのようにデータベースにアクセスするためのクラスには、この@Repositoryアノテーションをつけておきます。

リポジトリを利用する

では、リポジトリを利用してみましょう。まずは、コントローラーから作成しましょう。前章まで使ってきたHelloControllerを今回も再利用します。ファイルを開き、以下のように書き換えてください。

リスト4-3

```
package com.example.sample1app;

import org.springframework.beans.factory.annotation.Autowired;
import org.springframework.stereotype.Controller;
import org.springframework.web.bind.annotation.RequestMapping;
import org.springframework.web.servlet.ModelAndView;

import com.example.sample1app.repositories.PersonRepository;

@Controller
public class HelloController {

  @Autowired
  PersonRepository repository;

  @RequestMapping("/")
  public ModelAndView index(ModelAndView mav) {
    mav.setViewName("index");
    mav.addObject("title", "Hello page");
    mav.addObject("msg","this is JPA sample data.");
    Iterable<Person> list = repository.findAll();
    mav.addObject("data",list);
    return mav;
  }

}
```

リポジトリのメソッドをチェックする

　では、作成したコントローラーで、エンティティの一覧表示および保存の部分がどうなっているか、コードのポイントをチェックしていきましょう。

リポジトリの関連付け

```
@Autowired
PersonRepository repository;
```

　最初に@Autowiredアノテーションを使ってPersonRepositoryインスタンスをフィールドに関連付けています。この@Autowiredというアノテーションは、アプリケーションに用意されているBeanオブジェクト（Spring MVCによって自動的にインスタンスが作成され、アプリケーション内で利用可能になったもの）に関連付けを行うためのものです。これにより、PersonRepositoryのインスタンスが自動的にrepositoryフィールドに設定されます。

　「あれ？ PersonRepository ってインターフェースのはずでは」と思った人。その通り。

ですが、ちゃんとインスタンスが設定されています。Springによりインターフェースに必要な処理が組み込まれた無名クラスのインスタンスが作成され、それが設定されるようになっているのです。

Beanが登録されるまでの流れ

Spring Frameworkでは、あらかじめクラスをBeanとして登録しておき、そのBeanをインスタンスフィールドに自動的に関連付ける（つまり、代入する）ことで利用できるようにする、という処理をよく行います。リポジトリの場合、以下のような手順でBeanが登録されます。

1. アプリケーション起動時に、@Repositoryを付けられたインターフェースを検索し、自動的にその実装クラスが作成され、更にそのインスタンスがアプリケーションにBeanとして登録されます。

2. コントローラーなどのクラスがロードされる際、@Autowiredが指定されているフィールドがあると、登録済みのBeanから同じクラスのものを検索し、自動的にそのフィールドにインスタンスを割り当てます。

このような仕組みでフィールドに必要なリポジトリのインスタンスが割り当てられ、使えるようになるのです。

ここで、「**なぜ、Springは、特定のクラスを自動的にBeanとして登録するのか、それはどうやって識別しているのか？**」と疑問を感じる人も多いでしょう。実は、Springに用意されている各種のアノテーション（@Repositoryなど）によって、「**このクラスのインスタンスをBeanとして登録する**」ということを認識していたのですね。

したがって、私たちが行うべき作業は「**@Repositoryを指定したインターフェースを用意すること**」「**@Autowiredを指定したリポジトリインターフェースのフィールドを用意すること**」だけです。具体的な処理の実装は一切不要なのです。

Springに用意されているあらゆる機能は、「**必要な機能をBeanとして用意し、それを自動的にフィールドなどに割りつける**」という仕組みを利用して作られています。「**いかにBeanをうまく活用するか**」が、Springを理解する上でもっとも重要なポイントなのだ、といってよいでしょう。

findAll メソッドについて

では、ここで利用しているリポジトリの機能を見てみましょう。ここではrepositoryの「**findAll**」というメソッドを使っています。以下の文ですね。

```
Iterable<Person> list = repository.findAll();
```

PersonRepositoryには、findAllなんてメソッドは定義されていませんでした。これは、継承元であるJpaRepositoryに用意されているメソッドです。これにより、エンティティがすべて自動的に取り出されたのです。

「**JpaRepositoryにfindAllというメソッドがあるのはわかった。けれど、このJpaRepositoryでは、Personというクラスがエンティティだってことは知らないはずだ**」

そう思った人。確かにその通りですが、このPersonRepositoryの定義をもう一度よく思い出してみましょう。

```
public interface PersonRepository  extends JpaRepository<Person, Long> {……}
```

総称型でPersonとLongが指定されていますね。これにより、対象となるエンティティクラスがPersonであり、プライマリキーとなるのがLong型の値であることが指定されていたのです。

テンプレートを用意する

では、画面にデータを表示するテンプレートを作成しましょう。今回もindex.htmlを再利用することにしましょう。以下のようにソースコードの<body>部分を書き換えてください。

リスト4-4
```
<body class="container">
  <h1 class="display-4 mb-4" th:text="${title}"></h1>
  <p th:text="${msg}"></p>
  <pre th:text="${data}"></pre>
</body>
```

図4-8：アクセスするとデータを表示する。まだ何もないので、空の配列だけが表示される。

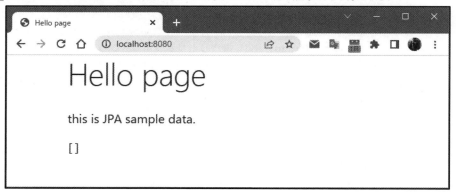

完成したら、ページにアクセスしてみましょう。保管されているPersonがグレーの四角い枠内に表示されます。といっても、まだ何もデータは保管されていないので、単に空の配列が[]とだけ表示されているでしょう。

とりあえず、処理が正常に動いていることだけは確認できました。後は、実際にPersonのレコードを作っていくだけです。

4-2 CRUDを作成する

フォームでデータを保存する

データベースアクセスは、単に全データを取り出せればOKというわけにはいきません。データを新たに保存したり、既にあるデータを更新したり削除する処理も必要です。これらは一般に「**CRUD**」と呼ばれます。「**Create**」「**Read**」「**Update**」「**Delete**」のイニシャルをつないでこう呼ばれるのですね。こうしたデータベースの基本的な操作について考えていきましょう。

まずは、データの保存からです。テンプレートにフォームを用意し、これを送信してPersonのエンティティを作って保存する、といった処理を考えてみることにしましょう。
ではテンプレートを修正しましょう。index.htmlの<body>部分を以下のように書き換えてください。

リスト4-5

```
<body class="container">
  <h1 class="display-4 mb-4" th:text="${title}"></h1>
  <p th:text="${msg}"></p>

  <form method="post" action="/" th:object="${formModel}">
    <div class="mb-3">
      <label for="name" class="form-label">Name</label>
      <input type="text" class="form-control"
          name="name" th:value="*{name}" />
    </div>
    <div class="mb-3">
      <label for="name" class="form-label">Mail</label>
      <input type="text" class="form-control"
          name="mail"  th:value="*{mail}" />
    </div>
    <div class="mb-3">
      <label for="name" class="form-label">Age</label>
      <input type="number" class="form-control"
          name="age"   th:value="*{age}" />
    </div>
    <div class="mb-3">
      <label for="memo" class="form-label">Memo</label>
      <textarea class="form-control"
          name="memo"  th:text="*{memo}"></textarea>
    </div>
```

```
        <input type="submit"  class="btn btn-primary"value="Create"/>
    </form>

    <table class="table">
      <thead>
        <tr><th>ID</th><th>Name</th><th>Mail</th><th>Age</th></tr>
      </thead>
      <tbody>
        <tr th:each="item : ${data}">
          <td th:text="${item.id}"></td>
          <td th:text="${item.name}"></td>
          <td th:text="${item.mail}"></td>
          <td th:text="${item.age}"></td>
        </tr>
      </tbody>
    </table>
</body>
```

　今回は、フォームを用意し、これにフォーム用のオブジェクトとしてformModelを用意して適用するようにしてあります。<form>タグを見ると、このようになっています。

```
<form method="post" action="/" th:object="${formModel}">
```

　後は、その中の<input>文にth:valueでformModelの値を代入しています。こうすることで、formModelに初期値などを設定し、それをフォームにあらかじめ設定しておくことができるようになります。
　また、その下には、datalistのデータをテーブルに一覧表示する処理も用意しておきました。<table>内に、このような形で繰り返し処理が用意されています。

```
<tr th:each="item : ${data}">
```

　これで、datalistから順にオブジェクトを取り出し変数objに設定していくのです。後は、<td>タグにth:textを用意して、その中のidやnameを出力させるだけです。

コントローラーを修正する

　では、コントローラーを修正しましょう。HelloController.javaを以下のように書き換えてください。

リスト4-6

```
package com.example.sample1app;

import java.util.List;
```

```
import org.springframework.beans.factory.annotation.Autowired;
import org.springframework.stereotype.Controller;
import org.springframework.web.bind.annotation.ModelAttribute;
import org.springframework.web.bind.annotation.RequestMapping;
import org.springframework.web.bind.annotation.RequestMethod;
import org.springframework.web.servlet.ModelAndView;

import com.example.sample1app.repositories.PersonRepository;

import jakarta.transaction.Transactional;

@Controller
public class HelloController {

  @Autowired
  PersonRepository repository;

  @RequestMapping("/")
  public ModelAndView index(
      @ModelAttribute("formModel") Person Person,
      ModelAndView mav) {
    mav.setViewName("index");
    mav.addObject("title", "Hello page");
    mav.addObject("msg","this is JPA sample data.");
    List<Person> list = repository.findAll();
    mav.addObject("data",list);
    return mav;
  }

  @RequestMapping(value = "/", method = RequestMethod.POST)
  @Transactional
  public ModelAndView form(
      @ModelAttribute("formModel") Person Person,
      ModelAndView mav) {
    repository.saveAndFlush(Person);
    return new ModelAndView("redirect:/");
  }
}
```

図4-9：フォームにテキストを記入して送信すると、データが追加され、下のテーブルに表示されるようになる。

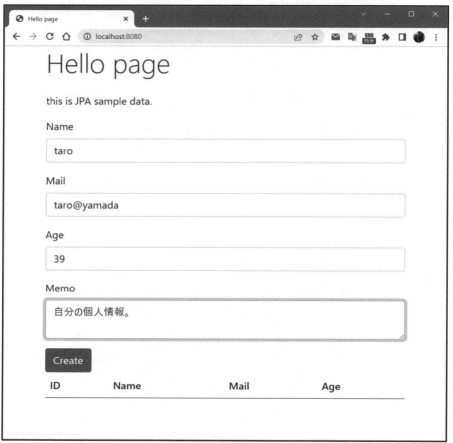

　完成したら、ページにアクセスしてみましょう。フォームが表示されるので、そこにテキストを記入して送信してみてください。送ったフォームの内容がデータベースに保管され、フォームの下のテーブルに表示されるようになります。

@ModelAttributeとデータの保存

ここでは、ページにアクセスしたときと、フォーム送信したときのそれぞれの処理を行うメソッドとしてindexとformの2つのリクエストハンドラを用意してあります。これらをよく見ると、見慣れないアノテーションがいくつか追加されています。これが、今回のポイントです。

▌@ModelAttribute アノテーション

それぞれのメソッドにはPersonインスタンスが引数として指定されていますが、これには「**@ModelAttribute**」というアノテーションが付けられています。これは、エンティティクラスのインスタンスを自動的に用意するのに用いられます。引数には、インスタンスの名前を指定します。これはそのまま送信フォームにth:objectで指定する値になります。

GETアクセスの際のindexメソッドでは、Personの引数にはnewされたインスタンスが作成されて割り当てられます。したがって、Person内の値などはすべて初期状態（空のテキストやゼロ）のままです。

POSTアクセスで呼ばれるformメソッドでは、送信されたフォームの値が自動的にPersonインスタンスにまとめられて渡されます。これをそのまま保存すればいいのです。@ModelAttributeを利用することで、これだけシンプルに送信データを保存できるようになります。

なお、ここでは@ModelAttributeアノテーションを使っていますが、これを使わなければいけないというわけではありません。普通にnew Personでインスタンスを作り、送られてきた値を1つ1つインスタンスに設定しても構わないのです。ただ、それは面倒だから、@ModelAttributeを使えば自動的にインスタンスを用意しておいてくれますよ、ということなのです。

▌メソッドを指定した @RequestMapping

POST送信された際の処理を行うformメソッドでは、@RequestMappingの記述が少し増えていますね。

```
@RequestMapping(value = "/", method = RequestMethod.POST)
```

valueとmethodという引数が用意されています。valueというのは、これまで@RequestMapping("/")というように引数に指定していたパスを示す値です。そしてmethodは、このメソッドが受け付けるHTTPメソッドを示します。

HTTPでは、アクセスの方式をいくつか持っています。一般的なWebブラウザなどからのアクセスは、すべて「**GET**」というメソッドを使って行われます。フォームの送信は、一般に「**POST**」というメソッドを使います（<form>タグに「**method="post"**」と属性を指定してあるのを思い出してください）。

このように、GET以外のメソッドを受け付ける場合、methodで値を指定します。この値は、RequestMethodという列挙型を使って行います。

SaveAndFlush による保存

　では、用意されたエンティティはどのようにして保存されるのでしょうか。これは、以下の文で行っています。

```
repository.saveAndFlush(Person);
```

　JpaRepositoryに用意されている「**saveAndFlush**」というメソッドは、引数のエンティティを永続化します。データベースを利用している場合は、データベースにそのまま保存されます。非常に単純ですね。

@Transactionalとトランザクション

　ただし、データの保存を行うためには、もう1つ忘れてはならないポイントがあります。それは、メソッドについている以下のアノテーションです。

```
@Transactional
```

　この@Transactionalアノテーションは、「**トランザクション**」という機能のためのものです。トランザクションは、データベースを利用する一連の処理を一括して実行するための仕組みです。これをメソッドにつけることで、メソッド内で実行されるデータベースアクセスは一括して実行されるようになります。

　トランザクションしなかった場合、複数のデータアクセス処理を実行した場合、その途中で他からデータベースがアクセスされることもあるでしょう。特にデータの書き換えを行うような処理の場合、途中で外部からアクセスされデータの構造や内容が書き換わったりすると、データの整合性に問題が発生してしまうことがあります。そうしたトラブルを予防するためにトランザクションは利用されます。

　データベースの変更を伴うような操作を行うときは、@Transactionalをつけるのが基本、と考えてください。

データの初期化処理

　実際にサンプルをいろいろと試してみるとわかりますが、保存したデータは、アプリケーションを終了し、再度起動すると消えてしまっています。　HyperSQL/H2はデフォルトでメモリ内にデータをキャッシュしています。したがって、終了するとデータはすべて消えてしまうのです。

　学習用には、これはとても便利なのですが、毎回リスタートする度にダミーのデータを作成しなければいけません。これはちょっと面倒なので、コントローラーにデータのダミーを作成する初期化処理を追加しておきましょう。

　HelloControllerクラスに、以下のメソッドを追加してください。

リスト4-7

```
// import javax.annotation.PostConstruct; 追記する
```

```
@PostConstruct
public void init(){
    // 1つ目のダミーデータ作成
    Person p1 = new Person();
    p1.setName("taro");
    p1.setAge(39);
    p1.setMail("taro@yamada");
    repository.saveAndFlush(p1);
    // 2つ目のダミーデータ作成
    Person p2 = new Person();
    p2.setName("hanako");
    p2.setAge(28);
    p2.setMail("hanako@flower");
    repository.saveAndFlush(p2);
    // 3つ目のダミーデータ作成
    Person p3 = new Person();
    p3.setName("sachiko");
    p3.setAge(17);
    p3.setMail("sachico@happy");
    repository.saveAndFlush(p3);
}
```

　これは、3つのPersonインスタンスを作成して保存する初期化処理です。データの内容はそれぞれ自由に変更してかまいません。

　ここでは、メソッドに「**@PostConstruct**」というアノテーションが付けられています。これはコンストラクタによりインスタンスが生成された後に呼び出されるメソッドであることを示すものです。このアノテーションが付けられていれば、メソッド名はなんでもかまいません。

　コントローラーは、最初に一度だけインスタンスが作成され、以後はそのインスタンスが保持されます。ですから、ここにダミーデータの作成を用意しておけば、アプリケーション実行時に必ず1度だけ実行され、データが準備されるようになります。

図4-10：起動すると、最初からダミーデータが表示されるようになった。

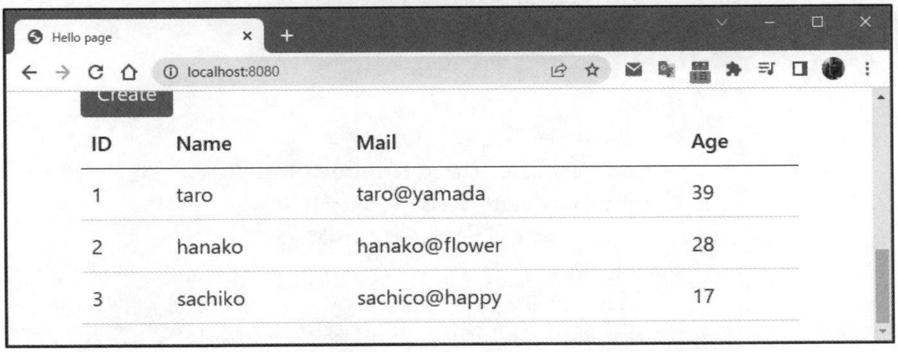

Personの更新

　続いて、既に保存してあるデータの更新です。これは、データの保存と似ていますが、実際の処理は少し違ってきます。まず、既に保管されているデータを取り出す方法を考えないといけませんし、その内容を更新するのはどうするのかも理解しないといけません。

　先にサンプルを作ってしまいましょう。今回は、新しくテンプレートを用意します。

　Mavenコマンドで開発している場合は、「**templates**」フォルダーに「**edit.html**」というテキストファイルを用意してください。既にファイルの作成方法はわかっていると思いますので、それぞれの環境ごとにファイルを用意してください。

▍edit.html を編集する

　作成されたファイル「**edit.html**」を開き、ソースコードを編集しましょう。以下のように書き換えてください。

リスト4-8

```html
<!DOCTYPE HTML>
<html>
<head>
  <title th:text="${title}"></title>
  <meta http-equiv="Content-Type"
    content="text/html; charset=UTF-8" />
  <link href="https://cdn.jsdelivr.net/npm/bootstrap@5.0.2/dist/css/bootstrap.min.css"
    rel="stylesheet">
</head>

<body class="container">
  <h1 class="display-4 mb-4" th:text="${title}"></h1>
  <p th:text="${msg}"></p>

  <form method="post" action="/edit" th:object="${formModel}">
    <input type="hidden" name="id" th:value="*{id}" />
    <div class="mb-3">
      <label for="name" class="form-label">Name</label>
      <input type="text" class="form-control"
          name="name" th:value="*{name}" />
    </div>
    <div class="mb-3">
      <label for="name" class="form-label">Mail</label>
      <input type="text" class="form-control"
          name="mail"  th:value="*{mail}" />
    </div>
    <div class="mb-3">
      <label for="name" class="form-label">Age</label>
```

```
      <input type="number" class="form-control"
          name="age"  th:value="*{age}" />
    </div>
    <div class="mb-3">
      <label for="memo" class="form-label">Memo</label>
      <textarea class="form-control"
          name="memo"  th:text="*{memo}"></textarea>
    </div>
    <input type="submit"  class="btn btn-primary"value="Update"/>
  </form>
</body>

</html>
```

　基本的には、index.htmlに用意したフォームをそのままコピー＆ペーストしたような画面になっています。ただし1つだけ違いがあります。以下の非表示フィールドのタグが追加されている点です。

```
<input type="hidden" name="id" th:value="*{id}" />
```

　<form>にはth:object="${formModel}"が指定されており、formModelに設定されたインスタンスを元に値が設定されるようになっています。このformModelに、編集するエンティティが設定されていれば、そのIDが非表示フィールドに格納されます。

PersonRepositoryに追加する

　次に行うのは、「**IDでエンティティを検索し取り出す処理**」の実装です。これはリポジトリを使います。PersonRepositoryインターフェースを開き、以下のように書き換えましょう。

リスト4-9
```
package com.example.sample1app.repositories;

import java.util.Optional;

import org.springframework.data.jpa.repository.JpaRepository;
import org.springframework.stereotype.Repository;

import com.example.sample1app.Person;

@Repository
public interface PersonRepository
    extends JpaRepository<Person, Long> {
  public Optional<Person> findById(Long name); //☆
```

```
}
```

わかりますか？ 空だったインターフェースに、「**findById**」というメソッドを追記しただけです（☆部分）。この「**findById**」が、ID番号を引数にしてPersonインスタンスを取り出すメソッドです。

ただし、ここでは戻り値に「**Optional**」というクラスを指定しています。このため、import java.util.Optional;も追記しておく必要があります。

Column Optionalとは？

このOptionalというのは、Java8から登場したクラスです。これは「**nullかもしれないオブジェクトをラップするためのクラス**」です。

findByIdはIDを指定してPersonを取得するメソッドですが、指定したIDの値が存在しないかもしれません。その場合はnullになります。が、Optionalを使うことで、結果は必ずOptionalインスタンスとして得られるようになります。nullにはならなくなるのです。取得した値がnullかもしれない場合、nullだった場合の処理などを考えないといけませんが、Optionalを利用することでそのあたりの処理を簡略化できるのです。

このOptionalから「**get**」というメソッドを呼び出せば、ラップしたインスタンスを取り出すことができます。

リクエストハンドラの作成

では、/edit用のリクエストハンドラを作成しましょう。今回は、GETアクセス用にeditメソッド、POSTアクセス用にupdateメソッドを用意します。HelloControllerクラス内に、以下の2つのメソッドを追記してください。

リスト4-10

```java
// 以下のimportを追記
// import java.util.Optional;
// import org.springframework.web.bind.annotation.PathVariable;

@RequestMapping(value = "/edit/{id}", method = RequestMethod.GET)
public ModelAndView edit(@ModelAttribute Person Person,
    @PathVariable int id,ModelAndView mav) {
  mav.setViewName("edit");
  mav.addObject("title","edit Person.");
  Optional<Person> data = repository.findById((long)id);
  mav.addObject("formModel",data.get());
  return mav;
}

@RequestMapping(value = "/edit", method = RequestMethod.POST)
@Transactional
public ModelAndView update(@ModelAttribute Person Person,
```

```
    ModelAndView mav) {
  repository.saveAndFlush(Person);
  return new ModelAndView("redirect:/");
}
```

図4-11：/edit/1でアクセスすると、IDが1のデータがフォームに表示される。これを書き換えて送信すると、そのデータが更新される。

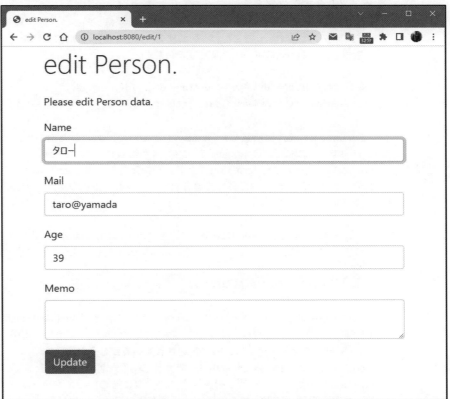

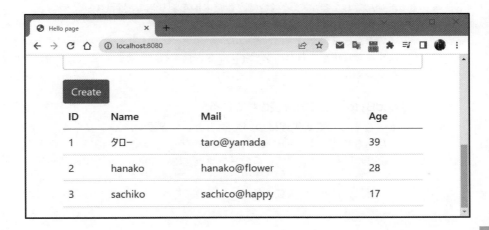

これで作業は完了です。今回は、/editにアクセスしますが、このときに編集するエンティティのID番号をつけてアクセスをします。例えば、/edit/1とすれば、IDが1のエンティティのデータがフォームに設定されて表示されます。

そのままフォームの値を書き換えて送信すれば、指定のIDのレコードが更新されます。トップページにリダイレクトされるので、変更されたか確認しましょう。

メソッドをチェックする

では、行っている処理を見てみましょう。まずは、GETアクセス時に呼び出されるeditメソッドからです。ここでは、クエリテキストで送られたID番号を元にエンティティを取得し、それをaddObjectで保管しています。

```
Optional<Person> data = repository.findById((long)id);
mav.addObject("formModel",data.get());
```

PersonRepositoryに用意した「**findById**」を使って、渡されたIDのエンティティを検索しています。これで、Optionalインスタンスが得られるので、そのgetを使い、実際に得られたエンティティを"formModel"と名前を指定してaddObjectします。これで、このエンティティの内容がそのまま値を渡されたテンプレートのフォームで表示されるようになります。

フォームは、そのまま/editにPOST送信され、今度はupdateメソッドが呼び出されます。ここで、送られたフォームのデータを元にエンティティの保存を行います。

```
repository.saveAndFlush(Person);
```

見ればわかるように、新たにデータを保存するのと同じ「**saveAndFlush**」で更新を行っています。データの保存は、すべてこのメソッドでOKなのです。新規保存と更新の違いは、「**引数のエンティティに、IDが指定されているかどうか**」です。

edit.htmlでは、formModelのIDが非表示フィールドに保管されていました。saveAndFlushでエンティティを保存する際、既にそのIDのエンティティが存在すると、その内容を更新して保存するのです。新規作成のフォームには、IDのフィールドはありませんでしたね？ この場合は、新たにIDを割り当てて新しいエンティティとして保存されるのです。

つまり、プログラマは、そのエンティティと同じIDのものが既にあるかどうかなど考えず、ただ用意されたエンティティを保存すれば、必要に応じて新規保存したり更新したりしてくれるんですね。

findById はどこで実装されている？

すらすらと更新処理について説明をしてきましたが、よく考えると一つだけ、腑に落ちない点があるのに気づいたでしょうか。それは、IDでエンティティを検索する「**findById**」メソッドです。このメソッド、PersonRepositoryインターフェースにメソッドの宣言を書いただけで、実際に行うべき処理は何も書いていないのです！

なぜ、メソッドが実装されていないのにちゃんと動いているのか？ それこそが、リポ

ジトリの最大の利点です。リポジトリは、メソッドの名前を元にエンティティ検索の処理を自動生成するようになっているのです。

　例えば、今回の「**findById**」メソッドは、「**find by id**」という単語が1つにつながったものです。これにより、引数の値をIDに持つエンティティを検索する処理が自動生成されて使えるようになっていたのです。

　この仕組みについては後ほど改めて説明しますが、そんなわけで「**リポジトリは、メソッドの宣言を書くだけで具体的な処理を書く必要がない**」という点はしっかりと覚えておきましょう。処理を書かなくとも、メソッド名さえ正しい形式で書いてあれば処理は自動的に作られるのです。

エンティティの削除

　最後に、エンティティの削除についてです。削除は、単純に指定のIDなどをクエリテキストで送ってそのまま消してしまうような実装もできますが、削除するデータの内容を確認するなどの処理を考えると、エンティティの更新と同じやり方をするのがよいでしょう。

　すなわち、まずクエリテキストなどを使ってIDを指定してアクセスすると、そのエンティティの内容が表示される。そこで削除のボタンを押すとそのエンティティが削除される、という形になります。

テンプレートの作成

　では、これもテンプレートから作成していきましょう。「**templates**」フォルダー内に「**delete.html**」という名前でテキストファイルを作成してください。

　ファイルが用意できたら、これを開いてソースコードを記述しましょう。以下のように記入ください。

リスト4-11
```html
<!DOCTYPE HTML>
<html>
<head>
  <title th:text="${title}"></title>
  <meta http-equiv="Content-Type"
    content="text/html; charset=UTF-8" />
  <link href="https://cdn.jsdelivr.net/npm/bootstrap@5.0.2/dist/css/bootstrap.min.css"
      rel="stylesheet">
</head>

<body class="container">
  <h1 class="display-4 mb-4" th:text="${title}"></h1>
  <p th:text="${msg}"></p>

  <form method="post" action="/delete" th:object="${formModel}">
    <input type="hidden" name="id" th:value="*{id}" />
```

```
    <ul>
      <li>名前：    <span th:text="*{name}"></span></li>
      <li>メール：   <span th:text="*{mail}"></span></li>
      <li>年齢：    <span th:text="*{age}"></span></li>
    </ul>
    <input type="submit"  class="btn btn-primary" value="Delete" />
  </form>
</body>

</html>
```

　ここでは、<form>タグでフォームを用意していますが、実際に用意されているコントロール類は<input type="hidden" name="id" th:value="*{id}" />の一行だけです。それ以外はコントロールではなく、値をそのまま出力させているだけです。

リクエストハンドラの作成

　続いて、コントローラーを作成しましょう。今回は、/deleteにGETアクセスした際のdeleteメソッドと、POSTアクセスを処理するremoveメソッドの2つを用意します。HelloControllerクラスに、以下のようにメソッドを追記してください。

リスト4-12

```
// import org.springframework.web.bind.annotation.RequestParam;   追加

@RequestMapping(value = "/delete/{id}", method = RequestMethod.GET)
public ModelAndView delete(@PathVariable int id,
    ModelAndView mav) {
  mav.setViewName("delete");
  mav.addObject("title","Delete Person.");
  mav.addObject("msg","Can I delete this record?");
  Optional<Person> data = repository.findById((long)id);
  mav.addObject("formModel",data.get());
  return mav;
}

@RequestMapping(value = "/delete", method = RequestMethod.POST)
@Transactional
public ModelAndView remove(@RequestParam long id,
    ModelAndView mav) {
  repository.deleteById(id);
  return new ModelAndView("redirect:/");
}
```

図4-12：ID番号を指定してアクセスすると、そのエンティティの内容が表示される。これで内容を確認をして送信すると削除する。

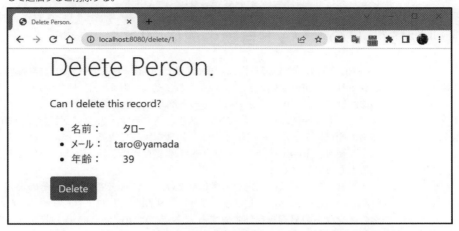

　完成したら、アクセスして動作を確かめてみましょう。今回も、更新処理と同様にID番号をつけて/deleteにアクセスをします。例えば、/delete/1とすれば、IDが1のエンティティを削除します。

　アクセスすると、指定したIDのデータが表示されるので、ここで内容を確認し、「**Delete**」ボタンを押せばそのデータが削除されます。

エンティティの削除

　ここでは、deleteメソッドで指定IDのエンティティをfindByIdで検索し、テンプレートで表示させています。そしてPOST送信されたremoveメソッドで、送られたIDの値を元にエンティティの削除を行っています。

```
repository.deleteById(id);
```

　これが、削除をしている文です。「**deleteById**」メソッドは、引数に渡されたIDのエンティティを削除するものです。IDの他、エンティティのインスタンスを引数に渡して削除することもできます。

　このdeleteも、データベースの変更を伴うので、メソッドには@Transactionalアノテーションを付けておくのを忘れないようにしましょう。

リポジトリのメソッド自動生成について

　CRUDの基本的な処理を作成しましたが、ポイントはデータの保存や削除よりも、「**リポジトリのfindById実装**」にあるかもしれません。リポジトリによるメソッドの自動生成のおかげで、エンティティ取得がぐっと簡単になったのですから。

　リポジトリを使えば、データベースを利用するためのメソッドを自分で作らなくとも非常に簡単にデータベースアクセスの処理を実装できることがよくわかるでしょう。しかし、結局、findByIdというメソッドはどこで実装されているのか？と不思議に思っている人も多いことでしょう。

　インターフェースに宣言を用意しただけで、ここまでまったくその実装がされていません。それなのに動いてしまうのです。不思議かもしれませんが、「**メソッド名を元に、そのメソッドの処理を自動生成する**」というのがJpaRepositoryの機能なのです。あえて「**どこで？**」というなら、アプリケーション実行時に、定義されたリポジトリのインターフェースの実装クラスが無名クラスとして生成され、そのインスタンスがアプリで使われている、ということになります。この自動生成機能こそが、JpaRepositoryの威力だ、といってよいでしょう。

自動生成可能なメソッド名

　なぜ、このようなことが可能なのか。それはJpaRepositoryに「**辞書によるコードの自動生成機能**」が組み込まれているからです。

　これは、データベースアクセスを行うメソッドでよく用いられる単語を辞書に持ち、それぞれの単語がどのような処理を行うのに用いられるかを推測してメソッドを自動生成する機能です。例えば、「**findById**」というメソッドは「**find by id**」の3つの単語に分けることができ、これは誰でも「**idというプロパティが指定の値のものを検索するものだろう**」と想像がつきます。findはエンティティを検索するメソッドで用いるものですし、byIdというのは「**idというコラムから検索をする**」ということが推測できますね。

```
findById(引数)
```
↓
```
"find" "by" "id" 引数
```
↓
```
"select * from テーブル where id = 引数" といったクエリを実行する処理
```

　このようにメソッド名から実行すべき処理を推測することはかなり機械的に処理することが可能です。

　データベースにアクセスする処理というのは、その基本的な処理は誰が作成してもほとんど同じです。ならば人間が毎回似たようなコードを書くよりもプログラムにデータベースアクセスの処理そのものを自動生成させてしまったほうがいいだろう、と考えたのでしょう。

後述しますが、Spring Data JPAのデータベースアクセスで利用しているJPAには、「**JPQL**」というSQLを簡易化したような言語機能が内蔵されています。このJPQLはSQLのような命令文のテキストを元にデータベースにアクセスすることができます。JpaRepositoryは、このJPQLによるクエリテキストを生成し実行している——そんなイメージで考えるとよいでしょう。

メソッド名で利用可能なもの

では、リポジトリのメソッド名では、どのような単語が理解できるのでしょうか。メソッド名として利用し解析できる主な単語を簡単にまとめておきましょう。なお、それぞれの単語で生成されるJPQLの文についても掲載しておきました。JPQLについては、後ほど改めて説明しますので、ここでは参考程度に考えてください。いずれJPQLの使い方がわかったところで、改めて確認するとよいでしょう。

And

2つの項目の値の両方に合致する要素を検索するような場合に用いられます。これを使って2つの項目名をつなぎ、それぞれの項目の値として引数を2つ用意すればいいでしょう。

■メソッド例

```
findBy○○And△△
```

■生成されるJPQL

```
from エンティティ where ○○ = ?1 and △△ = ?2
```

（※?1, ?2は何らかの値を示す）

Or

2つの項目の値のどちらか一方に合致する要素を検索するような場合に用いられます。2つの項目名をつなぎ、それぞれの項目の値として引数を2つ用意します。

■メソッド例

```
findBy○○Or△△
```

■生成されるJPQL

```
from エンティティ where ○○ = ?1 or △△ = ?2
```

Between

2つの引数で値を渡し、両者の間の値を検索するようなときに用いることができます。これにより指定の項目が一定範囲内の要素を検索します。

■メソッド例

```
findBy○○Between
```

■生成されるJPQL
```
from エンティティ where ○○ between ?1 and ?2
```

LessThan

数値の項目で、引数に指定した値より小さいものを検索します。

■メソッド例
```
findBy○○LessThan
```

■生成されるJPQL
```
from エンティティ where ○○ < ?1
```

GreaterThan

数値の項目で、引数に指定した値より大きいものを検索します。

■メソッド例
```
findBy○○GreaterThan
```

■生成されるJPQL
```
from エンティティ where ○○ > ?1
```

IsNull

指定の項目の値がnullのものを検索します。

■メソッド例
```
findBy○○IsNull
```

■生成されるJPQL
```
from エンティティ where ○○ is null
```

IsNotNull, NotNull

指定の項目の値がnullでないものを検索します。NotNullでもいいですし、IsNotNullでも理解できます。

■メソッド例
```
findBy○○NotNull    findBy○○IsNotNull
```

■生成されるJPQL
```
from エンティティ where ○○ not null
```

Like

テキストのあいまい(LIKE)検索用です。指定の項目から値をあいまい検索します。ただしワイルドカードの設定までは自動でやってくれないので、引数に渡す値に随時ワイルドカードをつけてやる必要があるでしょう。

■メソッド例
```
findBy○○Like
```

■生成されるJPQL
```
from エンティティ where ○○ like ?1
```

NotLike

あいまい検索で検索文字列を含まないものを検索します。やはりワイルドカードは引数に明示的に用意します。

■メソッド例
```
findBy○○NotLike
```

■生成されるJPQL
```
from エンティティ where ○○ not like ?1
```

OrderBy

並び順を指定するためのものです。通常の検索メソッド名の後につけるとよいでしょう。また項目名の後にAscやDescをつけることで昇順か降順かを指定できます。

■メソッド例
```
findBy○○OrderBy△△Asc
```

■生成されるJPQL
```
from エンティティ where ○○ = ?1 order by △△ Asc
```

Not

指定の項目が引数の値と等しくないものを検索します。

■メソッド例
```
findBy○○Not
```

■生成されるJPQL
```
from エンティティ where ○○ <> ?1
```

In

指定の項目の値が、引数のコレクションに用意された値のどれかと一致すれば検索します。

■メソッド例
```
findBy○○In(《Collection<○○>》)
```

■生成されるJPQL
```
from エンティティ where ○○ in ?1
```

NotIn

指定の項目の値が、引数のコレクションに用意されたどの値とも一致しないものを検索します。

■メソッド例
```
findBy○○NotIn(《Collection<○○>》)
```

■生成されるJPQL
```
from エンティティ where ○○ not in ?1
```

JpaRepositoryのメソッド実装例

では利用例として、実際にどのような形で検索ができるか、メソッドの宣言をいろいろと考えてみましょう。PersonRepositoryにいくつかメソッドを追加してみることにします。

リスト4-13
```java
package com.example.sample1app.repositories;

import java.util.List;
import java.util.Optional;

import org.springframework.data.jpa.repository.JpaRepository;
import org.springframework.stereotype.Repository;

import com.example.sample1app.Person;

@Repository
public interface PersonRepository
    extends JpaRepository<Person, Long> {
  public Optional<Person> findById(Long name);
  public List<Person> findByNameLike(String name);
  public List<Person> findByIdIsNotNullOrderByIdDesc();
  public List<Person> findByAgeGreaterThan(Integer age);
  public List<Person> findByAgeBetween(Integer age1, Integer age2);
}
```

findByIdは前からありますね。その後の4つが新たに追加されたものです。それぞれの働きがどのようになるか簡単に説明しましょう。

public List<Person> findByNameLike(String name);

nameであいまい検索をするためのものです。引数のテキストでは、"%" + str + "%"といった具合にワイルドカードを指定してやる必要があります。

▌ public List<Person> findByIdIsNotNullOrderByIdDesc();

これは全要素をIDの降順で取得するものです。findByIdIsNotNullでは、IDの値がnull
でないものを検索するという意味になります（IDはエンティティ保存時に自動的に割り
当てられますから、全エンティティが得られます）。

その後に、OrderByIdDescとつけることで、IDを基準に降順でエンティティを並べ替
えるようにしています。これは、例えばOrderByNameAscというようにすればnameで昇
順に並べ替えたりできます。

▌ public List<Person> findByAgeGreaterThan(Integer age);

ageは数値のプロパティです。これはageの値が引数に指定した値より大きいものを検
索します。GreaterThanをLessThanにすれば引数より小さいものを検索できます。

▌ public List<Person> findByAgeBetween(Integer age1, Integer age2);

ageの値が指定の範囲内のものを検索します。Betweenを使う場合、引数を2つ用意す
るのを忘れないようにしましょう。

メソッド生成を活用するためのポイント

実際にJpaRepositoryでメソッドを定義してみると、思ったように動いてくれない場合
もあるかもしれません。もっとも多いのは「**例外が発生して動かない**」というものでしょ
う。メソッドをうまく解析できないとメソッドの実装が正常に行われず、リポジトリ自
体が動かなくなります。そこでうまく動かないときのチェックポイントを整理しておき
ましょう。

▌ メソッド名はキャメル記法が基本

メソッド名は、検索条件に関する各要素の単語の最初の文字だけを大文字にしてひと
つなぎにする、いわゆる「**キャメル記法**」で書きます。この「**各単語の1文字目だけを大文
字にする**」という点を理解していないとエラーになります。例えば「**findByName**」という
名前を「**findbyName**」とすると例外が発生し、メソッドは生成されないのです。

▌ メソッド名の単語の並びをチェック！

メソッド名から自動的に生成されるとはいっても、実はけっこう単語の並び順などが
シビアです。例えば、findByIdIsNotNullOrderByIdDescというメソッドは問題ありませ
んが、findOrderByIdDescByIdIsNotNullとしてしまうとアプリケーション実行時に例外
が発生します。単語の並び順として、ざっと以下のようなルールを考えておくとよいで
しょう。

```
find[By○○][その他の検索条件][OrderByなど]
```

「**By○○**」といった対象となる項目の指定は一番最初にし、OrderByなど取得したエン
ティティの並べ替えなどは最後につけるようにします。

■引数の型を間違えない！

　　検索条件などで検索するための値を引数として引き渡すとき、その値の型と、エンティティに用意されているプロパティの型が一致しなければいけません。よくやりがちなのが「**基本型とラッパークラス**」の違いをそのままにしてしまうことです。

　　例えば、PersonではageはInteger型になっていますが、「**整数だから**」とfindByAgeメソッド定義の際、引数にint型を指定すると例外が発生してしまうこともあります。Integerとintは違うのですから。

4-3　バリデーションの利用

エンティティのバリデーションについて

　　エンティティクラスを定義するとき、それぞれのプロパティにどのような値が保管されるかを考えることは重要です。例えば「**未入力を許可するかどうか（必須項目かどうか）**」「**一定の範囲外の値を禁止するかどうか**」といったことですね。これらの「**設定される値の制限**」は、エンティティに「**バリデーション**」を導入することで簡単に実装することができます。

　　バリデーションとは、モデルに用意されている、値を検査するための仕組みです。あらかじめ入力される各項目にルールを設定しておくことで、入力値がそのルールに違反していないかを調べ、すべてのルールを満たしている場合のみ値の保管などを行えるようにします。

　　バリデーション関係は、spring-boot-starter-validationというパッケージに用意されています。build.gradleを開き、dependenciesに以下の文を追記してプロジェクトを更新しておいて下さい。

```
implementation 'org.springframework.boot:spring-boot-starter-validation'
```

　　これでバリデーション関係のクラスが利用できるようになります。では、既に作成したPersonクラスにバリデーションを設定してみることにしましょう。

リスト4-14
```
package com.example.sample1app;

import jakarta.persistence.Column;
import jakarta.persistence.Entity;
import jakarta.persistence.GeneratedValue;
import jakarta.persistence.GenerationType;
import jakarta.persistence.Id;
import jakarta.persistence.Table;
import jakarta.validation.constraints.Email;
```

```
import jakarta.validation.constraints.Max;
import jakarta.validation.constraints.Min;
import jakarta.validation.constraints.NotBlank;
import jakarta.validation.constraints.NotNull;

@Entity
@Table(name="people")
public class Person {

    @Id
    @GeneratedValue(strategy = GenerationType.AUTO)
    @Column
    @NotNull  // ☆
    private long id;

    @Column(length = 50, nullable = false)
    @NotBlank  // ☆
    private String name;

    @Column(length = 200, nullable = true)
    @Email  // ☆
    private String mail;

    @Column(nullable = true)
    @Min(0)  // ☆
    @Max(200) // ☆
    private Integer age;

    @Column(nullable = true)
    private String memo;

    ……アクセサ関係は省略……
}
```

　主なプロパティにバリデーション用のアノテーションを追加しました（☆の部分）。名前は未入力ではいけません。また年齢はマイナスはダメ。200より大きい値もダメです。メールアドレスはメールの形式になったものでなければはねられます。

バリデーションをチェックする

　では、エンティティに設定したバリデーションをチェックしてみましょう。サンプルとして、先にリスト4-10で作成した「**エンティティの保存**」の処理を修正してみます。
　HelloControllerクラスに用意したindexとformのメソッドを以下のように書き換えてください。

リスト4-15

```
// 以下のimport文を追記
// import org.springframework.validation.BindingResult;
// import org.springframework.validation.annotation.Validated;

@RequestMapping("/")
public ModelAndView index(
    @ModelAttribute("formModel") Person Person,
    ModelAndView mav) {
  mav.setViewName("index");
  mav.addObject("title", "Hello page");
  mav.addObject("msg","this is JPA sample data.");
  List<Person> list = repository.findAll();
  mav.addObject("data",list);
  return mav;
}

@RequestMapping(value = "/", method = RequestMethod.POST)
@Transactional
public ModelAndView form(
    @ModelAttribute("formModel") @Validated Person person,
    BindingResult result,
    ModelAndView mav) {
  ModelAndView res = null;
  System.out.println(result.getFieldErrors());
  if (!result.hasErrors()){
    repository.saveAndFlush(person);
    res = new ModelAndView("redirect:/");
  } else {
    mav.setViewName("index");
    mav.addObject("title", "Hello page");
    mav.addObject("msg","sorry, error is occurred...");
    Iterable<Person> list = repository.findAll();
    mav.addObject("datalist",list);
    res = mav;
  }
  return res;
}
```

　まだテンプレートがないので動かすことはできませんが、これでバリデーション処理
の基本は実装できました。テンプレート作成に進む前に、ここでの処理の流れについて
説明しておきましょう。

@ValidatedとBindingResult

フォームが送信されると、formメソッドが呼び出されます。このメソッドには、今回、3つの引数が用意されています。これがここでのポイントとなります。

```
public ModelAndView form(
    @ModelAttribute("formModel") @Validated Person person,
    BindingResult result,
    ModelAndView mav) {……
```

第1引数にはPersonインスタンスが渡されますが、これには2つのアノテーションが付けられています。1つは、@ModelAttribute。これは既におなじみですね。

もう1つは「**@Validated**」。これが、このエンティティの値をバリデーションチェックするためのものです。これをつけることで、エンティティの各値を自動的にチェックするようになるのです。

▌バリデーションエラーのチェック

バリデーションチェックの結果は、その後にある「**BindingResult**」という引数で知ることができます。これはErrorsというインターフェースを継承するサブインターフェースで、その名の通りアノテーションを使って値をバインドした結果を得るためのものです。ここでいえば、@ModelAttributeでフォームの値からPersonインスタンスを作成する際の結果がBindingResultで得られることになります。インスタンスを作成するとき、@Validatedによってバリデーションがチェックされていますから、このBindingResultを調べればその状況がわかるのです。

```
if (!result.hasErrors()){……
```

エラーが発生しているかどうかは、「**hasErrors**」メソッドで調べられます。これは名前の通り、エラーが起こっているかどうかを知るもので、trueならばエラーあり、falseならばエラーなし、となるのです。したがって、この結果がfalseならばそのままPersonを保存すればいい、というわけです。

trueの場合は、必要な値をaddObjectして再び"/"に戻って再入力を行わせます。

テンプレートを作成する

では、テンプレートを作成しましょう。index.htmlを開き、<form> 〜 </form>の部分を以下のように修正してください。

リスト4-16

```
<form method="post" action="/" th:object="${formModel}">
  <ul>
    <li th:each="error : ${#fields.detailedErrors()}"
      class="text text-danger" th:text="${error.message}" />
  </ul>
```

```
    <div class="mb-3">
      <label for="name" class="form-label">Name</label>
      <input type="text" class="form-control"
          name="name" th:value="*{name}" />
    </div>
    <div class="mb-3">
      <label for="name" class="form-label">Mail</label>
      <input type="text" class="form-control"
          name="mail"  th:value="*{mail}" />
    </div>
    <div class="mb-3">
      <label for="name" class="form-label">Age</label>
      <input type="number" class="form-control"
          name="age"  th:value="*{age}" />
    </div>
    <div class="mb-3">
      <label for="memo" class="form-label">Memo</label>
      <textarea class="form-control"
          name="memo"  th:text="*{memo}"></textarea>
    </div>
    <input type="submit"  class="btn btn-primary"value="Create"/>
</form>
```

図4-13：フォームに適当に入力して送信する。問題があるとエラーメッセージが表示される。すべて正しく入力されていればデータが保存される。

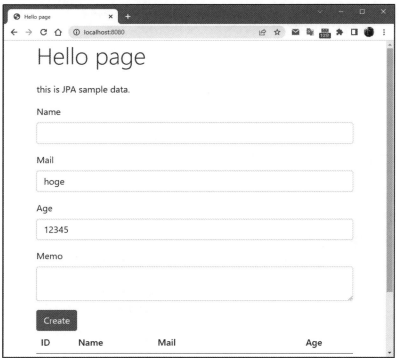

エラーメッセージを出力する

　　今回、バリデーションチェックの結果は、<form>内にある<ul>タグ部分で出力しています。まず、<form>タグ自体には以下のようにformModelオブジェクトが設定されています。

```
<form method="post" action="/" th:object="${formModel}">
```

　　<form>タグに、th:object="${formModel}"という属性が用意されていますね。これは、非常に重要です。この後のエラーメッセージの表示処理は、th:objectを利用して、バリデーションチェックを行ったオブジェクトが設定されているタグ内に配置する必要があるからです。

　　実際のエラーの表示は、<form>の下にある以下の文で行っています。

```
<li th:each="error : ${#fields.detailedErrors()}"
  class="text text-danger" th:text="${error.message}" />
```

　　th:eachで、${#fields.detailedErrors()}という変数式が設定されています。「**#fields**」は、エンティティの各フィールドをバリデーションチェックした結果などがまとめられたオ

ブジェクトです。detailedErrorsメソッドは、発生したエラーに関する情報をひとまとめ
のリストとして返すものです。このth:eachでは、リストから順にエラーのオブジェクト
を取り出して変数errorに設定しています。

このerrorにはmessageというプロパティがあり、これで発生したエラーのメッセージ
が得られます。<li>を使い、繰り返しでリストを出力しています。エラーメッセージ自
体は、th:text="${error.message}"という形で出力されます。

ややわかりにくいでしょうが、「**detailedErrorsで得たものを繰り返しで取り出して
messageを書き出していく**」という基本がわかれば、そう難しくはないでしょう。

各入力フィールドにエラーを表示

これで基本的なエラーチェックはできるようになりました。が、まとめてメッセージ
が表示されるより、各入力フィールドごとにメッセージが表示されたほうがわかりやす
いでしょう。これは、実はまとめて出力するより少し面倒なことをしなければいけませ
ん。

では、これも簡単なサンプルを掲載しておきましょう。今回は、テンプレートである
index.htmlだけを修正すればOKです。<form> 〜 </form>部分を以下のように変更してく
ださい。

リスト4-17

```
<form method="post" action="/" th:object="${formModel}">
  <style>.err { color:red }</style>
  <div class="mb-3">
    <label for="name" class="form-label">Name</label>
    <input type="text" class="form-control"
        name="name" th:value="*{name}" th:errorclass="err"/>
    <div th:if="${#fields.hasErrors('name')}"
        th:errors="*{name}" th:errorclass="err">
    </div>
  </div>
  <div class="mb-3">
    <label for="name" class="form-label">Mail</label>
    <input type="text" class="form-control"
        name="mail"  th:value="*{mail}"  th:errorclass="err"/>
    <div th:if="${#fields.hasErrors('mail')}"
        th:errors="*{mail}" th:errorclass="err">
    </div>
  </div>
  <div class="mb-3">
    <label for="name" class="form-label">Age</label>
    <input type="number" class="form-control"
        name="age"  th:value="*{age}"  th:errorclass="err"/>
    <div th:if="${#fields.hasErrors('age')}"
        th:errors="*{age}" th:errorclass="err">
```

```
      </div>
    </div>
    <div class="mb-3">
      <label for="memo" class="form-label">Memo</label>
      <textarea class="form-control"
          name="memo"   th:text="*{memo}"></textarea>
    </div>
    <input type="submit"   class="btn btn-primary"value="Create"/>
</form>
```

（※ここでは<form>内に<style>を用意していますが、これは便宜上ここに記述してあるだけです。実際の開発では<head>に記述しておきましょう）

図4-14：フォームの値をチェックし、各フィールドの下部にエラーメッセージを表示する。

　修正したら実際にアクセスしてみましょう。そして適当にフィールドに値を記入し送信してください。入力した値に問題があると、そのフィールドの下にエラーメッセージが表示されます。またフィールドとメッセージは赤い色で表示されるようになります。

■エラーメッセージの処理

　今回は、各フィールドのタグごとにエラーメッセージ関係の処理を用意しておかないといけません。例として、nameの入力フィールド部分を見てみましょう。まず、<input>タグです。

```
<input type="text" class="form-control"
  name="name" th:value="*{name}" th:errorclass="err"/>
```

　ここではth:value="*{name}"というようにして、オブジェクトのnameプロパティを値に設定しています。そしてその後には、「**th:errorclass**」という属性が用意されています。これは、エラーが発生した際に適用されるクラス名を指定するものです。これにより、「**エラーが起きたらテキストを赤い表示に変える**」ということを行っています（ここで使っているerrクラスは、<style>で定義しているものです）。
　そして、この<input>タグの後に、エラーメッセージを表示するための<div>タグを用意します。以下のものです。

```
<div th:if="${#fields.hasErrors('name')}"
  th:errors="*{name}" th:errorclass="err">
```

　このエラーメッセージの表示は、2つの点に注意する必要があります。1つは、「**エラーが発生しているときだけ表示する**」ということ。もう1つは、「**このフィールド（name）のエラーだけを表示する**」という点です。
　先のサンプルで確認したように、エラーは同時に複数のものが発生することもあります。この2つの点が以下のように実装されています。

■nameのエラーが発生しているかチェック
```
th:if="${#fields.hasErrors('name')}"
```

　「**hasErrors**」は、引数に指定したフィールドのエラーが発生しているかどうかをチェックします。th:ifを使い、これがtrueのときだけタグを表示させます。

■指定のエラーメッセージを表示
```
th:errors="*{name}"
```

　エラーメッセージの表示は、「**th:errors**」という属性を利用します。<form>にはth:objectでformModelがオブジェクトに設定されていますから、*{name}でそのname項目のみを指定できます。th:errorsに*{name}を指定することで、nameのエラーメッセージを出力できます。

jakarta.validationのアノテーション

　Springで利用するバリデーションは、2種類のライブラリによって用意されています。1つはjakarta.validationパッケージのライブラリファイルです。このパッケージ内（正確には、jakarta.validation.constraintsパッケージ）には、多数のバリデーション用のアノテー

ションが用意されています。

では、主なアノテーションについて簡単に整理しておきましょう。

@Null @NotNull

この2つはセットといってよいでしょう。それぞれ「**値がnullである**」「**値がnullでない**」ということをチェックします。引数はなく、ただアノテーションを記述するだけです。

注意したいのは、例えばString値の項目があったとき、フォームの入力フィールドに何も書かずに送信したとしても、@NotNullは機能しない、という点でしょう。何も書かなくとも、送信された値はnullではなく「**空の文字列**」になるからです。

@NotBlank @NotEmpty

「**何も書かずに送信されたとき**」のチェックには、@NotNullよりもこちらを使うことが多いでしょう。既に述べたように、何も書かずに送信してもnullにはならないため、「**必ず何か値を入力する**」というときは別のものを使う必要があります。

@NotBlankと@NotEmptyは、「**未入力を許可しない**」ためのものです。両者の違いは何か？ それは「**@NotEmptyは、書かれた値がホワイトスペース（半角スペースなど）でも入力したとみなす**」という点です。スペースを書いて送信しても「**何か書いた**」と判断するわけです。

@NotBlankは、ホワイトスペースは「**入力した**」とはみなしません。半角スペースを書いて送信しても「**値が未入力だ**」と判断されます。

@Min @Max

数値（整数）を入力する項目で、入力可能な値の最小値、最大値を指定するものです。引数が1つあり、それぞれ最小値、最大値となる値を用意します。

■例
```
@Min(1000)  @Max(1234500)
```

@DecimalMin @DecimalMax

これも数値の最小値、最大値を設定するものですが、通常の数値だけでなく、BigDecimal、BigInteger、CharSequence、byte、short、int、longといった値全般で利用することができます。

■例
```
@DecimalMin("123")  @DecimalMax("12345")
```

@Digits

これも数値入力のためのものですが、単純に値の大小をチェックするものではありません。これは、整数部分と小数部分の桁数制限を行います。引数が2つあり、「**integer**」で整数桁数を、「**fraction**」で小数桁数をそれぞれ指定します。これらの引数は、()内に「**integer=10, fraction=10**」といった具合に、それぞれの項目にイコールで値を代入するような形で記述をします。

■例
```
@Digits(integer=5, fraction=10)
```

@Future @Past

これは日時に関するオブジェクトで利用するものです。具体的にはDate、Calendarおよびそのサブクラスなどを保管する項目で用いられます。

@Futureは現在より先(つまり未来)の日時、@Pastは現在より前(つまり過去)の日時のみを受け付けるようにするものです。引数はどちらもありません。

現在の日時は常に変化しますから、**「送信したときは@Futureで問題なくても、いずれ過去になってしまったときはどうなるのだろう」**と思った人、いませんか? バリデーションは、値が設定されるときにチェックをするものであり、保管している値が常にチェックされ続けるわけではありません。

ですから、保管されている値がいずれ@Futureでエラーになる値になっても何ら問題はありません(ただし、値を更新するような処理を行うと、そこでエラーになるでしょう)。

@Size

これは文字列(String)の他、配列、コレクションクラスなど、**「いくつもの値をまとめて保管するオブジェクト」**で使われるものです。そのオブジェクトに保管される要素数を指定します。

引数に指定できる値が2つ用意されており、**「min」**では最小数、**「max」**では最大数を指定できます。**「Stringの要素数って?」**と思うでしょうが、これはlength(すなわち文字数)になります。

■例
```
@Size(min=1, max=10)
```

@Pattern

これはString値の項目で使うものです。Patternという名前から想像がつく通り、正規表現のパターンを指定して入力チェックを行います。引数には**「regexp」**という値にパターンの文字列を指定します。

■例
```
@Pattern(regexp="[a-zA-Z]+");
```

エラーメッセージについて

バリデーションで表示されるエラーメッセージは、あらかじめバリデーションのパッケージに用意されています。このエラーメッセージは比較的簡単にカスタマイズできます。エンティティクラスでバリデーションのためのアノテーションを用意する際、**「message」**という値を使って表示メッセージを指定すればいいのです。

やってみましょう。Person.javaを開き、以下のようにPersonクラスを修正しましょう。

リスト4-18

```java
@Entity
@Table(name="people")
public class Person {

  @Id
  @GeneratedValue(strategy = GenerationType.AUTO)
  @Column
  @NotNull
  private long id;

  @Column(length = 50, nullable = false)
  @NotBlank(message="名前は書かないとダメ！")  // ☆
  private String name;

  @Column(length = 200, nullable = true)
  @Email (message="メールアドレスを教えて♡") // ☆
  private String mail;

  @Column(nullable = true)
  @Min(value=0, message="いやいや、マイナスの歳ってないでしょ？")   // ☆
  @Max(value=200, message="200歳以上って、魔女ですか？") // ☆
  private Integer age;

  @Column(nullable = true)
  private String memo;

  ……以下略……
}
```

図4-15：フォームを送信すると、カスタマイズされたエラーメッセージが表示されるようになった。

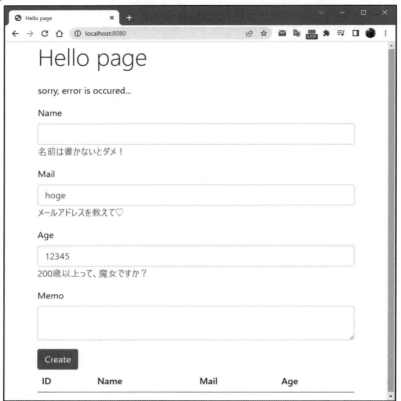

　必要な修正はこれだけです。サーバーをリスタートし、動作を確かめてみましょう。フォームを送信すると、入力にミスがあれば指定したエラーメッセージが表示されるようになります。
　ここでは、アノテーションの部分を以下のように修正しています。

```
@NotBlank(message="名前は書かないとダメ！")
```

　引数内にmessage="○○"という形でエラーメッセージを指定するだけです。Min/Maxのように引数に値を指定する場合は、

```
@Min(value=0, message="いやいや、マイナスの歳ってないでしょ？")
```

　このようにvalue=○○という形で値を指定します。たったこれだけでメッセージをカスタマイズできてしまうのです。

プロパティファイルを用意する

エンティティクラスのアノテーション部分にメッセージなどを直接記述するやり方は簡単ですが、メンテナンス性はあまりよくありません。本格的な開発を行うなら、やはりメッセージをプロパティファイルにまとめて扱うようにすべきでしょう。

これも実際にやってみましょう。まず、先ほどエンティティクラス（Person）のバリデーション用アノテーションに追加したmessageを削除してください。これがあると、プロパティファイルを用意してもエンティティ内のmessageが優先されてしまいます。

では、プロパティファイルを作成しましょう。「**resources**」フォルダーの中に「**ValidationMessages.properties**」という名前でテキストファイルを作成してください。

作成したファイルを開いて、メッセージを記述しましょう。STSの場合は、専用のプロパティエディタで開かれるので、以下のように記述すればいいでしょう。

リスト4-19

```
jakarta.validation.constraints.NotBlank.message = 何か値を入力してください。
jakarta.validation.constraints.NotNull.message = Nullは入力できません！
jakarta.validation.constraints.Email.message = 正しいメールアドレスを入力してください。
jakarta.validation.constraints.Max.message = {value} より小さくしてください。
jakarta.validation.constraints.Min.message = {value} より大きくしてください。
```

ファイルを保存したら、サーバーを再起動してアクセスしてみてください。コードの修正などはまったく必要ありません。「**resources**」内にValidationMessages.propertiesがあれば、そこからエラーメッセージを検索し表示するようになります。

図4-16：フォームを送信しエラーになるとオリジナルのメッセージが表示される。

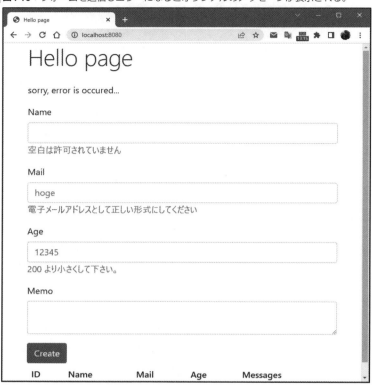

用意されているエラーメッセージ

　　ここでは、サンプルのエンティティ（Person）で使っているバリデーションのルールについてのみエラーメッセージを用意しました。それ以外のバリデーションルールを使う場合は、それらのエラーメッセージを用意する必要があります。

　　では、ValidationMessages.propertiesに用意できるエラーメッセージの項目にはどんなものがあるのでしょうか。ここでざっとまとめておきましょう。

jakarta.validation.constraints.AssertFalse.message	falseが必要
jakarta.validation.constraints.AssertTrue.message	trueが必要
jakarta.validation.constraints.DecimalMax.message	最大値を指定
jakarta.validation.constraints.DecimalMin.message	最小値を指定
jakarta.validation.constraints.Digits.message	数値が必要
jakarta.validation.constraints.Future.message	今より先の日時が必要
jakarta.validation.constraints.Max.message	最大文字数を指定
jakarta.validation.constraints.Min.message	最小文字数を指定

jakarta.validation.constraints.NotBlank.message	ブランクを不許可
jakarta.validation.constraints.NotEmpty.message	空を不許可
jakarta.validation.constraints.NotNull.message	nullを不許可
jakarta.validation.constraints.Null.message	nullが必要
jakarta.validation.constraints.Past.message	今より前の日時が必要
jakarta.validation.constraints.Pattern.message	指定パターンに合致
jakarta.validation.constraints.Size.message	指定範囲内のサイズ

　名前を見ればわかるように、最後の「**message**」の手前にある単語が、バリデーションの名前となります。例えば、jakarta.validation.constraints.Max.messageならば、@Maxのエラーメッセージというわけです。

　アノテーションを利用する際には、使う項目に対応するエラーメッセージをここから探してValidationMessages.propertiesに用意しておくようにしましょう。

オリジナルのバリデータを作成する

　それぞれのアノテーションで実装したバリデーションの処理は、「**バリデータ**」と呼ばれるデータチェック用クラスによって行われています。ここで紹介した各種のバリデーション機能でもかなりのチェックが行えますが、それでも足りない場合は、自分でバリデータを作成することでバリデーションを追加することも可能です。

　バリデータを自作するためには、2つのクラスを用意する必要があります。1つはアノテーションクラス、もう1つは実際にバリデーションを行うバリデータクラスです。これらは以下のように定義されます。

アノテーションクラス

```
public @interface アノテーション名 {
    ……内容の記述……
}
```

　アノテーションは、アノテーション型という独特の形式で定義されます。これは@interfaceの後に名前を記述して作成します。インターフェースと似ていますが、細かな点でいろいろと制約があります。このアノテーションクラスとして定義されたものは、デフォルトでjava.lang.annotation.Annotationインターフェースのサブクラスとして認識されます。

バリデータクラス

```
public class クラス名 implements ConstraintValidator {
    ……具体的な実装……
}
```

　バリデータクラスは、jakarta.validation.ConstraintValidatorインターフェースを実装

して定義します。このConstraintValidatorには「**initialize**」「**isValid**」という2つのメソッド
があり、これらを実装して必要な処理を記述します。

　では、これらの基本を踏まえて、実際に簡単なサンプルを作成してみましょう。例と
して作るのは「**電話番号のチェック用バリデーション**」です。入力されたテキストが電話
番号かどうかをチェックします。といっても、一口に電話番号といってもさまざまな書
き方があり、すべてに対応するのは難しいので、ここでは「**0123456789()-**」といった文字・
記号の組み合わせであれば電話番号だと判断するようにしてみます。

PhoneValidatorクラスの作成

　では、バリデーション処理の本体部分であるバリデータクラスから作成しましょう。
今回は「**PhoneValidator**」という名前で作成することにします。HelloController.javaと同
じフォルダーに「**PhoneValidator.java**」という名前でソースコードファイルを用意して
ください。

　ファイルが用意できたら、PhoneValidator.javaのソースコードを作成しましょう。以
下のリストのように記述をしてください。

リスト4-20
```
package com.example.sample1app;

import jakarta.validation.ConstraintValidator;
import jakarta.validation.ConstraintValidatorContext;

public class PhoneValidator
    implements ConstraintValidator<Phone, String> {

  @Override
  public void initialize(Phone phone) {
  }

  @Override
  public boolean isValid(String input,
      ConstraintValidatorContext cxt) {
    if (input == null) {
      return true;
    }
    return input.matches("[0-9()-]*");
  }

}
```

　STSを利用する場合、作成した段階では「**Phone**」にエラーの赤いアンダーラインが表
示されるでしょう。が、これはこのままでかまいません。この後でPhoneインターフェー
スを作成すれば消えますので心配無用です。

このPhoneValidatorでimplementsしている「**ConstraintValidator**」インターフェースは、2つのクラスを総称型として指定します。ここでは、<Phone, String>となっていますが、これはPhoneがアノテーションクラスを表し、Stringが設定される値を示しています。つまり「**String値を入力し、Phoneアノテーションによってバリデーションが設定されるもの**」であると規定されたわけです。

ConstraintValidator実装クラスでは、initializeとisValidの2つのメソッドを実装します。

public void initialize(Phone phone)

初期化メソッドです。引数には、総称型で指定したアノテーションクラス（ここではPhone）が渡されます。ここから必要に応じてアノテーションに関する情報を取得できます。今回は特に初期化処理は必要ないので何も用意していません。

public boolean isValid(String input, ConstraintValidatorContext cxt)

これが実際のバリデーション処理を行っている部分です。引数には、入力された値（String値）、そしてConstraintValidatorContextインスタンスが渡されます。ここで値をチェックし、正常と判断すればtrue、問題があるならfalseを返します。

ここでは、入力された値がnullであればreturn true;で抜けています（つまり未入力は許可しています）。そうでない場合は、入力されたString値をmatches("[0-9()-]*")で正規表現によるチェックをし、これにマッチするかどうかをreturnしています。この「**正規表現のパターンにマッチしているかどうかを返す**」というやり方は、自作バリデータでよく用いられるやり方でしょう。

Phoneアノテーションクラスを作る

続いて、Phoneアノテーションクラスを作りましょう。HelloController.javaがあるのと同じフォルダー内に「**Phone.java**」という名前でファイルを用意してください。そしてファイルを開いて以下のようにソースコードを記述してください。

リスト4-21
```
package com.example.sample1app;

import java.lang.annotation.Documented;
import java.lang.annotation.ElementType;
import java.lang.annotation.Retention;
import java.lang.annotation.RetentionPolicy;
import java.lang.annotation.Target;

import jakarta.validation.Constraint;
import jakarta.validation.Payload;
import jakarta.validation.ReportAsSingleViolation;

@Documented
@Constraint(validatedBy = PhoneValidator.class)
```

```
@Target({ ElementType.METHOD, ElementType.FIELD })
@Retention(RetentionPolicy.RUNTIME)
@ReportAsSingleViolation
public @interface Phone {

    String message() default "電話番号を入力してください。";

    Class<?>[] groups() default {};

    Class<? extends Payload>[] payload() default {};

}
```

　バリデーションクラスのためのアノテーションクラスは、いろいろと用意しなければ
ならないものがあります。見ればわかるように、多数のアノテーションが記述されてい
ますが、これらはすべて「**必ず書いておかないといけないもの**」と考えてください。
　またクラス内にはmessage、groups、payloadといったメソッドがありますが、いずれ
もdefaultでデフォルトを設定してあるだけです。このうちのmessageは、エラー時に送
られるメッセージになります。基本的には、これらだけ用意しておけばいい、と考えて
おきましょう。その他はすべて、決まった形式の通りに書くだけです。

Phoneバリデータを使う

　では、作成されたPhoneバリデータを使ってみましょう。今回は、Personのmemoフィー
ルドに割り当ててみることにします。Personクラスにあるmemoフィールドを以下のよ
うに書き換えてください。

リスト4-22
```
@Column(nullable = true)
@Phone
private String memo;
```

　追記した@Phoneというのが、今回作成したバリデーション用のアノテーションにな
ります。これでmemoフィールドにPhoneValidatorのバリデーションルールが適用され
るようになります。

アプリケーションの修正

　では、memoの入力フィールドに、エラーメッセージ関係の処理を追加しましょう。
index.htmlを開き、修正をしてください。ここでは<form>タグ内の<textarea>の部分だ
けを掲載しておきます。

リスト4-23

```
<div class="mb-3">
  <label for="memo" class="form-label">Memo</label>
  <textarea class="form-control" th:errorclass="err"
      name="memo"  th:text="*{memo}"></textarea>
  <div th:if="${#fields.hasErrors('memo')}"
      th:errors="*{memo}" th:errorclass="err">
  </div>
</div>
```

　フォームにある<textarea name="memo">のタグ部分にth:errorclassを追記し、更にその後に<div>タグを追加してあります。ここでエラーメッセージの表示を行っています。

動作をチェックする

　これで修正は完了です。動作を確認してみましょう。トップページにアクセスし、フォームのmemoフィールドに適当なテキストを書いて送信すると、「**please input a phone number.**」といったエラーメッセージが表示されます。半角数字とハイフンによる番号を入力するとエラーは出ずに受け付けられます。Phoneによるバリデーション処理が機能していることがわかるでしょう。

図4-17：メモに電話番号以外のものを書くとエラーになる。

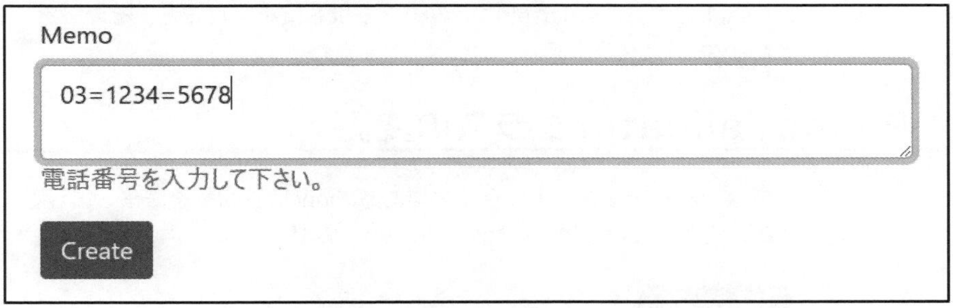

Memo

03=1234=5678

電話番号を入力して下さい。

Create

onlyNumber設定を追加する

　この@Phoneは、引数を持たない非常にシンプルなバリデータです。が、バリデータの中には、@Minや@Maxのようにアノテーションで引数を指定して必要な情報を渡し、処理するものもあります。こうしたものはどうやって作ればいいのでしょうか。実際に試して見ながらやり方を説明していきましょう。

　ここでは、@Phoneに「**onlyNumber**」という設定を追加することにしましょう。これは真偽値の設定で、trueにすると数値のみを受け付けるようになります。デフォルトはfalseで、その場合は従来通りにチェックを行いますが、trueに設定すると半角数字のみを受け付けるようになる、というものです。

　まずは、Phoneアノテーションを修正しましょう。Phone.javaを開き、Phoneクラスを

以下のように変更してください。☆の行が追記した部分です。（package、import、クラスのアノテーションは省略してあります）

リスト4-24

```
public @interface Phone {

  String message() default "please input a phone number.";

  Class<?>[] groups() default {};

  Class<? extends Payload>[] payload() default {};

  boolean onlyNumber() default false;  // ☆

}
```

　ここでは、onlyNumberというメソッドを用意してあります。戻り値はbooleanで、メソッドの後に「**default false**」として、デフォルトの場合にfalseを返すように指定をしています。メソッドの実装などは一切不要です。
　このようにアノテーションクラスでは、メソッドを追加するだけで、それがアノテーションの引数に用意できる設定として追加されます。非常に簡単ですね。注意したいのはdefaultです。このdefaultによるデフォルト値を忘れると、その設定は必須項目（ないと動かない）となります。

PhoneValidatorクラスの変更

　では、バリデータの実装クラスであるPhoneValidatorを修正しましょう。以下のように記述をしてください（package、importは省略）。

リスト4-25

```
public class PhoneValidator implements ConstraintValidator<Phone, String> {
  private boolean onlyNumber = false;

  @Override
  public void initialize(Phone phone) {
    onlyNumber = phone.onlyNumber();
  }

  @Override
  public boolean isValid(String input, ConstraintValidatorContext cxt) {
    if (input == null) {
      return false;
    }
    if (onlyNumber) {
```

```
        return input.matches("[0-9]*");
    } else {
        return input.matches("[0-9()-]*");
    }
  }
}
```

ここでは、initializeメソッドで、引数のPhoneインスタンスからonlyNumberを取得し、フィールドに保管しています。そしてisValidメソッドで、保管しておいたonlyNumberの値をチェックし、それによって異なる正規表現パターンでチェックを行うようにしています。

このように、「**initializeでアノテーションクラスからメソッドを呼び出し、必要な値を取得する**」「**isValidでは、取得しておいた値に応じて処理を実行する**」というようにすることで、アノテーションに用意した設定によるバリデーション処理が実装できるようになります。考え方さえわかれば、そう難しいものではありません。

onlyNumber オプションを使う

この改良版@Phoneは、以下のようにFormModelのmemoフィールドを書き換えることで利用できるようになります。例えば、Person.javaにあるPersonクラスのmemoフィールドをこのようにしてみます。

リスト4-26

```
@Column(nullable = true)
@Phone(onlyNumber=true)
private String memo;
```

こうすると、番号の数字だけを入力するようになります。

修正が完了したら、実際に実行して動作を確認してみましょう。また、onlyNumber=falseの場合はどうなるかも確認しましょう。なお、Phoneバリデーションを変更した関係で、HelloControllerのinitメソッドで行っているPersonインスタンスの作成はエラーになります。initにある@PostConstructをコメントアウトして実行されないようにしてから試しましょう。また動作確認後はPersonクラスに追記した@Phoneを削除して元に戻しておくのを忘れないで下さい。

図4-18：@Phone(onlyNumber=true)とすると、数字以外の値は一切受け付けなくなる。

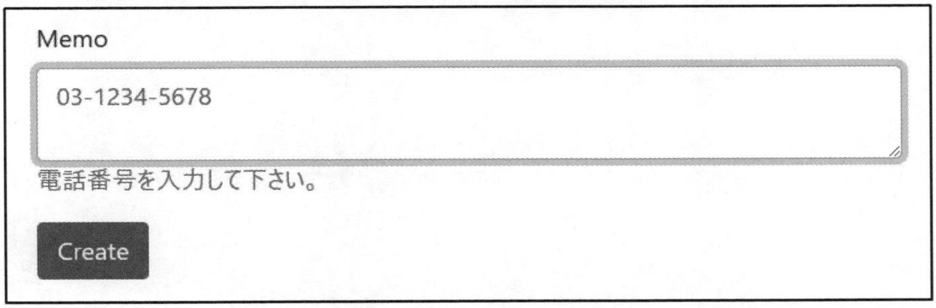

Memo

03-1234-5678

電話番号を入力して下さい。

Create

```
Memo

0312345678


Create
```

バリデータと正規表現

　実際に簡単なバリデータを作成しましたが、いかがでしたか？ 2つのクラスの関係性さえよくわかっていれば、決して難しいものではないことがわかるでしょう。

　実際にバリデータを作成してみるとわかりますが、バリデータを作る際の最大のポイントは「**正規表現**」であることに気がつきます。入力された値が正しいものかどうかをいかにチェックするか。それは「**いかに思い通りの正規表現パターンを作れるか**」にかかってくるのです。

　正規表現は、Javaに限らずさまざまなところで利用されているものですので、これを機に本格的に学んでみてはいかがでしょうか。

データベースアクセスを
更に掘り下げる

データベース関連の機能は、Spring Data JPAというフレームワークを利用しています。この機能を更に掘り下げることでデータベース・アクセスについて深く理解できるようになるでしょう。

5-1 EntityManagerによるデータベースアクセス

SpringとJPAの関係

前章で、エンティティを使ってデータベースにアクセスする基本について説明しました。このとき、アクセスの最も重要な役割を果たしているのが「**リポジトリ**」でした。リポジトリを用意することで、ほとんどアクセスのためのコードを書くことなくデータベースにアクセスすることが可能になりました。

が、リポジトリで可能なのは、基本的なアクセスのみです。CRUDについてはひと通り可能でしたが、では検索は？「**findById**」のように、名前からシンプルに処理を生成できるようなものはいいのですが、もっと複雑な検索を行いたい場合はどうすればいいのでしょう？

こうした場合を考えると、リポジトリによるデータベースアクセスには限界があります。もっと自在にアクセス処理を組み立てる方法も知っておきたいところでしょう。

データベースアクセスは JPA が基本

前章の冒頭で説明したように、Springにおけるデータベースアクセスの基本的な仕組みは、「**JPA（Java Persistence API）**」と呼ばれる技術をベースにして作られています。JPAは、Jakarta EE（旧Java EE）に用意されている技術で、データベースとのアクセスやデータの永続化（わかりやすくいえば、保存すること）などに関する機能を提供してくれます。Javaの経験がある皆さんなら、おそらくデータベースアクセスにJDBCなどを利用したことがあるでしょうが、Jakarta EE（Java EE）では、JDBCを使うことはありません。JPAこそが、Javaにおけるデータベースアクセスの基本技術といってよいでしょう。

このJPAをSpring Frameworkから利用するために用意されているのが「**Spring Data JPA**」です。フレームワークを利用する場合でも、データベースアクセスの土台となる部分は、JPAが基本なのです。前章で使ったリポジトリなどもSpring Data JPAに含まれているのです。

このSpring Data JPAには、データベースにアクセスするためのさまざまな機能が用意されています。リポジトリがデータベースアクセスのすべてではないのです。そこで、「**リポジトリ以外のJPAの機能**」について考えていくことにしましょう。

データアクセスオブジェクトを考える

リポジトリは、単に「**コードを書かずにアクセスを作れる**」というだけでなく、「**データベースアクセスの機能を一箇所に集約できる**」という利点もありました。

通常、データベースを利用する場合というのは、例えばデータを表示するページにアクセスしたらそのコントローラーのリクエストハンドラ内でデータを取り出してビューに表示する処理を用意することになります。ですから、コントローラーの各リクエストハンドラに、そのリクエストで必要となるデータベースアクセスの処理を用意すればいいことになります。

が、このような実装の仕方だと、各リクエストごとに処理を書いていくことになってしまい、コントローラーがどんどん肥大化してしまいます。またMVCというアーキテクチャは「**データアクセスとロジックの分離**」を考えて設計するのが普通ですから、データベースアクセスをコントローラーに持たせるのはあまりいいやり方とも思えません。

こうした点から、データベースにアクセスする処理はコントローラー内ではなく、専用のクラスとしてまとめ、必要に応じてその中のメソッドを呼び出す形で設計したほうがいいでしょう。

このようなクラスは、一般に「**Data Access Object (DAO)**」と呼ばれます。このDAOにデータベースアクセスのための機能をまとめておき、コントローラーからは必要に応じてDAOのメソッドを呼び出し、必要な処理を行う、というわけです。

Springの場合、リポジトリがデータベースアクセス関連を一手に引き受けていますので、通常ならばリポジトリをそのまま拡張していくのが一般的なアプローチになります。ただし、今回は、より低レベルなJPAの機能を利用するので、あえてリポジトリとは別にDAOクラスを作成し、実装していくことにしましょう。

DAO インターフェースの用意

では、DAOを設計してみましょう。まずは必要最低限の機能として、「**全データの取得**」という機能を持つDAOを定義してみます。

では、インターフェースから用意しましょう。HelloController.javaファイルと同じ場所に、「**PersonDAO.java**」という名前で新しいファイルを用意してください。そして以下のようにソースコードを記入しましょう。

リスト5-1
```
package com.example.sample1app;

import java.io.Serializable;
import java.util.List;

public interface PersonDAO <T> extends Serializable {

  public List<T> getAll();

}
```

ここではgetAllというメソッドの宣言を用意しておきました。とりあえずこれだけ用意しておき、以後は必要に応じてメソッドを追加していくことにしましょう。

DAOクラスの実装

では、作成したインターフェースを実装するクラスを作成しましょう。PersonDAO.javaファイルと同じ場所に、「**PersonDAOPersonImpl.java**」という名前でファイルを用意してください。そして以下のようにソースコードを記述しましょう。

リスト5-2

```
package com.example.sample1app;

import java.util.List;

import jakarta.persistence.EntityManager;
import jakarta.persistence.PersistenceContext;
import jakarta.persistence.Query;

import org.springframework.stereotype.Repository;

@Repository
public class PersonDAOPersonImpl implements PersonDAO<Person> {
  private static final long serialVersionUID = 1L;

  @PersistenceContext
  private EntityManager entityManager;

  public PersonDAOPersonImpl(){
    super();
  }

  @Override
  public List<Person> getAll() {
    Query query = entityManager.createQuery("from Person");
    @SuppressWarnings("unchecked")
    List<Person> list = query.getResultList();
    entityManager.close();
    return list;
  }

}
```

　これで完成しました。2つのコンストラクタと1つのメソッドだけですが、ここでは
JPA利用によるエンティティ操作の基本的な仕組みを見ることができます。

Column　DAOはリポジトリ？

　今回、作成したPersonDAOPersonImplクラスに@Repositoryアノテーションが付けら
れているを見て「**DAOはリポジトリなのか？**」と思った人もいるかも知れません。
　DAOは、あくまでDAOであり、リポジトリではありません。ですが、ここでは「**データベー
スアクセスのためのオブジェクト**」ということで@Repositoryをつけておきました。
　実は、@Repositoryなどのアノテーションは、基本的に「**すべて同じ働きをするもの**」
なのです。Springには「**クラスのインスタンスをBeanとしてシステム（DIコンテナ）に登**

録するためのアノテーション」というものがいくつか用意されており、@Repositoryもその1つです。

　このようなアノテーションは、他にもいろいろと用意されています（@Bean、@Component、@Serviceなど）。これまでに本書で利用しているのは@Repositoryだけですので、DAOクラスに@RepositoryをつけてBeanをアプリに登録し利用していた、というわけです。

　なお、こうしたBean関連のアノテーションについては「**7-1 BeanとDIコンテナ**」で詳しく説明します。

EntityManagerとQuery

　まずは、クラスの最初にあるprivateフィールドに注目してください。ここでは「**EntityManager**」というクラスを保管するためのフィールドを用意しています。このEntityManagerというクラスは、エンティティを利用するために必要な機能を提供します。Spring Data JPAでデータベース・アクセスを行うには、このEntityManagerクラスの使い方さえ覚えておけば、たいていのことは実装できるようになる、といってよいでしょう。

　このEntityManagerは、エンティティを操作するための機能をひと通り持っています。このgetAllに限らず、エンティティを扱う場合は、どんな操作であれ、まずはEntityManagerを用意することからはじめます。

@PersistenceContext について

　このEntityManagerのフィールドには、見たことのないアノテーションが付けられています。この部分ですね。

```
@PersistenceContext
private EntityManager entityManager;
```

　この「**@PersistenceContext**」というアノテーションは、EntityManagerのBeanを取得してフィールドに設定するためのものです。EntityManagerは、Spring Bootアプリケーションの場合、起動時に自動的にBeanとしてインスタンスが登録されています。これを@PersistenceContextにより、このフィールドに割り当てているのです。

　EntityManageの取得は、このアノテーションを利用するのがSpring Data JPAの基本と考えておきましょう。

createQuery による Query の作成

　では、全エンティティを取得するgetAllメソッドの処理を見てみましょう。ここでは、以下のような文が実行されていますね。

```
Query query = entityManager.createQuery("from Person");
```

　エンティティを取得するためのやり方はいくつかあるのですが、ここでは「**Query**」というクラスを利用した方法を使っています。Queryは、SQLでデータを問い合わせるた

めのクエリ(SQLで記述された命令文)に相当する働きをするオブジェクトです。

JPAには「**JPQL**」と呼ばれるクエリ言語が搭載されています。SQLのクエリを使ってデータベースアクセスをしている人がスムーズにJPAに移れるように、SQLに似た形の問い合わせ言語をもたせているのです。そのJPQLによるクエリとなるのが、このQueryインスタンスです。

EntityManagerの「**createQuery**」は、引数にJPQLによるクエリ文を指定して呼び出します。これにより、そのクエリを実行するためのQueryインスタンスが生成されます。今回の"from Person"というのは、select * from Personに相当するJPQLのクエリ文なのだ、と考えてください。

Query から結果を取得する

```
List<Person> list = query.getResultList();
```

作成されたQueryは、「**getResultList**」メソッドによりクエリの実行結果をListインスタンスとして取得できるようになっています。今回は"from Person"としていますので、ListにはPersonインスタンスがまとめられます。

後は、得られたListを呼び出し元に返し、繰り返し処理するだけですね。

@SuppressWarnings アノテーション

このList<Person> listの上に、アノテーションがつけられています。以下のような文ですね。

```
@SuppressWarnings("unchecked")
```

これは、list変数につけられているアノテーションで、コンパイル時の警告を抑制するためのものです。"unchecked"を引数に指定することで、getResultListの戻り値のListが<Person>の総称型の値として得られているかどうかチェックを行わないようにしています。

このアノテーションは、動作そのものには関係がなく、あくまで「**ビルド時に警告が出ないようにする**」というものですので、記述しなくともかまいません。

コントローラーの実装

では、作成したDAOクラスを利用してPersonを利用するコントローラーを作成しましょう。今回も、HelloControllerクラスを書き換えて対応することにします。既にいくつもリクエストハンドラなどのメソッドを用意しているので、それらを削除しないように注意しながら書き換えてください。

リスト5-3

```
package com.example.sample1app;

import java.util.List;
import java.util.Optional;
```

```java
import org.springframework.beans.factory.annotation.Autowired;
import org.springframework.stereotype.Controller;
import org.springframework.validation.BindingResult;
import org.springframework.validation.annotation.Validated;
import org.springframework.web.bind.annotation.ModelAttribute;
import org.springframework.web.bind.annotation.PathVariable;
import org.springframework.web.bind.annotation.RequestMapping;
import org.springframework.web.bind.annotation.RequestMethod;
import org.springframework.web.bind.annotation.RequestParam;
import org.springframework.web.servlet.ModelAndView;

import com.example.sample1app.repositories.PersonRepository;

import jakarta.annotation.PostConstruct;
import jakarta.persistence.EntityManager;
import jakarta.persistence.PersistenceContext;
import jakarta.servlet.http.HttpServletRequest;
import jakarta.transaction.Transactional;

@Controller
public class HelloController {

  @Autowired
  PersonRepository repository;

  @Autowired
  PersonDAOPersonImpl dao;    // ☆

  @RequestMapping(value = "/find", method = RequestMethod.GET)
  public ModelAndView index(ModelAndView mav) {
    mav.setViewName("find");
    mav.addObject("msg","Personのサンプルです。");
    Iterable<Person> list = dao.getAll();    // ☆
    mav.addObject("data", list);
    return mav;
  }

  ……その他のメソッドは省略……
}
```

DAO のオートワイヤー設定

　ここでは、先ほど作成したPersonDAOPersonImplクラスをフィールドに用意しています。これは、自身でインスタンスを作成してはいません。以下のように行っています。

```
@Autowired
PersonDAOPersonImpl dao;
```

@Autowiredは、アプリケーションが用意したインスタンスを自動的に割り当てるアノテーションでしたね。これでDAOが利用できるようになります。

find メソッドの処理

リクエストハンドラとして、/findにアクセスした際に呼び出される「**find**」メソッドを用意しておきました。テンプレート名やメッセージの値を設定した後、Personのリストを取得しています。

```
Iterable<Person> list = dao.getAll();
mav.addObject("data", list);
```

先ほど作成したDAOクラスであるPersonDAOPersonImplクラスのgetAllを呼び出して結果をaddObjectします。これで、保管されているPersonエンティティの一覧がビューテンプレート側に渡されます。

DAOにアクセスの処理をまとめておけば、コントローラー側で実際にアクセスを行う際には、このように単純な呼び出しを行うだけで済みます。

ビューテンプレートの作成

これでJavaのコード関係はすべてそろいました。後はビューテンプレートを用意するだけですね。

では、「**templates**」フォルダに「**find.html**」という名前でファイルを用意してください。そして以下のようにコードを記述しましょう。

リスト5-4

```
<!DOCTYPE HTML>
<html>
<head>
  <title th:text="${title}"></title>
  <meta http-equiv="Content-Type"
    content="text/html; charset=UTF-8" />
  <link href="https://cdn.jsdelivr.net/npm/bootstrap@5.0.2/dist/css/bootstrap.min.css"
      rel="stylesheet">
</head>

<body class="container">
  <h1 class="display-4 mb-4" th:text="${title}"></h1>
  <p th:text="${msg}"></p>
  <form method="post" action="/find">
    <div class="input-group">
```

```
        <input type="text" class="form-control me-1"
            name="find_str" th:value="$(value)" />
        <span class="input-group-btn">
          <input type="submit" class="btn btn-primary px-4"
              value="Click" />
        </span>
      </div>
    </form>

    <table class="table">
      <thead>
        <tr><th>ID</th><th>Name</th><th>Mail</th><th>Age</th></tr>
      </thead>
      <tbody>
        <tr th:each="item : ${data}">
          <td th:text="${item.id}"></td>
          <td th:text="${item.name}"></td>
          <td th:text="${item.mail}"></td>
          <td th:text="${item.age}"></td>
        </tr>
      </tbody>
    </table>
  </body>

</html>
```

　今回は、検索テキストを入力するためのフォームと、検索結果を一覧表示するテーブルを用意してあります。といっても、まだ検索フォームを送信したあとの処理はありません。現時点では、アクセスすると全レコードが表示される、という部分だけです。
　完成したら、実際にアクセスして動作を確認しておきましょう。アクセスすると、既に保存されているPersonの一覧が表示されます。

図5-1：ブラウザから/findにアクセスする。データベースに追加したダミーデータの一覧が表示される。

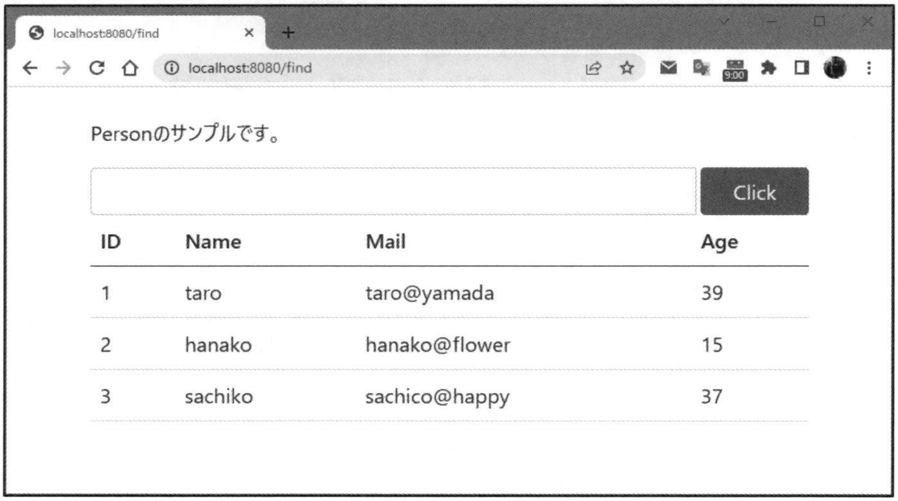

@Autowiredで割り当てられるBean

　基本的なEntityManagerとDAOの使い方がこれでわかりました。これらを利用するようになり、これまで以上に強く意識するようになるのが「**Beanの利用**」についてでしょう。

　これまでもリポジトリを@Autowiredで自動的にインスタンス設定したりしましたが、今回、更にEntityManagerやDAOのインスタンスなどもアノテーションで自動的に割り当てるようになりました。「**Springでは、インスタンスは何でも@Autowiredで自動的に割り当てられるのか**」と思った人も多いことでしょう。

　なぜ、PersonDAOPersonImplクラスのインスタンスがアプリケーションに自動的に用意されてるのか。それは、PersonDAOPersonImplクラスに@Repositoryが付けられていたからです。

　アプリケーションがインスタンスを用意するのは、このように特定の役割を果たすためのアノテーションが付けられているクラスだけです。@Repositoryや@Controllerなど、アプリケーションで特定の役割を示すアノテーションが付けられているものは、そのインスタンスが自動生成されアプリに保管されます。

　しかし、こうしたアノテーションがないクラスは、自動でインスタンスを用意することはありません。当然、@Autowiredで利用することもできません。@Autowiredは、あくまで「**アプリ内に登録されているBeanを割り当てるもの**」であり、Beanが登録されていなければ使えないのだ、ということをよく理解しておきましょう。

　（なお、Beanの利用については「**7-1 BeanとDIコンテナ**」で詳しく説明します）

DAOに検索メソッドを追加する

　さて、EntityManagerを使ってデータを取得する基本ができたところで、もう少

しDAOの検索を充実させていきましょう。DAOにどんな機能を追加すればいいか、PersonDAO.javaを開いてPersonDaoインターフェースを変更してみましょう。

リスト5-5

```java
package com.example.sample1app;

import java.io.Serializable;
import java.util.List;

public interface PersonDAO <T> extends Serializable {

  public List<T> getAll();
  public T findById(long id); // ☆
  public List<T> findByName(String name); // ☆

}
```

getAllは既に用意していましたね。☆マークの付いている2つのメソッドが新たに追加されたものです。

では、それぞれ簡単に説明しておきましょう。これらはごく基本的な機能ばかりですから、これらが作成できればエンティティ操作の基本はほぼ理解できるはずです。

```java
public List<T> getAll();
```

既に作成済みですね。全エンティティを取得します。

```java
public T findById(long id);
```

ID番号を引数に指定してエンティティを検索し返します。エンティティ取得の基本となるものです。

```java
public List<T> findByName(String name);
```

名前からエンティティを検索するものです。これ自体は、実は今回作成するCRUD関連のリクエストハンドラでは利用しないのですが、検索の基本ということで用意することにしました。

エンティティの検索

では、エンティティの検索を行う「**findById**」「**findByName**」の2つを作成してみましょう。では、PersonDAOPersonImpl.javaを開き、PersonDAOPersonImplクラスの中に以下のメソッドを追記してください。

リスト5-6

```
@Override
public Person findById(long id) {
  return (Person)entityManager.createQuery("from Person where id = "
    + id).getSingleResult();
}


@SuppressWarnings("unchecked")
@Override
public List<Person> findByName(String name) {
  return (List<Person>)entityManager.createQuery("from Person where name = '"
    + name + "'").getResultList();
}
```

　2つのメソッドとも、内容的には似た形になっています。EntityManagerを作成した後、createQueryでQueryを作成して結果を取り出しreturnする、という流れですね。簡単に整理しましょう。

　検索のポイントは、createQueryの部分です。ここでどのような文を実行しているかで得られる結果が変わります。

■IDで検索

```
createQuery("from Person where id = " + id).getSingleResult();
```

　findByIdでは、"from Person where id = " + idという形でJPQLのクエリ文を用意しています。見ればだいたい想像がつくように、id = ○○といった条件を設定してPersonを取得しているわけです。

　注目すべきは、その後にある「**getSingleResult**」というメソッド。これは、Queryから得られるエンティティを1つだけ取り出して返すものです。

　Queryの実行結果は通常エンティティのListになっていますが、IDによる検索のように「**1つのエンティティしか検索されない**」というようなものでは、Listのまま返すより、得られたエンティティをそのまま返したほうが便利です。そこでこのようなメソッドを利用した、というわけです。

■nameで検索

```
createQuery("from Person where name = " + name).getResultList();
```

　findByNameでは、"from Person where name = '" + name + "'という形でクエリ文を用意してあります。これも基本は同じですね。name = ○○という条件を設定してPersonを取り出す、という作業をしています。

　nameは、同じ名前のものが複数存在する可能性もありますので、getResultListでListをそのまま返すようにしてあります。「**エンティティ単体か、Listか**」は、このようにどういう用途でエンティティを検索するかによって使い分けます。

　また、getResultListはListを返すため、findByNameメソッドでは、総称型を使ってList<Person>を戻り値に指定しています。これは必ずしも戻り値のListはPersonが保管さ

れているかどうかわかりませんからコンパイル時に警告が発せられます。これを抑える
ため、@SuppressWarningsでチェックしないようにしてあります。なお、このアノテー
ションは、つけなくても動作に問題はありません。

追加したメソッドを利用する

では、追加したメソッドを利用した検索処理を作ってみましょう。まずは、IDによる
検索を行うfindByIdを利用してみます。HelloControllerクラスに、以下のメソッドを追
加してください。

リスト5-7

```java
@RequestMapping(value = "/find", method = RequestMethod.POST)
public ModelAndView search(HttpServletRequest request,
    ModelAndView mav) {
  mav.setViewName("find");
  String param = request.getParameter("find_str");
  if (param == ""){
    mav = new ModelAndView("redirect:/find");
  } else {
    mav.addObject("title","Find result");
    mav.addObject("msg","「" + param + "」の検索結果");
    mav.addObject("value",param);
    Person data = dao.findById(Integer.parseInt(param));  // ☆
    Person[] list = new Person[] {data};
    mav.addObject("data", list);
  }
  return mav;
}
```

図5-2：IDを入力して送信すると、そのIDの値が取り出される。

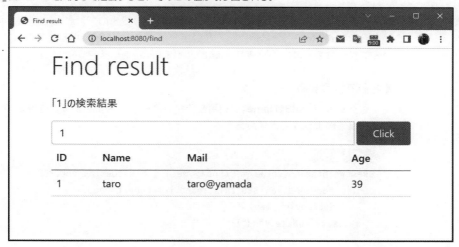

/findにアクセスしたら、フィールドにID番号を書いて送信してください。これで入力したID番号のレコードが表示されます。

HttpServletRequest について

searchメソッドでは、フォームから送信された値を受け取って処理を行うことになります。これまで、こうした際には@RequestParamアノテーションを使ってきましたが、今回は「**HttpServletRequest**」を引数に用意しました。

HttpServletRequestというのは、JSP/サーブレットでおなじみの、あのHttpServletRequestです。サーブレットでdoGet/doPostする際には必ずお世話になりますね。

これまでフォームをPOSTで受け取るメソッドでは@RequestParamを利用してきました。が、HttpServletRequestが使えないわけではありません。要するに@RequestParamのパラメータというのは、HttpServletRequestのgetParameterを呼び出してパラメータを受け取る操作を自動的に行い、その結果を引数に設定するものだった、というわけです。

HttpServletRequestと同様に、HttpServletResponseも引数に指定することができます。サーブレットでおなじみのオブジェクトも、Spring Webでは使えるのです。

パラメータを利用し findById を実行

searchメソッドでは、引数にHttpServletRequestを受け取るようにしておき、このgetParameterを呼び出して送信されたフォームの値を取り出しています。

```
String param = request.getParameter("find_str");
```

これで、name="find_str"のフォームコントロールの値が取り出されました。この値を引数にしてfindByIdを呼び出し、結果をPerson配列にまとめておきます。

```
Person data = dao.findById(Integer.parseInt(param));
Person[] list = new Person[] {data};
```

パラメータで渡される値はテキスト（String値）ですので、これを整数にキャストしたものをfindByIdの引数に指定して呼び出します。findByIdで得られるのは1つのPersonなので、これを元に配列を作り、addObjectでdataに設定しています。

名前で検索する

もう1つの「**findByName**」を利用した例も挙げておきましょう。先ほどのsearchメソッドを以下のように書き換えます。

リスト5-8
```
@RequestMapping(value = "/find", method = RequestMethod.POST)
public ModelAndView search(HttpServletRequest request,
    ModelAndView mav) {
  mav.setViewName("find");
```

```
String param = request.getParameter("find_str");
if (param == ""){
  mav = new ModelAndView("redirect:/find");
} else {
  mav.addObject("title","Find result");
  mav.addObject("msg","「" + param + "」の検索結果");
  mav.addObject("value",param);
  List<Person> list = dao.findByName(param);  // ☆
  mav.addObject("data", list);
}
return mav;
}
```

図5-3：フィールドに名前を書いて送信すると、その名前の結果が表示される。

　今度は検索フィールドに名前を書いて送信してください。その名前のレコードを検索して表示します。今回は、先ほどのfindByIdよりも更に扱いが簡単です。フォームから渡された値を引数にして、ただDAOのfindByNameを呼び出すだけです。取り出した結果はListになっているので、そのままaddObjectでdataに設定するだけです。

　DAO側でメソッドを用意し、リクエストハンドラではそれを利用して簡単にデータベースから必要なレコードを受け取る。その基本的な使い方がだいたいわかったのではないでしょうか。

5-2 JPQLを活用する

JPQLの基本

データベース検索の基本については既にひと通り説明しました。先ほどPersonエンティティを取得するための処理をいくつか作成しましたが、これらは「**JPQL**」というクエリ言語を利用している、と説明しました。

JPQLは、SQLのクエリと似たクエリ文を実行することでデータベースを操作するための簡易言語です。これを利用することでデータベースを柔軟に操作することができます。前回、サンプルで作成したのは全エンティティを取得するという単純なものでしたが、本格的な検索処理を実装するなら、このJPQLをしっかりと理解する必要があるでしょう。

図5-4:JPAでは、JPQLという簡易言語のクエリ文を受け取り、それをSQLクエリ文に変換してデータベースにアクセスを行う。

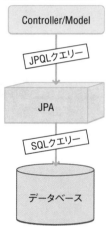

先ほどの復習になりますが、JPQLの利用はざっと以下のようになります。EntityManagerのBeanをあらかじめ用意しておき、そのcreateQueryを呼び出して結果を受け取るわけですね。

■EntityManagerの用意
```
@PersistenceContext
EntityManager entityManager;
```

■Queryの作成
```
Query 変数 =《EntityManager》.createQuery( クエリ文  );
```

■結果(List)の取得
```
List 変数 =《Query》.getResultList();
```

■結果（インスタンス）の取得

```
エンティティクラス 変数 =《Query》.getResult();
```

では、この基本を理解した上で、実際にJPQLによる検索をいろいろと作成していくことにしましょう。

DAOへのfindメソッド追加

では、検索を行うメソッドを作成しましょう。これはDAOにメソッドを追加します。まずはPersonDAOインターフェースの修正です。これに以下の一文を追記します。

リスト5-9

```
public List<T> find(String fstr);
```

単純なものですね。引数に検索テキストとなるStringを渡し、結果をエンティティクラスのインスタンスのListとして受け取ります。

では、PersonDAOPersonImpl.javaを開いて、PersonDAOPersonImplクラスにfindメソッドを追加しましょう。以下のリストのように追記してください。

リスト5-10

```
@Override
public List<Person> find(String fstr){
  List<Person> list = null;
  String qstr = "from Person where id = :fstr";
  Query query = entityManager.createQuery(qstr)
    .setParameter("fstr", Long.parseLong(fstr));
  list = query.getResultList();
  return list;
}
```

例として、IDでレコードを検索するメソッドを作成しておきます。IDによる検索は先に作りましたが、「**JPQLの使い方の基本**」としてもう一度作成することにします。

JPQLへのパラメータ設定

今回のサンプルでは、Queryの作成に今までとは違うやり方をしています。このfindでは、入力した値に応じて検索するJPQLのクエリ文を作る必要があります。普通に考えれば、

```
entityManager.createQuery("from Person where id = " + パラメータ)
```

このように、送られてきた引数の値をつなぎあわせてクエリ文を作成すればいい、と思うでしょう。先に作ったfindByIdは、このやり方をしていました。

もちろん、これでもいいのですが、ここでは以下のようなやり方をしています。

```
String qstr = "from Person where id = :fstr";
Query query = entityManager.createQuery(qstr).
  setParameter("fstr", Long.parseLong(fstr));
```

クエリ文は、"from Person where id = :fstr"というようにただのテキストです。が、よく見るとテキストの中に「**:fstr**」という変わった書き方が見えますね。

このように「:○○」という形式でJPQLのクエリ文に書かれたものは、パラメータ用の変数として扱われるのです。つまり、この後でfstrという変数に値を設定することで、クエリ文を完成させる、というわけです。

それを行っているのが、Queryインスタンスの「**setParameter**」です。これは、第1引数の変数に第2引数の値を設定する働きをします。この例ならば"fstr"という名前の変数にLong.parseLong(fstr)を設定していた、というわけです。

注目すべきは、setParameterの引数がfstrではなく、Long.parseLong(fstr)である、という点でしょう。これは、今回検索しているのがidの値であるためです。Personクラスでは、idフィールドはlong値として定義されていたため、検索値もlong値にしていたのですね。

そのままfstrを渡すと、IllegalArgumentException例外が発生するので注意しましょう。必ず検索するフィールドの型にあわせて検索値を指定する、ということを忘れないでください。

コントローラーを修正する

では、作成したfindを利用して検索を行うようにHellloControllerクラスのリクエストハンドラを修正しましょう。searchメソッドを以下に書き換えてください。

リスト5-11

```
@RequestMapping(value = "/find", method = RequestMethod.POST)
public ModelAndView search(HttpServletRequest request,
    ModelAndView mav) {
  mav.setViewName("find");
  String param = request.getParameter("find_str");
  if (param == ""){
    mav = new ModelAndView("redirect:/find");
  } else {
    mav.addObject("title","Find result");
    mav.addObject("msg","「" + param + "」の検索結果");
    mav.addObject("value",param);
    List<Person> list = dao.find(param);  // ☆
    mav.addObject("data", list);
  }
  return mav;
}
```

図5-5：ID番号を書いて送信すると、そのレコードを表示する。

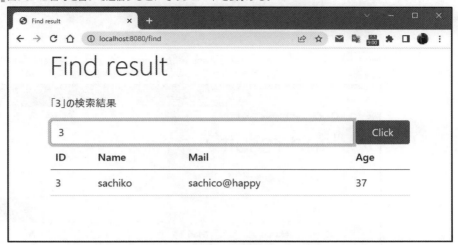

　これで作業は完了です。できたところで、実際に/findにアクセスして検索処理を行ってみましょう。ID番号を入力し送信すると、そのレコードが表示されます。

複数の名前付きパラメータは？

　JPQLのクエリ文で使った名前付きパラメータは、1つだけしか使えないわけではありません。SQLのクエリ文内にいくつでも埋め込むことができます。実際にやってみましょう。

　先ほどの検索処理を変更して、IDだけでなく名前やメールアドレスなどでも検索できるようにしてみます。DAOのfindメソッドを以下のように書き換えてください。

リスト5-12

```java
@SuppressWarnings("unchecked")
@Override
public List<Person> find(String fstr){
  List<Person> list = null;
  String qstr = "from Person where id = :fid or name like :fname or mail like :fmail";
  Long fid = 0L;
  try {
    fid = Long.parseLong(fstr);
  } catch (NumberFormatException e) {
    e.printStackTrace();
  }
  Query query = entityManager.createQuery(qstr)
      .setParameter("fid", fid)
      .setParameter("fname", "%" + fstr + "%")
      .setParameter("fmail", fstr + "%@%");
```

```
    list = query.getResultList();
    return list;
}
```

図5-6：テキストを送信すると、idまたはnameまたはmailにそのテキストを含むエンティティをすべて検索する。nameとmailが区別できるように、サンプルではnameを日本語に変えてある。

　このサンプルでは、ID、名前の一部、メールアドレスの名前部分のいずれかを入力フィールドに書いて送信すれば検索が行えます。例えばID番号 = 1、「**ハナコ**」という名前で「**hanako@flower**」というメールアドレスだった場合、「**1**」でも「**ハナ**」でも「**hana**」でも検索することができるようになります。

複数パラメータとメソッドチェーン

　では、作成しているJPQLのクエリを見てみましょう。ここでは、以下のようにテキストを作成していますね。

```
String qstr = "from Person where id = :fid or name like :fname or mail like :fmail";
```

　ここでは、:id、:fname、:fmailという3つの変数を埋め込んでいます。そしてQueryインスタンスを作成するところでは以下のように処理を記述しています。

```
Query query = entityManager.createQuery(qstr)
  .setParameter("fid", fid)
  .setParameter("fname", "%" + fstr + "%")
  .setParameter("fmail", fstr + "%@%");
```

　createQueryの後、setParameterが3つ連続して記述されています。QueryインスタンスのsetParameterメソッドは、パラメータを設定済みのQueryインスタンスを返すものですので、このようにメソッドチェーン（メソッドの呼び出しを連続して記述する手法）

を使っていくつも連ね、記述することができます。このように記述することで、1つの
クエリ内にいくつものパラメータを設定できるのです。

「?」による番号指定のパラメータ

クエリ内に埋め込むパラメータ用変数は、名前付きのものの他に、名前のないものも
あります。これは番号指定によって値を設定します。例えば「**:fid**」と指定していたものを
「**?1**」というように、「**?**」の後に数字を指定することでパラメータの埋め込み位置を設定
します。

こうした数によるパラメータの指定も、値の設定は「**setParameter**」で行うことができ
ます。第1引数に番号を指定することで、特定の番号の位置に値を埋め込みます。

では、先ほどのサンプルを書き換えて、DAOのfindリクエストハンドラを番号指定に
によるパラメータに変更してみましょう。

リスト5-13
```
@SuppressWarnings("unchecked")
@Override
public List<Person> find(String fstr){
  List<Person> list = null;
  String qstr = "from Person where id = ?1 or name like ?2 or mail like ?3";
  Long fid = 0L;
  try {
    fid = Long.parseLong(fstr);
  } catch (NumberFormatException e) {
    e.printStackTrace();
  }
  Query query = entityManager.createQuery(qstr)
    .setParameter(1, fid)
    .setParameter(2, "%" + fstr + "%")
    .setParameter(3, fstr + "%@%");
  list = query.getResultList();
  return list;
}
```

修正している部分は、クエリ文を変数に代入しているところと、Queryインスタンス
を作成している部分です。

■クエリ文の作成
```
String qstr = "from Person where id = ?1 or name like ?2 or mail like ?3";
```

■Queryの作成
```
Query query = manager.createQuery(qstr)
```

```
        .setParameter(1, fid)
        .setParameter(2, "%" + fstr + "%")
        .setParameter(3, fstr + "%@%");
```

　それぞれのパラメータの対応具合を確認しましょう。どのように値が埋め込まれるか
よくわかるでしょう。このやり方でも、番号によってそれぞれのパラメータを区別しま
すので、名前付きと同じように柔軟なパラメータ設定が行えます。

クエリアノテーション

　クエリは、Queryインスタンスを作成することで比較的簡単に作ることができます。
ここまでの説明で、十分自分でクエリ文を作れるようになっていることでしょう。
　ただし、この「**クエリ文がDAOクラスのコード内に文字列リテラルとして埋め込まれ
ている**」という状態は、あまりよいものとはいえません。クエリ文そのものをコードか
ら切り離して管理できたほうが、よりメンテナンスもしやすくなるでしょう。
　このようなときに覚えておきたいのが「**クエリアノテーション**」というものです。これ
はクエリをあらかじめ用意しておくことのできる機能です。中でも、クエリに名前を設
定して利用できる「**名前付きクエリ**」というものを作成するアノテーションは、クエリを
切り離して管理しやすくしてくれます。

▍@NamedQuery アノテーション

　名前付きクエリは、「**@NamedQuery**」というアノテーションを使って作ることができ
ます。実際にサンプルを作りながら、このアノテーションの利用の仕方を説明しましょ
う。まずはPerson.javaを開き、Personクラスの宣言の前（@Tableの次行あたり）に、以下
のようにしてアノテーションを用意してください。

リスト5-14

```
// import jakarta.persistence.NamedQuery;　追記する

@NamedQuery(
    name="findWithName",
    query="from Person where name like :fname"
)
```

　これが@NamedQueryアノテーションです。このアノテーションは、クエリ文に名前を
つけてエンティティクラスに用意しておくものです。これは以下のように記述をします。

```
@NamedQuery( name=名前 , query=クエリ文 )
```

　このように、クエリ文となる文字列テキストに名前をつけて設定しておくものです。
ここでは、"from Person where name like :fname"というクエリ文に「**findWithName**」と
いう名前をつけておいた、というわけです。
　このサンプルを見てもわかるように、クエリ文にはパラメータの変数などもそのまま

記述することができます。Queryで使っていたクエリ文をそのまま持ってくればいい、と考えてください。

複数のクエリを用意する

ここでは1つのクエリ文だけを用意しましたが、複数のクエリ文を用意したければ@NamedQueriesというアノテーションを使ってすべてをまとめることもできます。

リスト5-15

```
@NamedQueries (
  @NamedQuery(
    name="findWithName",
    query="from Person where name like :fname"
  )
)
```

例えば、先ほどの例ならばこのように記述することもできます。@NamedQueriesの()内に@NamedQueryが記述されていることがわかるでしょう。もし複数の@NamedQueryを用意したければ、カンマで区切っていくらでも@NamedQueryを追加することができます。

では、こうして用意された名前付きクエリを使って検索を行うよう、DAOのfindメソッドを修正しましょう。

リスト5-16

```
@SuppressWarnings("unchecked")
@Override
public List<Person> find(String fstr){
  List<Person> list = null;
  Query query = entityManager
    .createNamedQuery("findWithName")
    .setParameter("fname", "%" + fstr + "%");
  list = query.getResultList();
  return list;
}
```

図5-7：名前でレコードが検索される。

　ここではQueryインスタンスを作成するのに、「**createNamedQuery**」というメソッドを使っています。

```
《EntityManager》.createNamedQuery( クエリアノテーション名 );
```

　createNamedQueryメソッドは、このように引数にクエリアノテーションの名前を指定することで、その名前のクエリ文を取得してQueryインスタンスを作成します。先ほどの@NamedQueryで、nameに指定した"findWithName"という名前がcreateNamedQueryメソッドの引数に指定されていることがわかるでしょう。

　名前付きクエリを利用すると、実行するクエリ文をDAOのコードから切り離すことができます。エンティティクラスにクエリ文を置くため、「**このエンティティを操作するのに必要なものはすべてエンティティ自身に用意されている**」という状態になります。また複数のエンティティクラスを作成して利用したとき、同じ働きのクエリ文を同じ名前でそれぞれに置くことで、よりわかりやすい設計が行えるでしょう。

リポジトリと@Query

　DAOでEntityManagerを利用するテクニックの1つとして、@NamedQueryを利用する方法を説明しました。が、実はクエリアノテーションはこの他にもあります。

　@NamedQueryの場合、エンティティクラスにあらかじめ定義しておく必要があります。この方式はエンティティにすべてまとまっていてわかりやすいのは確かですが、何か検索機能を拡張する度にエンティティを書き換えるのはあまりスマートとはいえないでしょう。

　それより、データベースアクセスを実際に行うところ（リポジトリやDAOなど）に用意できたほうが便利ですね。

　Spring Data JPAでは、データベースアクセスはリポジトリを使うのが一般的ですが、このリポジトリとなるインターフェースに用意できるクエリアノテーションがありま

す。それは「**@Query**」というものです。これは、リポジトリインターフェースのメソッド宣言文の前に記述します。

@Query(**クエリのテキスト**)

この@Queryは、アノテーションを記述したメソッドを呼び出す際に、指定されたクエリが使われるようになります。

PersonRepository で @Query を使う

では、実際にやってみましょう。PersonRepositoryリポジトリに@Queryを使ったメソッドを追記してみます。PersonRepository.javaのコードを以下のように書き換えてください。

リスト5-17

```
package com.example.sample1app.repositories;

import java.util.List;
import java.util.Optional;

import org.springframework.data.jpa.repository.JpaRepository;
import org.springframework.data.jpa.repository.Query;
import org.springframework.stereotype.Repository;

import com.example.sample1app.Person;

@Repository
public interface PersonRepository
    extends JpaRepository<Person, Long> {

  @Query("SELECT d FROM Person d ORDER BY d.name")
  List<Person> findAllOrderByName();

  public Optional<Person> findById(Long name);
  ……以下略……

}
```

既に記述してあるメソッド類は一部省略してあります。

ここでは、findAllOrderByNameというメソッドを新たに宣言しています。このメソッドでは、@Queryの"SELECT d FROM Person d ORDER BY d.name"というクエリが実行され、その結果がList<Person>として返されるようになります。「**SELECT d FROM Person d**」で使われている「**d**」は、Personのエイリアス（別名）です。毎回、Personと書くのは面倒なので、「**d**」だけで済むようにしてあるのですね。

findAllOrderByName を利用する

では、これを呼び出して使ってみましょう。HelloControllerのindexメソッドを修正してください。

リスト5-18

```
@RequestMapping("/")
public ModelAndView index(
    @ModelAttribute("formModel") Person Person,
    ModelAndView mav) {
  mav.setViewName("index");
  mav.addObject("title", "Hello page");
  mav.addObject("msg","this is JPA sample data.");
  //List<Person> list = repository.findAll(); 下に修正
  List<Person> list = repository.findAllOrderByName();
  mav.addObject("data",list);
  return mav;
}
```

図5-8：indexリクエストハンドラで、findAllOrderByNameした結果を表示するようにしたもの。

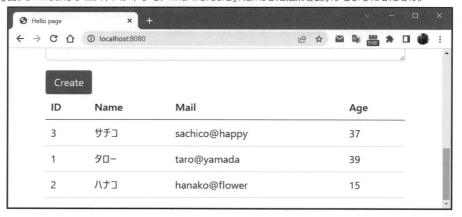

indexにアクセスしてみると、名前のアルファベット順に並べ替えられた状態でエンティティが表示されます。findAllOrderByNameに用意されている@Queryのクエリが実行されていることがよくわかるでしょう。

@NamedQueryも@Queryも、内部的に行うJPQLの作業は何ら変わりありません。単に用意する場所が違うだけで、内部的な違いはありません。

@NamedQueryのパラメータ設定

クエリアノテーションは、クエリのテキストをあらかじめ登録しておきます。が、詳細な検索を行いたい場合、どうしてもクエリの中に検索条件のための値を組み込むなどする必要が生じます。

　こうした場合には、クエリアノテーションに設定するクエリテキストにパラメータを
用意しておくこともできます。

　例えば、ageの値が一定の範囲内にあるものだけ検索する、というクエリアノテーショ
ンを考えてみましょう。

　@NamedQueryの場合、こうなるでしょう。

リスト5-19

```
@NamedQuery(
  name="findByAge",
  query="from Person where age >= :min and age < :max"
)
```

　Person.javaを開きPersonクラスの宣言の手前に、こんな形で@NamedQueryを用意し
ておきます。

　ここでは、クエリテキスト内に:minと:maxという2つのパラメータを埋め込んであ
ります。これらに値を渡すようにして呼び出せばいいのです。これでageの値が:min以
上:max未満のレコードを検索します。

DAO に findByAge を追加する

　では、DAO側からこのfindByAgeクエリを呼び出す処理を用意してみましょう。
PersonDAO.javaとPersonDAOPersonImpl.javaのそれぞれに追記をします。

リスト5-20──PersonDAO.javaに追記

```
public List<T> findByAge(int min, int max);
```

リスト5-21──PersonDAOPersonImpl.javaに追記

```
@SuppressWarnings("unchecked")
@Override
public List<Person> findByAge(int min, int max) {
  return (List<Person>)entityManager
    .createNamedQuery("findByAge")
    .setParameter("min", min)
    .setParameter("max", max)
    .getResultList();
}
```

　これで完成です。createNamedQueryを使ってfindByAgeのQueryを作成し、引数で渡
されたパラメータをそれぞれ設定してgetResultListで結果を取り出しています。

　Queryインスタンスの作成は、createNamedQueryを使って行います。引数には、クエ
リの名前findByAgeを指定しておきます。

```
.setParameter("min", min)
.setParameter("max", max)
```

そして、setParameterを使い、minとmaxのパラメータに値を設定します。これで、@NamedQueryに用意したクエリテキストの:minと:maxにそれぞれ値が組み込まれます。後は、getResultListでエンティティを検索するだけです。

リクエストハンドラから findByAge を利用する

では、DAOに作成したfindByAgeメソッドを利用してみましょう。HelloControllerクラスのsearchメソッドを以下のように書き換えてください。

リスト5-22

```
@RequestMapping(value = "/find", method = RequestMethod.POST)
public ModelAndView search(HttpServletRequest request,
    ModelAndView mav) {
  mav.setViewName("find");
  String param = request.getParameter("find_str");
  if (param == ""){
    mav = new ModelAndView("redirect:/find");
  } else {
    String[] params = param.split(",");
    mav.addObject("title","Find result");
    mav.addObject("msg","「" + param + "」の検索結果");
    mav.addObject("value",param);
    List<Person> list = dao.findByAge(
        Integer.parseInt(params[0]),
        Integer.parseInt(params[1]));  // ☆
    mav.addObject("data", list);
  }
  return mav;
}
```

図5-9：「10,30」とすると、ageが10以上30未満のものを検索する。

　検索フィールドに2つの整数をカンマで区切って入力し送信すると、ageが2つの整数の間に含まれているものを検索します。例えば「**10,30**」とすれば、ageの値が10以上30未満のものを検索します。

　ここではパラメータのテキストをカンマで2つに分解し、DAOのfindByAgeの引数にそれぞれ指定して実行しています。

```
dao.findByAge(Integer.parseInt(params[0]),Integer.parseInt(params[1]))
```

　Stringの値を整数にしているのでちょっと面倒な感じですが、findByAgeの呼び出しそのものは非常にシンプルに行えるのがわかります。

@Queryのパラメータ設定

　では、@Queryを利用する場合はどうなるでしょうか。これも、基本的には同じです。クエリテキスト内に変数を埋め込み、これをメソッドの引数として用意します。ただし、このときに「**@Param**」というアノテーションを使い、どの変数がどのパラメータと関連付けられるかを指定する必要があります。

　例えば、先ほど@NamedQueryに追加したfindByAgeメソッドを、リポジトリに用意する場合どうなるか考えてみましょう。PersonRepositoryインターフェースに、以下のようにメソッドを追加すればよいでしょう。

リスト5-23

```
// import org.springframework.data.repository.query.Param; 追記

@Query("from Person where age > :min and age < :max")
public List<Person> findByAge(@Param("min") int min, @Param("max") int max);
```

　PersonRepositoryに、findByAgeというメソッドを追加し、@Queryアノテーションを追加します。メソッドでは、@Param("min")と@Param("max")をそれぞれの引数に用意してあります。これにより各引数で渡された値が、クエリテキストの:minと:maxに嵌めこまれて実行されるようになります。

　後は、HelloControllerのsearchメソッドに書いたfindByAgeの呼び出しを、DAOからリポジトリに変更するだけです。

```
List<Person> list = dao.findByAge(……)
```
　　⬇
```
List<Person> list = repository.findByAge(……)
```

　これで、先ほどと全く同じようにfindByAgeを使った検索が行えます。

　@NamedQueryと@Queryは、使い方に慣れれば同じクエリを簡単にどちらの形でも組み込めるようになります。エンティティ自体にクエリをもたせるほうがいいか、リポジトリに用意するのがいいか。アプリケーションの設計によって、このどちらが便利か考えながら使い分けられるようになりましょう。

5-3 Criteria APIによる検索

Criteria APIの基本3クラス

　ここまでの検索は、原則としてJPQLのクエリ文を実行して処理を行いました。これはSQLに非常に近い言語であり、既にSQLを使っているユーザーにはわかりやすいものです。が、これは「**あまりJavaらしくない方法**」ともいえます。

　JPAを使い、テーブルのデータをエンティティというオブジェクトとして扱うことで、Javaらしいデータベース管理が行えるようになったというのに、実際のデータベースアクセスは「**SQLライクな言語でクエリを書いて発行する**」というのでは、JPAというものを使う利点も半減してしまうでしょう。こうしたSQLっぽい部分をなくしたい、と思う人は多いはずです。

　JPAには「**Criteria API**」という機能があり、これを利用することで、メソッドベースのJavaらしいデータベースアクセスが行えるようになります。

　Cirteria APIでは、3つのクラスを組み合わせて利用します。それは以下のものです。

CriteriaBuilderクラス	Criteria APIによるクエリ生成を管理するためのものです。
CriteriaQueryクラス	Criteria APIによるクエリ実行のためのクラスです。
Rootクラス	検索されるエンティティのルートとなるものです。ここから必要なエンティティを絞り込んだりするのに用います。

　この3つのクラスを使いこなすことで必要なエンティティを検索したりすることができるようになります。では、利用のための流れを簡単に整理しましょう。

■①CriteriaBuilderの取得
```
CriteriaBuilder builder =《EntityManager》.getCriteriaBuilder();
```

　まず最初に行うのは、CriteriaBuilderインスタンスの用意です。これはEntityManagerのgetCriteriaBuilderを呼び出すだけです。

■②CriteriaQueryの作成
```
CriteriaQuery<エンティティ> 変数 = 《CriteriaBuilder 》.
  createQuery( エンティティ.class );
```

　CriteriaQueryは、Criteria API専用のQueryクラスだと考えるとよいでしょう。CriteriaQueryでは、Queryと違いクエリ文は使いませんので、引数にクエリ文などは不要です。特定のエンティティにアクセスするには、そのエンティティのclassプロパティを引数に指定します。

■③Rootの取得
```
Root<エンティティ> 変数 = 《CriteriaQuery》.from(エンティティ.class);
```

Rootを取得します。これは、CriteriaQueryのfromメソッドで取得します。引数には、検索するエンティティのClass（classプロパティ）を指定します。これで検索の準備が整いました。

■④CriteriaQueryのメソッドを実行

CriteriaQueryでエンティティを絞り込むためのメソッドを呼び出します。これにはいくつかのものが用意されており、必要に応じてそれらをメソッドチェーンで連続して呼び出していきます。

■⑤createQueryして結果を取得

```
List<エンティティ> 変数 = (List<エンティティ>)《EntityManager》.
  createQuery(《CriteriaQuery》).getResultList();
```

最後に、createQueryでQueryを生成し、getResultListで結果のListを取得します。この部分は、通常のQueryによる検索処理と同じですね。違いはただcreateQueryの引数に指定するのがCriteriaQueryである、という点のみです。

Criteria APIによる全要素の検索

では、実際にCriteria APIを使って検索を行ってみましょう。DAOのメソッドを書き換える形でためしてみることにします。まず最初に、PersonDAOPersonImpl.javaのソースコードのはじめに以下のimport文を追記しておきましょう。

リスト5-24

```
import jakarta.persistence.criteria.CriteriaBuilder;
import jakarta.persistence.criteria.CriteriaQuery;
import jakarta.persistence.criteria.Root;
```

では、検索を行います。まずは全エンティティの取得（getAllメソッド）を書き換えてみましょう。以下のように変更してください。

リスト5-25

```
@Override
public List<Person> getAll() {
  List<Person> list = null;
  CriteriaBuilder builder = entityManager
      .getCriteriaBuilder();
  CriteriaQuery<Person> query = builder
      .createQuery(Person.class);
  Root<Person> root = query.from(Person.class);
  query.select(root);
  list = (List<Person>)entityManager
      .createQuery(query)
      .getResultList();
```

0.0

```
        return list;
    }
```

修正したら、HelloControllerからgetAllメソッドを使ってみましょう。先に、indexメソッドの中でrepository.findAllOrderByNameを呼び出しレコードを取得するようにコードを変更していましたね(リスト5-18)。これを、dao.getAll利用の形に修正します。

リスト5-26

```
@RequestMapping("/")
public ModelAndView index(
    @ModelAttribute("formModel") Person Person,
    ModelAndView mav) {
  mav.setViewName("index");
  mav.addObject("title", "Hello page");
  mav.addObject("msg","this is JPA sample data.");
  List<Person> list = dao.getAll();   //☆
  mav.addObject("data",list);
  return mav;
}
```

これでトップページにアクセスをすると、DAOのgetAllを使ってすべてのレコードが表示されます。

図5-10：indexリクエストハンドラから修正版getAllを呼び出し全エンティティを取得表示したところ。

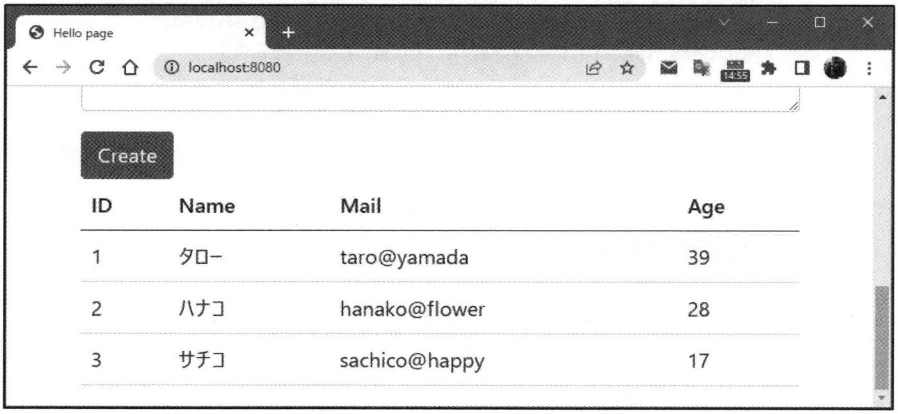

Criteria API でレコードを検索する

では、DAOに作成したgetAllメソッドを見てみましょう。ここでは、まずCriteriaBuilderインスタンスを要し、そこからCriteriaQueryを作成しています。

```
CriteriaBuilder builder = entityManager.getCriteriaBuilder();
CriteriaQuery<Person> query = builder.createQuery(Person.class);
```

　CriteriaQueryの作成では、<Person>と総称型を指定し、Personエンティティを扱うことを指定しています。

　準備ができたら、Rootインスタンスを作成し、CriteriaQueryの検索処理を行います。

```
Root<Person> root = query.from(Person.class);
query.select(root);
```

　Rootの取得では、総称型としてPersonを指定します。「**from**」メソッドを呼び出すことで、Personから取得される、全Personを情報として保持したRootインスタンスが得られます。

　Root取得後、すべてのPersonを取得するのに、CriteriaQueryの「**select**」を呼び出しています。引数にPerson.classを指定することで、Rootに保持されている全Personを取得するようにCriteriaQueryが設定されます。

　後は、このCriteriaQueryを使ってcreateQueryし、getResultListすれば、すべてのPersonが取得される、というわけです。途中のクエリ作成の部分がJPQLとは違いますが、「**クエリが用意できたらcreateQueryしてgetResultListする**」という最終的なレコードの取得部分は全く同じです。

Criteria APIによる名前の検索

　続いて、DAOのfindメソッドを書き換えてみましょう。これも基本は同じです。ただ絞り込みのためのメソッドの呼び出しが少し違っているだけです。

リスト5-27
```
@Override
public List<Person> find(String fstr){
  CriteriaBuilder builder = entityManager
      .getCriteriaBuilder();
  CriteriaQuery<Person> query = builder
    .createQuery(Person.class);
  Root<Person> root = query
    .from(Person.class);
  query
    .select(root)
    .where(builder.equal(root.get("name"), fstr));
  List<Person> list = null;
  list = (List<Person>) entityManager
      .createQuery(query)
      .getResultList();
  return list;
}
```

　修正できたら、このDAOのfindを使って検索をするようにHelloControllerクラスのsearchメソッドを修正しましょう。

リスト5-28

```
@RequestMapping(value = "/find", method = RequestMethod.POST)
public ModelAndView search(HttpServletRequest request,
    ModelAndView mav) {
  mav.setViewName("find");
  String param = request.getParameter("find_str");
  if (param == ""){
    mav = new ModelAndView("redirect:/find");
  } else {
    List<Person> list = dao.find(param);
    mav.addObject("data", list);
  }
  return mav;
}
```

　修正したら、/findにアクセスし、検索をしてみましょう。入力したテキストと同じnameのエンティティを検索し表示します。

図5-11：searchリクエストハンドラで修正版findを使って検索したところ。入力したテキストと一致するnameのエンティティだけを検索し表示する。

where を使った検索の流れ

　では、OADのfindメソッドで行っていることを整理しましょう。ここでは、引数のテキストとnameの値が一致するエンティティだけを検索するようにしています。Rootインスタンスを取得した後、取り出すエンティティを絞り込むための処理として以下のようにメソッドを呼び出しています。

```
query.select(root).where(builder.equal(root.get("name"), fstr));
```

　select(root)は先ほどと同じですが、その後にメソッドチェーンを使って「**where**」というメソッドを呼び出しています。これは単純なようですが、いくつかのメソッドが組み

合わされていることがわかるでしょう。以下に簡単に整理します。

```
where(《Expression<boolean>》)
```

　whereでは、引数に指定するExpressionによりエンティティを絞り込むための処理を行います。このExpressionというのは、後述しますがさまざまな式の評価を扱うものです。

```
equal(《Expression》,《Object》)
```

　ここで利用しているequalメソッドは、引数に指定したExpressionとObjectにより、両者が等しいかどうかを確認し、結果を「**Predicate**」というクラスのインスタンスとして返します。これはExpressionのサブクラスです。Predicateという名前からイメージできるかも知れませんが、メソッドにより指定される条件や式などの記述をオブジェクトとして表す役割を果たします。
　このPredicateは、多数のエンティティがあるところに絞り込むための条件を付加する働きをします。つまり、equalならば、引数に指定したものが等しいという条件を示すPredicateが用意されることになります。これを元にして、その条件に合致するエンティティを絞り込むことができるわけです。

```
get(《String》)
```

　equalの引数にはRootにある「**get**」が使われています。これはエンティティから指定のプロパティの値に関するPathインスタンス（これもExpressionのサブクラスです）を返します。

Expression について

　Criteria APIが非常に複雑に思えるのは、ここで登場する「**Expression**」というものがうまくイメージできない、ということが大きいでしょう。
　これは文字通り、「**評価**」を扱うオブジェクトです。whereならば、その引数としてbooleanを総称型として指定されたExpressionが渡されます。これは、一度SQLの考え方に立ち返って、「**where句はどういう働きをするものか**」を考えるとイメージしやすいでしょう。where句では、その後に記述された式を評価し、その結果がtrueとなるレコードだけを絞り込んで取得する働きをします。
　このwhereメソッドも行っていることはそれと同じです。ただ、クエリ文のテキストではなく、オブジェクトとして引数を指定する点が異なっているだけです。ということは、真偽値で評価する式に相当するものがオブジェクトとして渡されるはずだ、ということは想像がつくでしょう。それが、引数のbuilder.equalの戻り値だったのです。
　equalは、その名前からもわかるように、ある項目の値が指定の値と等しいかどうかを調べるためのものです。そのために、第1引数にroot.getというものを使ってエンティティのプロパティを、そして第2引数にチェックする値を用意しています。これにより、エンティティのプロパティの値が指定の値かどうかをチェックするPredicateインスタンスが得られます。Predicateは、Expressionのサブクラスですから、基本的に「**同じ役割をするもの**」と理解していいでしょう。
　Predicateは、多数のエンティティからさまざまな条件によってデータを絞り込むのに

重要な役割を果たします。Criteria APIには、さまざまな条件を示すためのPredicateを返すメソッドが用意されており、これらを使って得られたPredicateを組み合わせて、複雑な絞り込みが行えるようになるのです。

値を比較するためのCriteriaBuilderメソッド

Criteria APIをうまく活用するためには、CriteriaQueryでエンティティの操作を行うためのメソッド類をいかにしてマスターするか、が重要なことがわかります。これらは1つのクラスでなく、いくつものクラスの機能を組み合わせるため、余計に難しそうに思えてしまいます。まずは必要なものを整理していくことにしましょう。

最初に、whereメソッド内で用いられていたCriteriaBuilderのequalメソッドと同じような働きをするメソッドから整理していきましょう。

```
《CriteriaBuilder》.equal(《Path》,《Object》)
```

これが先ほど使われたものですね。第1引数のPathで指定されたエンティティのプロパティが第2引数と等しいかどうかをチェックするものです。

```
《CriteriaBuilder》.notEqual(《Path》,《Object》)
```

これはequalと反対の働きをします。2つの引数の示すものが等しくないことを調べます。

```
《CriteriaBuilder》.gt(《Path》,《Object》)
《CriteriaBuilder》.greaterThan(《Path》,《Object》)
```

第1引数で指定した要素が、第2引数の値より大きいことをチェックするものです。基本的に数値関係のプロパティで使うものです。2つありますが、どちらも働きは同じです。

```
《CriteriaBuilder》.ge(《Path》,《Object》)
《CriteriaBuilder》.greaterThanOrEqualTo(《Path》,《Object》)
```

第1引数で指定した要素が、第2引数の値と等しいか大きいことをチェックします。equalとgreaterThanをあわせたものと考えるとよいでしょう。やはり2つメソッドがあり、働きはどちらも同じです。

```
《CriteriaBuilder》.lt(《Path》,《Object》)
《CriteriaBuilder》.lessThan(《Path》,《Object》)
```

第1引数で指定した要素が、第2引数の値より小さいことをチェックするものです。メソッドは2つあり、どちらも働きは同じものです。

```
《CriteriaBuilder》.le(《Path》,《Object》)
《CriteriaBuilder》.lessThanOrEqualTo(《Path》,《Object》)
```

　第1引数で指定した要素が、第2引数の値と等しいか小さいことをチェックします。equalとlessThanをあわせたものです。2つのメソッドはどちらも同じものです。

《CriteriaBuilder》.between(《Path》,《Object1》,《Object2》)

　珍しく3つの引数をもったメソッドです。第1引数で指定した要素が、第2引数と第3引数の間に含まれていることをチェックするものです。

《CriteriaBuilder》.isNull(《Path》)

　引数で指定した要素がnullであることをチェックするものです。

《CriteriaBuilder》.isNotNull(《Path》)

　引数で指定した要素がnullでないことをチェックするものです。

《CriteriaBuilder》.isEmpty(《Path》)

　引数で指定した要素が空っぽ(空白文字を含む)であることをチェックするものです。

《CriteriaBuilder》.isNotEmpty(《Path》)

　引数で指定した要素が空っぽでないことをチェックするものです。

《CriteriaBuilder》.like(《Path》,《String》)

　引数に指定した要素の値が、第2引数の文字列を含んでいるかどうかをチェックするものです。SQLのlikeと同じく、値の前後に%記号をつけることでワイルドカードで文字列を比較できます。

《CriteriaBuilder》.and(《Predicate1》,《Predicate2》, ……)

　2つの式を示すオブジェクトがいずれも成立することをチェックするものです。引数には、ここに挙げたようなメソッドを使って作成された式が用意されます。なお、ここでは2つの引数を指定していますが、これは可変引数になっており、いくつでも引数を記述することができます。

《CriteriaBuilder》.or(《Predicate1》,《Predicate2》, ……)

　2つの式を示すオブジェクトのいずれかが成立することをチェックするものです。andと同様にここに挙げたメソッドで作られた式を指定します。これも可変引数であり、引数を増やせます。

```
《CriteriaBuilder》.not(《Predicate1》)
```

引数に指定された式が成立しないことをチェックするものです。

この他にも多数のメソッドがCriteriaBuilderには用意されていますが、とりあえずここに挙げたものがひと通りわかれば、基本的な式は作成できるようになるでしょう。これらのメソッドで作られた式をwhereの引数に指定することで、基本的な検索のためのCriteriaQueryはだいたい作れるようになるはずです。

orderByによるエンティティのソート

検索された結果は、基本的にエンティティを作成した順番（通常はID番号順）に取り出されます。が、エンティティをListとして取得する際、並び順を変更したい場合もあるでしょう。こうした場合に用いられるのが、CriteriaQueryの「**orderBy**」メソッドです。これは以下のように呼び出します。

```
《CriteriaQuery》.orderBy(《Order》);
```

引数には「**Order**」というクラスのインスタンスを指定します。これはCriteriaBuilderにある以下のメソッドを使って取得するのが一般的です。

■昇順のOrderを得る
```
《CriteriaBuilder》.asc(《Expression》);
```

■降順のOrderを得る
```
《CriteriaBuilder》.desc(《Expression》);
```

引数のExpressionは、CriteriaBuilderのgetを使い、エンティティのプロパティを示すPathを指定するのが一般的です。

では、利用例を挙げましょう。先ほど作ったPersonDAOPersonImpl.javaのgetAllにソートの処理を追加してみます。

リスト5-29
```
@Override
public List<Person> getAll() {
  List<Person> list = null;
  CriteriaBuilder builder =
      entityManager.getCriteriaBuilder();
  CriteriaQuery<Person> query =
      builder.createQuery(Person.class);
  Root<Person> root = query.from(Person.class);
  query.select(root)
      .orderBy(builder.asc(root.get("name")));
  list = (List<Person>)entityManager
```

```
        .createQuery(query)
        .getResultList();
    return list;
}
```

図5-12：indexリクエストハンドラから修正版getAllにアクセスしエンティティを表示したところ。nameの値で昇順に並べ替えているのがわかる。

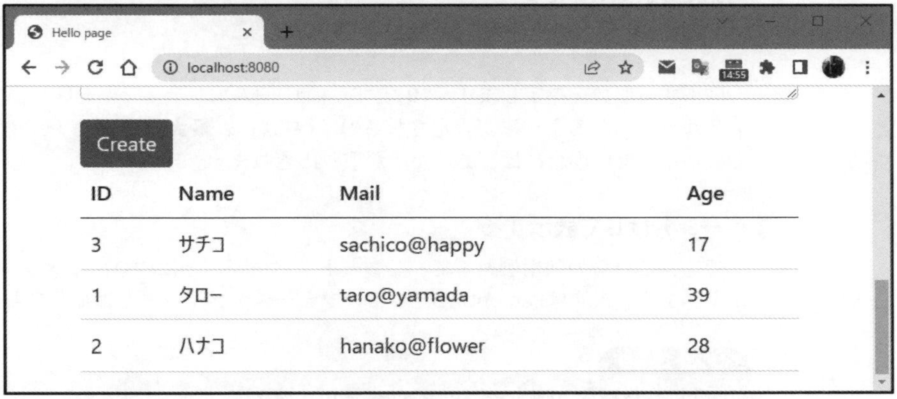

　先ほど作成した全エンティティ取得のgetAllメソッドを変更したものです。このメソッドではPersonエンティティをnameで昇順に並べて表示します。query.selectを実行している文を見ると、このようになっていますね。

```
query.select(root).orderBy(builder.asc(root.get("name")));
```

　selectもCriteriaQueryを返すメソッドですから、このようにselectの後にメソッドチェーンを使って連続してorderByを記述することができます。orderByの引数には、builder.asc(root.get("name"))と指定されています。これで、nameの要素について昇順に並べ替えるPredicateが設定されます。
　このbuilder.asc(root.get(○○))といった書き方は、orderByの基本と考えておくとよいでしょう。

取得位置と取得個数の設定

　Queryには、エンティティを取得するためのメソッドは基本的に2種類しかありません。1つだけを返すgetSingleResultと、全エンティティをListで返すgetResultListです。
　しかし実際のデータベース利用の際には、「**5番目から10個のデータだけ取り出す**」というようなこともあります。例えばページング（ページ分け）を行うような場合、「**最初から10個取り出す**」「**11番目から10個取り出す**」……といった具合に指定の場所から指定の数だけ取り出す必要があるでしょう。
　こうしたエンティティの取得位置と取得個数を指定したい場合には、（CriteriaQueryではなく）Queryインスタンス内のメソッドを利用します。

■ **指定の位置から取得する**

```
Query 変数 = 《Query》.setFirstResult(《int》);
```

引数に整数値を指定します。一番最初のエンティティから取得する場合は「**0**」となり、2番目からは「**1**」、3番目からは「**2**」……という具合に値を指定します。

■ **指定の個数を取得する**

```
Query 変数 = 《Query》.setMaxResults(《int》);
```

取得する個数を指定します。「**10**」とすれば10個のエンティティを取り出します。メソッド名からもわかるように、設定されるのは得られる「**最大数**」です。例えばエンティティの数が足りない場合には、あるだけが取り出されます。

ページ分けして表示する

では、これらの利用例として、レコードをページごとに取り出すメソッドを作成してみましょう。まずはPersonDAOインターフェースにメソッドを追加しておきます。

リスト5-30

```
public List<T> getPage(int page, int limit);
```

ページ番号と、1ページあたりのレコード数を引数に渡すと、そのページのレコードを返します。

では、PersonDAOPersonImplクラスにメソッドの実装を追加しましょう。以下のように追記してください。

リスト5-31

```
@Override
public List<Person> getPage(int page, int limit) {
  int offset = page * limit; // 取り出す位置
  CriteriaBuilder builder =
      entityManager.getCriteriaBuilder();
  CriteriaQuery<Person> query =
      builder.createQuery(Person.class);
  Root<Person> root =
      query.from(Person.class);
  query.select(root);
  return (List<Person>)entityManager
      .createQuery(query)
      .setFirstResult(offset)
      .setMaxResults(limit)
      .getResultList();
}
```

後は、これを利用したリクエストハンドラを用意するだけです。今回は、Hello

Controllerクラスに「**page**」というメソッドを新たに追加することにしましょう。

リスト5-32

```
@RequestMapping(value = "/page/{page}", method = RequestMethod.GET)
public ModelAndView index(ModelAndView mav, @PathVariable int page) {
  mav.setViewName("find");
  mav.addObject("msg","Personのサンプルです。");
  int num = 2; // ページあたりの項目数
  Iterable<Person> list = dao.getPage(page,num);    // ☆
  mav.addObject("data", list);
  return mav;
}
```

図5-13：/page/0とすると、最初のページのレコード2つが表示される。

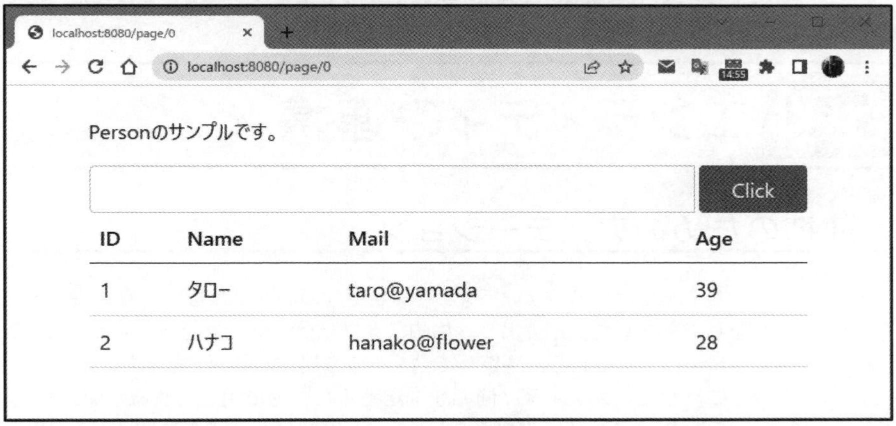

修正したら、/page/番号 という形でアクセスしてみましょう。例えば、/page/0にアクセスすれば、最初のページのレコードが2つ表示されます。/page/1にすれば次のページが表示されます。

ここでは1ページあたりの項目数をnumという変数として用意してあります。このnumとパラメータのページ番号の値をいろいろと変更して表示を確認してみましょう。

setFirstResult と setMaxResults

では、作成したgetPageメソッドを見てみましょう。ここではQueryインスタンスを作成し、getResultListでエンティティを取得する部分を以下のように記述しています。

```
list = (List<Person>)entityManager
    .createQuery(query)
    .setFirstResult(offset)
    .setMaxResults(limit)
    .getResultList();
```

createQueryの後、メソッドチェーンでsetFirstResultとsetMaxResultsを記述しています。注意したいのは、「**getResultListは一番最後につける**」という点。getResultListはQueryを返すものではなく、最終的に作られたQueryからListを得るものですから、getResultListの後にメソッドチェーンはつなげられません。

Cirteria APIはメソッドによるJPQL

以上、Criteria APIを利用したデータベースアクセスの基本について説明しました。実際に簡単なサンプルを作ってみると、Criteria APIはJPQLとそれほど違わない働きをしていることがわかってきます。これは、JPQLのクエリ（命令文）を、メソッドの呼び出しによって作成しているのです。したがって、内部的には両者はほぼ同じことを行っていると考えていいでしょう。

「**このメソッドは、JPQLのこの部分を作成するものだ**」という両者の対応がわかってくると、Criteria APIはスムーズにメソッドチェーンを書けるようになるでしょう。

5-4 エンティティの連携

連携のためのアノテーション

ここまでは、エンティティが1種類だけのシンプルなデータ構造のものについて説明をしてきました。が、より本格的なアプリケーションを構築するとなると、複数のテーブルを作り、それらが連携して動くような処理が必要となるでしょう。

こうしたエンティティ間の連携を考えたときに用いられるのが、一般に「**リレーションシップ**」あるいは「**アソシエーション**」と呼ばれる機能です。SQLの場合、JOINと呼ばれる機能を使って実装することになり、これはこれでいろいろと考えなければいけないことが多いのですが、エンティティの場合、連携の処理は非常に簡単です。なにしろJavaのクラスなのですから、クラスのプロパティとして別のエンティティを持たせてしまえばいいのですから。

ただし、単にプロパティを用意して関係するエンティティのインスタンスを保管する、ということだと、関連付けるオブジェクトのプロパティへの保存などをすべて手作業で行わなければいけません。そこでSpringでは、専用のアノテーションを使って簡単に設定が行えるようになっています。

（※Springでは……といいましたが、これはJPAの機能です）

このアノテーションは、エンティティ内に、関連付ける別のエンティティのインスタンスを保管するためのプロパティを用意したときに用いられます。そのプロパティに関連付けのためのアノテーションを用意することで必要な処理が行われるようにします。

このアノテーションは、4種類のものが用意されています。以下に整理しておきましょう。

@OneToOne

2つのエンティティが1対1で対応する連携を示すものです。例えば、利用者のデータと、図書館の登録カードのデータを考えてみましょう。登録カードは原則として1名につき1枚発行されます。利用者とカードは必ず1対1で対応しています。こうした関係を示すものです。

図5-14:「生徒のテーブル」は「利用者のテーブル」にOneToOneの対応。利用者テーブルと図書館登録カードのテーブルは、1人の利用者につき常に1つの図書カードに対応する。

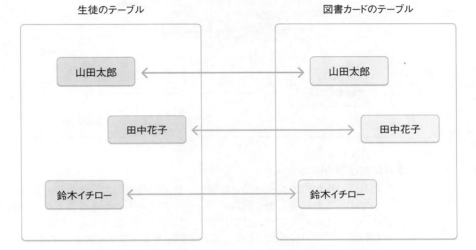

生徒のテーブル　　　　　　　　　　　　　図書カードのテーブル

@OneToMany

1つのエンティティに対し、もう一方のエンティティ複数が対応するものです。これは利用者と貸し出し図書の関係を考えればいいでしょう。1人の利用者は、一度に何冊でも本を借りることができます。つまり利用者1人に対し、複数の図書が対応するわけです。

@ManyToOne

複数のエンティティに対し、もう一方のエンティティ1つだけが対応するものです。これは今の@OneToManyを逆から考えればいいでしょう。例えば利用者と貸し出し図書の関係ならば、貸し出された本からすれば、複数の本が1人の利用者に関連付けられることになります。

▎**図5-15**：「生徒のテーブル」は「利用者のテーブル」にOnetoManyとManyToOneの関係。利用者1人で複数の図書を借りることができる。

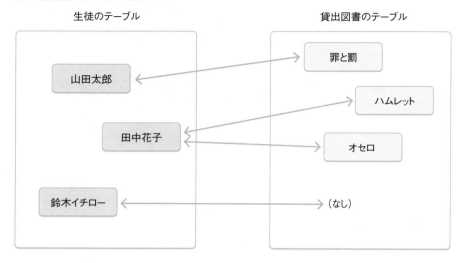

@ManyToMany

　これは、複数のエンティティに対し、他方の複数のエンティティが対応するというものです。これは貸し出し記録のデータを考えるとわかるでしょう。それぞれの利用者は、たくさんの本をそれまでに借りています。そして本も、たくさんの利用者に借りられています。両者の貸し出し記録の関係をデータベースとして整理すると、この@ManyToManyになるでしょう。

▎**図5-16**：「生徒のテーブル」は「利用者のテーブル」にManyToManyの対応。利用者と図書の貸し出し履歴は、複数の利用者と複数の本がお互いに関連し合う。

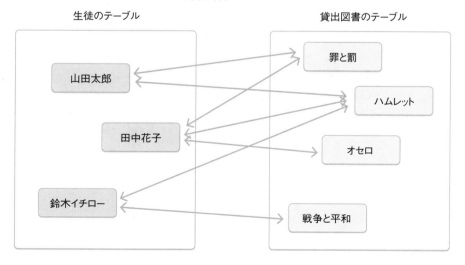

Messageエンティティを作る

　では、実際の利用例を作ってみましょう。今回は、Personに関連付けられる「**Message**」というエンティティを考えてみましょう。これは、メッセージを管理するためのものです。Personで登録されたユーザーがメッセージを送信すると、Messageに投稿したメッセージと、投稿者を示すPersonが保管されるようになります。

　では、「**Person.java**」と同じ場所に、新たに「**Message.java**」というファイルを用意してください。

リスト5-33

```java
package com.example.sample1app;

import java.util.Date;

import jakarta.persistence.Column;
import jakarta.persistence.Entity;
import jakarta.persistence.GeneratedValue;
import jakarta.persistence.GenerationType;
import jakarta.persistence.Id;
import jakarta.persistence.ManyToOne;
import jakarta.persistence.Table;
import jakarta.validation.constraints.NotBlank;
import jakarta.validation.constraints.NotNull;

@Entity
@Table(name = "msgdata")
public class Message {

    @Id
    @GeneratedValue(strategy = GenerationType.AUTO)
    @Column
    @NotNull
    private long id;

    @Column(nullable = false)
    @NotBlank
    private String content;

    @Column
    private Date datetime;

    @ManyToOne
    private Person Person;
```

```java
    public long getId() {
        return id;
    }

    public void setId(long id) {
        this.id = id;
    }

    public Date getDatetime() {
        return datetime;
    }

    public void setDatetime(Date datetime) {
        this.datetime = datetime;
    }

    public String getContent() {
        return content;
    }

    public void setContent(String content) {
        this.content = content;
    }

    public Person getPerson() {
        return Person;
    }

    public void setPerson(Person Person) {
        this.Person = Person;
    }
}
```

　基本的なプロパティとアクセサはわかりますね。ここでは連携のアノテーションを設定したPersonプロパティの部分だけチェックしておきましょう。

```java
@ManyToOne
private Person Person;
```

　このMessageは、1人のメンバーがいくつでもメッセージを投稿できることを考えると、@ManyToOneでPersonに関連付けられている、と考えることができます。指定するのはわずかにこれだけです。

Personを修正する

　続いて、Personクラスを修正しましょう。こちらは、Messageと関連付けるための
Messagesというプロパティを追加することにします。

リスト5-34

```
// 以下のimportを追加
// import java.util.List;
// import jakarta.persistence.CascadeType;
// import jakarta.persistence.OneToMany;

@Entity
@Table(name = "Person")
public class Person {

   // 以下のフィールドとメソッドを追加
   @OneToMany(mappedBy="Person")
   @Column(nullable = true)
   private List<Message> messages;

   public List<Message> getMessages() {
     return messages;
   }

   public void setMessages(List<Message> messages) {
     this.messages = messages;
   }

   ……その他のものは変更しないので省略……
}
```

　ここではmessagesというプロパティを追加しています。このmessageには、以下のよ
うな形で連携のアノテーションが用意されています。

```
@OneToMany(mappedBy="person")
```

　1つのPersonに複数のMessageが関連付けられますから、ここでは@OneToManyにし
ておきます。複数のエンティティが対応するわけですから、プロパティの値はコレクショ
ンを使うのがよいでしょう。複数回の登録を許すかどうかによりますが、SetかListを使
うのが一般的です。ここではListを使っています。
　「**mappedBy**」は、連携するエンティティのどのプロパティによって関連付けられるか
を示します。ここでは、Messageエンティティにあるpersonプロパティを参照して関連
付けられていることを示しています。

MessageRepositoryの作成

　では、作成したMessageにアクセスする方法を用意しましょう。今回はアクセスの基本を理解するということで、リポジトリ・インターフェースとDAOクラスの両方を作成し、それぞれからアクセスする方法について説明しましょう。まずは、基本であるリポジトリからです。

▌MessageRepository インターフェース

　先に作成した「**PersonRepository.java**」と同じ場所（「**repositories**」フォルダ）に「**MessageRepository.java**」という名前で新しいファイルを用意してください。そして以下のようにコードを記述しましょう。

リスト5-35

```
package com.example.sample1app.repositories;

import java.util.Optional;

import org.springframework.data.jpa.repository.JpaRepository;
import org.springframework.stereotype.Repository;

import com.example.sample1app.Message;

@Repository
public interface MessageRepository
  extends JpaRepository<Message, Long> {

    public Optional<Message> findById(Long id);

}
```

　ここでは、JpaRepository<Message, Long>とインターフェースを継承しています。これにより、Messageエンティティのリポジトリが作られます。
　用意しているメソッドは、findByIdのみです。基本的な使い方はPersonRepositoryで説明しましたので、後はそれぞれで必要なメソッドを追加していけばいいでしょう。

ビューテンプレートの用意

　では、実際にMessageを利用した表示を作りましょう。既に「**templates**」フォルダの中にけっこうな数のテンプレートファイルがあるので、サブフォルダを用意することにします。
　「**templates**」フォルダの中に、「**messages**」というフォルダを用意してください。そしてその中に、新たに「**index.html**」という名前でファイルを用意します。
　ファイルを用意できたら、開いて以下のようにコードを記述しましょう。

リスト5-36——messages/index.html

```html
<!DOCTYPE HTML>
<html>
<head>
  <title th:text="${title}"></title>
  <meta http-equiv="Content-Type"
    content="text/html; charset=UTF-8" />
  <link href="https://cdn.jsdelivr.net/npm/bootstrap@5.0.2/dist/css/bootstrap.min.css"
      rel="stylesheet">
</head>

<body class="container">
  <h1 class="display-4 mb-4" th:text="${title}"></h1>
  <p th:text="${msg}"></p>

  <form method="post" action="./" th:object="${formModel}">
    <div class="mb-3">
      <label for="content" class="form-label">Content</label>
      <input type="text" class="form-control me-1"
          name="content" th:value="*{content}" />
    </div>
    <div class="mb-3">
      <label for="name" class="form-label">Person ID</label>
      <input type="number" class="form-control me-1"
          name="person" th:value="*{person}" />
    </div>
    <div class="mb-3">
      <input type="submit" class="btn btn-primary px-4"
          value="Send" />
    </div>
  </form>

  <table class="table">
    <thead>
      <tr><th>ID</th><th>Content</th><th>Name</th><th>DateTime</th></tr>
    </thead>
    <tbody>
      <tr th:each="item : ${data}">
        <td th:text="${item.id}"></td>
        <td th:text="${item.content}"></td>
        <td th:text="${item.person.name}"></td>
        <td th:text="${item.datetime}"></td>
      </tr>
    </tbody>
```

```
        </table>
    </body>

    </html>
```

　基本的には、先にリスト5-12でPersonの新規作成フォームと一覧表示を行ったindex.
htmlとそれほど違いはありません。ただ、投稿者の名前を表示する部分を見ると、<td
th:text="${item.person.name}">となっていることがわかります。personプロパティには
Personインスタンスが設定されているはずですから、そのnameを取得することで投稿
者の名前がわかる、というわけです。
　また、フォームの項目にはname="person"を指定した<input>が用意されています。こ
れは、投稿者のPersonにおけるID番号を入力するものです。後述しますが、Spring Data
JPAでは、関連するエンティティのID番号をフォーム内に用意することで、自動的にそ
のIDのエンティティを関連付けることができるようになっています。

コントローラーを作成する

　では、作成したビューテンプレートを利用して表示とフォーム送信によるエンティ
ティの追加を行うリクエストハンドラをコントローラーに用意しましょう。
　今回は、Message用のコントローラーを新たに作成します。HelloController.javaと同
じ場所に、「**MessageController.java**」という名前でファイルを用意してください。そし
て、以下のようにコードを記述します。

リスト5-37
```java
package com.example.sample1app;

import java.util.Calendar;
import java.util.List;

import org.springframework.beans.factory.annotation.Autowired;
import org.springframework.stereotype.Controller;
import org.springframework.web.bind.annotation.ModelAttribute;
import org.springframework.web.bind.annotation.RequestMapping;
import org.springframework.web.bind.annotation.RequestMethod;
import org.springframework.web.servlet.ModelAndView;

import com.example.sample1app.repositories.MessageRepository;

import jakarta.persistence.EntityManager;
import jakarta.persistence.PersistenceContext;
import jakarta.transaction.Transactional;

@Controller
@RequestMapping("/msg")
```

```
public class MessageController {
  @Autowired
  MessageRepository repository;

  @PersistenceContext
  EntityManager entityManager;

  @RequestMapping(value = "/", method = RequestMethod.GET)
  public ModelAndView index(ModelAndView mav,
      @ModelAttribute("formModel") Message message) {
    mav.setViewName("messages/index");
    mav.addObject("title","Message");
    mav.addObject("msg","Messageのサンプルです。");
    mav.addObject("formModel", message);
    List<Message> list = (List<Message>)repository.findAll();
    mav.addObject("data", list);
    return mav;
  }

  @RequestMapping(value = "/", method = RequestMethod.POST)
  @Transactional
  public ModelAndView msgform(ModelAndView mav,
      @ModelAttribute("formModel") Message message) {
    mav.setViewName("showMessage");
    message.setDatetime(Calendar.getInstance().getTime());
    repository.saveAndFlush(message);
    mav.addObject("title","Message");
    mav.addObject("msg","新しいMessageを受け付けました。");
    return new ModelAndView("redirect:/msg/");
  }

}
```

　できたら、実際に実行してみましょう。/msg/にアクセスし、送信するコンテンツと投稿者のPersonのID番号（ダミーで1〜3のID番号のエンティティが用意されていましたね）を入力し送信すると、その投稿が保存され、下のリストに表示されるようになります。

図5-17：/msg/にアクセスしてフォームを送信すると、送信した内容が下にリスト表示される。

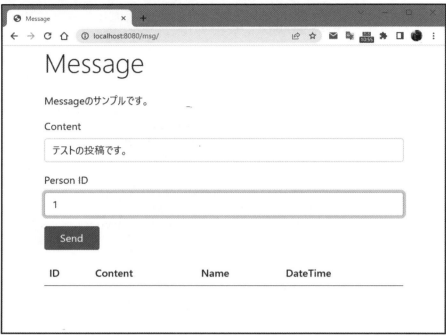

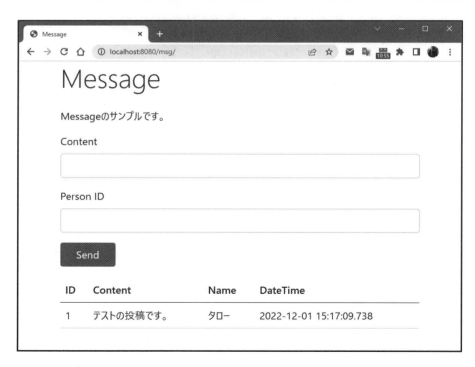

コントローラーへのマッピング

このクラスをよく見ると、クラス自身に@RequestMapping("/msg")とアノテーション が付けられていますね。これは、このコントローラー自身に"/msg"というパスがマッピ ングされることを示します。ということは、このクラス内のリクエストハンドラに @ RequestMappingを用意すると、それらが"/msg/○○"というように/msg下のパスとして 設定されるようになります。

エンティティの処理

ここでは@Autowiredを使ってMessageRepositoryを、また@PersistenceContextを使っ てEntityManagerをそれぞれフィールドに用意しています。これらを利用してMessageエ ンティティを操作しています。

POST送信の処理をするmsgformメソッドでは、@ModelAttribute("formModel")アノ テーションにより、フォームから送られた値がformModelという引数として渡されます。 それにDatetimeで現在の日時を設定してから、repository.saveAndFlushで保存していま す。

関連付けを持ったエンティティの保存

別のエンティティと関連付けられたエンティティの場合、データの取得については それほど問題はないでしょう。関連付けられているエンティティはそのままフィール ドから取り出せるのですから。今回の例でいえば、Messageには、関連付けられている Personがフィールドとして用意されていますから、getPersonするだけで情報を得るこ とができます。

問題は、こうしたエンティティを保存する場合でしょう。例えばMessageの場合、 Personフィールドには関連するPersonインスタンスが保管されることになってしまいま す。となると、Message保存時には、それに関連付けるPersonインスタンスを検索し、 MessageのPersonに設定しないといけない……と考えるでしょう。

ところが、実際の処理を見てみると、

```
repository.saveAndFlush(Message);
```

たったこれだけです。フォームから送信されたMessageをそのままリポジトリの saveAndFlushで保存するだけなのです。

Spring Data JPAでは、他のエンティティに関連付けられたフィールドがある場合、送 信された情報を元に関連するエンティティのインスタンスを取得して自動的に設定しま す。例えばこの例では、Personフィールドとして送られてきたID番号を元にPersonイン スタンスを取得し、それをMessageのPersonに設定する、ということを自動的に行って くれるのです。したがって、プログラマが自分でPersonインスタンスを設定する処理を 書く必要はないのです。

このように、Spring Data JPAを利用する場合には、「**エンティティの連携**」もほとんど 両者の連携を意識することなく使うことができます。プログラマが自分で「**このエンティ ティのインスタンスと、こっちのエンティティのインスタンスを……**」といった関連付 けの処理を行う必要はありません。ただ、「**エンティティできちんとアノテーションを**

付ける」「**フォームに正しく関連付けたエンティティの項目を用意する**」という、この2点さえきっちり抑えておけば、後はSpring Data JPAにまかせておけばいいのです。

Message用のDAOを作る

これで、リポジトリを使ったMessageアクセスはできました。続いて、DAOクラスでMessageにアクセスする、ということもやっておきましょう。

まずは、DAOの実装クラスを作ります。DAOのインターフェースは、先にPerson用に作ったPersonDAOを利用すればいいでしょう。

では、Person用のDAOクラス（PersonDAOPersonImpl.java）のファイルがある場所に、新しく「**PersonDAOMessageImpl.java**」という名前のファイルを用意してください。そして、ファイルを開いて以下のようにコードを書き換えましょう。

リスト5-38

```
package com.example.sample1app;

import java.util.List;

import jakarta.persistence.EntityManager;
import jakarta.persistence.PersistenceContext;

import jakarta.persistence.criteria.CriteriaBuilder;
import jakarta.persistence.criteria.CriteriaQuery;
import jakarta.persistence.criteria.Root;

import org.springframework.stereotype.Repository;

@Repository
public class PersonDAOMessageImpl implements PersonDAO<Message> {
  private static final long serialVersionUID = 1L;

  @PersistenceContext
  private EntityManager entityManager;

  public PersonDAOMessageImpl(){
    super();
  }

  @Override
  public List<Message> getAll() {
    List<Message> list = null;
    CriteriaBuilder builder =
        entityManager.getCriteriaBuilder();
    CriteriaQuery<Message> query =
```

```
            builder.createQuery(Message.class);
        Root<Message> root = query.from(Message.class);
        query.select(root)
            .orderBy(builder.desc(root.get("datetime")));
        list = (List<Message>)entityManager
            .createQuery(query)
            .getResultList();
        return list;
    }


@Override
public List<Message> getPage(int page, int limit) {
    int offset = page * limit; // 取り出す位置の指定
    CriteriaBuilder builder =
        entityManager.getCriteriaBuilder();
    CriteriaQuery<Message> query =
        builder.createQuery(Message.class);
    Root<Message> root =
        query.from(Message.class);
    query.select(root);
    return (List<Message>)entityManager
        .createQuery(query)
        .setFirstResult(offset)
        .setMaxResults(limit)
        .getResultList();
}


    @Override
    public Message findById(long id) {
        return (Message)entityManager.createQuery("from Message where id = "
            + id).getSingleResult();
    }


    @SuppressWarnings("unchecked")
    @Override
    public List<Message> findByName(String name) {
        return (List<Message>)entityManager.createQuery("from Message where name = '"
            + name + "'").getResultList();
    }


    @Override
    public List<Message> find(String fstr){
        CriteriaBuilder builder =
            entityManager.getCriteriaBuilder();
```

```
        CriteriaQuery<Message> query =
            builder.createQuery(Message.class);
        Root<Message> root =
            query.from(Message.class);
        query.select(root)
            .where(builder.equal(root.get("content"), fstr));
        List<Message> list = null;
        list = (List<Message>) entityManager
            .createQuery(query)
            .getResultList();
        return list;
    }


    @Override // 使わない
    public List<Message> findByAge(int min, int max) {
        return null;
    }
}
```

implementsしているPersonDAOインターフェースには、既にいくつものメソッドを用意してありました。これを継承するということは、それらメソッドをすべて実行しないといけない、ということです。

中には、findByAgeのようにPersonでしか使えないものもありますが、それ以外は基本的にMessageでも利用できるので、ひと通り実装しておきました。といっても、特に難しいことをしているわけではなく、PersonDAOPersonImplクラスのコードでPersonをそのままMessageに置き換えただけです。基本的にやっていることは同じなので、コードをよく見ればわかるでしょう。

Message用DAOを利用する

では、作成したDAOを利用してみましょう。MessageControllerクラスのindexメソッドを、リポジトリからDAO利用に変えてみます。

まず、MessageControllerクラス内に以下のフィールドを追加してください。

リスト5-39

```
@Autowired
PersonDAOMessageImpl dao;
```

これで、PersonDAOMessageImplのBeanがdaoフィールドに割り当てられます。後は、このdaoを利用してデータベースアクセスを行うだけです。では、indexメソッドを修正しましょう。

リスト5-40

```
@RequestMapping(value = "/", method = RequestMethod.GET)
public ModelAndView index(ModelAndView mav,
    @ModelAttribute("formModel") Message message) {
  mav.setViewName("messages/index");
  mav.addObject("title","Message");
  mav.addObject("msg","Messageのサンプルです。");
  mav.addObject("formModel", message);
  List<Message> list = dao.getAll();  // ☆
  mav.addObject("data", list);
  return mav;
}
```

図5-18：投稿したメッセージが新しいものから順に表示される。

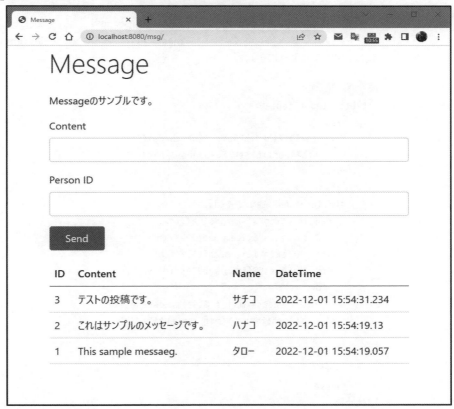

　完成したら、/msg/にアクセスしてみましょう。そしてメッセージをいくつか投稿してください。フォームの下のテーブルに、投稿メッセージが新しいものから順に並んで表示されます。
　ここで修正しているのは、☆マークの1文のみです。

```
List<Message> list = (List<Message>)repository.findAll();
```
⬇
```
List<Message> list = dao.getAll();
```

　このように書き換えているだけですね。リポジトリのfindAllは汎用的に実装されているのでList<Message>にキャストする必要がありますが、DAOは値を直接取り出して利用できます。

Personに関連付けられたMessageを表示する

　今度は逆に「**Personに関連付けられているMessage**」を取り出してみましょう。HelloControllerクラスのindexメソッドでは、すべてのPersonを取り出しテーブルにまとめて表示していましたね。これに手を加えて、Personに関連付けられたMessageを表示するようにしてみましょう。
　では、「**templates**」フォルダにある「**index.html**」を開き、<body>内にある<table>部分を以下のように書き換えてください（「**messages**」フォルダ内のindex.htmlではありません。間違えないように！）。

リスト5-41
```
<table class="table">
  <thead>
    <tr><th>ID</th><th>Name</th><th>Mail</th>
        <th>Age</th><th>Messages</th></tr>
  </thead>
  <tbody>
    <tr th:each="item : ${data}">
      <td th:text="${item.id}"></td>
      <td th:text="${item.name}"></td>
      <td th:text="${item.mail}"></td>
      <td th:text="${item.age}"></td>
      <td>
        <ul th:each="msg : ${item.messages}">
          <li th:text="${msg.content}"></li>
        </ul>
      </td>
    </tr>
  </tbody>
</table>
```

：トップページにアクセスすると、各Personが投稿したメッセージがリスト表示される。

修正したら、トップページにアクセスしてみましょう。Personの一覧が表示されているところで、各Personの投稿したMessageのコンテンツがリストにまとめて表示されるようになっています。

ここでは、各Personの内容を表示する<td>で、以下のようにしてメッセージを出力しています。

```
<ul th:each="msg : ${item.messages}">
  <li th:text="${msg.content}"></li>
</ul>
```

th:eachを使い、item.messagesから順に値をmsgに取り出しています。item.messagesには、MessageのListが設定されていますから、これで変数msgにMessageが順に取り出されていくようになります。後は、${msg.content}でそのcontentのテキストを書き出すだけです。

このように、エンティティを連携すると、双方向に関連付けられているエンティティを取り出せるようになります。Messageを追加すれば、自動的にPersonのmessagesにそれらが追加されていくようになります。

コマンドラインプログラムでのJPA利用

Spring Data JPAを利用したデータベースアクセスについてはひと通り行えるようになりました。最後に「**Webアプリケーション以外での利用**」についても触れておきましょう。

　Spring Bootは、Webアプリケーション以外のプログラムも作成できます。そのようなプログラムでも、Spring Data JPAによるデータベースアクセスは行えます。例えば、本書2章ではコマンドラインのプログラム作成についても説明しました（2-2「**コマンドラインプログラムについて**」参照）。このようなプログラムでも、Spring Data JPAは使えます。

　例として、SampleBootApp1Application.javaをコマンドラインプログラムに修正してデータベースアクセスする例を挙げておきましょう。

リスト5-42

```java
package com.example.sample1app;

import org.springframework.boot.Banner.Mode;
import org.springframework.beans.factory.annotation.Autowired;
import org.springframework.boot.CommandLineRunner;
import org.springframework.boot.SpringApplication;
import org.springframework.boot.autoconfigure.SpringBootApplication;


import com.example.sample1app.repositories.PersonRepository;


import jakarta.persistence.EntityManager;
import jakarta.persistence.PersistenceContext;

@SpringBootApplication
public class SampleBootApp1Application implements CommandLineRunner {

    @PersistenceContext
    private EntityManager entityManager;

    @Autowired
    PersonRepository repository;

    public static void main(String[] args) {
        SpringApplication app = new SpringApplication(SampleBootApp1Application.class);
        app.setBannerMode(Mode.OFF);
        app.run(args);
    }

    @Override
    public void run(String[] args) {
        init();
        Person person = entityManager.find(Person.class, 1);
        System.out.println("+----------------------------------------+");
        System.out.println(person.getName() + ", " + person.getMail()
            + ", " + person.getAge());
        System.out.println("+----------------------------------------+");
```

```
  }

  public void init(){
    // 1つ目のダミーデータ作成
    Person p1 = new Person();
    p1.setName("taro");
    p1.setAge(39);
    p1.setMail("taro@yamada");
    repository.saveAndFlush(p1);
    // ……必要に応じて追記……
  }

}
```

図5-20：実行すると、ダミーで作成したPersonが表示される。

```
ターミナル    JUPYTER    問題 ②    出力  …        ⚙ Run: SampleBootApp1Application  ＋ ∨ ⬚ 🗑 ∧ ✕

tion          : Started SampleBootApp1Application in 7.371 seconds (proces
s running for 8.07)
+------------------------------------+
taro, taro@yamada, 39
+------------------------------------+
                                  行 14、列 23   スペース: 2   UTF-8   LF  {} Java  ⋈ ▢
```

　このプログラムが実行されると、コンソールに「**taro, taro@yamada, 39**」とダミーで用意したPersonの内容が出力されます。

　ここでは、クラスにEntityManagerとPersonRepositoryのフィールドを用意してあります。いずれも@PersistenceContextと@AutowiredでBeanを自動割り当てしており、これを利用してそのままPersonの作成と取得を行っています。

　このように、アプリケーションのクラスでもEntityManagerやリポジトリは利用することができます。「**コントローラーを作ってデータベースアクセスする**」という使い方だけがSpring Data JPAではありません。もっと自由に利用できることを知っておきましょう。

Chapter 6

リアクティブ
Webアプリケーションの
開発

「リアクティブ」はデータの流れに焦点を当てた設計思想です。ここでは、そのためのWebフレームワークである「Spring WebFlux」を使い、ノンブロッキングなAPI開発について説明しましょう。またJavaScriptやReactアプリからAPIを利用する方法についても説明を行います。

6-1 リアクティブとSpring WebFlux

リアクティブWebのバックエンド開発

Webアプリケーションの開発は、この数年で大きく様変わりしました。ここまで、Spring WebによるMVCアーキテクチャをベースにしたWebアプリの開発について説明してきましたが、昨今のWebアプリでは、こうした作り方をしないものも増えてきています。

これまでのWebアプリ開発は、サーバー側でプログラムを動かし、そこで必要な処理を行ってからページをレンダリングし出力していました。Spring Webもこの方式を採用しています。

しかし、最近のWebサイトは、サーバー側ではなくクライアント側で必要な処理を実装することが多くなってきました。ReactやVue、Angularといったフロントエンドフレームワークにより、Webページの中でJavaScriptを使って必要な処理をすべて行うようになっています。

では、バックエンド（サーバー側）は何をするのか？ それはフロントエンドから必要に応じて情報を提供するAPIとして設計されるようになります。Webアプリは、フロントエンドからバックエンドのAPIにアクセスして必要な情報を取得し、それを元にWebページを構築するようになっているのです。

こうしたWebアプリでは、Webページ内で必要に応じてデータを取得し表示を更新します。これまでのように、「**サーバーに送信して処理結果を受け取って表示する**」といったやり方とは大きく異なります。

この新しいWebアプリのベースとなっている考え方が「**リアクティブ**」です。リアクティブとは、データを中心にプログラム設計をしていく考え方です。データがどのように流れており、どう更新されるかを考え、データの変更に応じて自動的に表示が更新されるような仕組みを用意していくのです。ユーザーが操作してデータが更新されれば、それに応じてすぐさま表示が更新される。これがリアクティブの考え方です。

リアクティブなWeb開発の中心はサーバーからフロントエンドへと移行することになります。しかしサーバー側も、これまでとは違った考え方で設計されなければいけないでしょう。

図6-1：従来はWebページをサーバーに送信して結果を受け取る形でプログラムが実行されていた。新しいWebページでは、ページは送信されず、内部からAPIにアクセスして情報を受け取り表示を更新する。

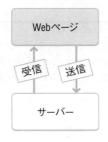

従来の方式

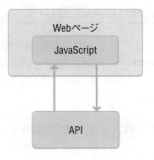

新しい方式

ブロッキングからノンブロッキングへ

　従来のWebアプリでは、ページをサーバーに送信し、サーバー側で処理をしてからその結果を返信してまた表示する、というやり方でした。この方式だと、サーバーに送信してから多少時間がかかっても、クライアントは待ってくれます。「**ちょっと遅いな**」ぐらいは思うでしょうが、再びサーバーからレスポンスが返ってきてページが表示されれば、また続きを行えるのですから。またこういうやり方ですから、サーバーにクライアントがアクセスするのは、ページにアクセスしたり送信したりしたときだけです。それ以外の時間は、サーバーはひたすらクライアントからの要求を待っています。

　リアクティブなWebアプリでは、必要に応じて随時サーバーのAPIにアクセスをし、情報をやり取りします。つまり、見えないところで頻繁にAPIにアクセスすることになります。通常のWebアクセスに比べ、膨大な量のアクセスに対応しなければいけないのです。

　リアクティブなWebでは、サーバー側に用意するAPIは多量のアクセスを高速に受け付け処理できるようなものでなければいけません。このために必要となるのが「**ノンブロッキング**」型の処理です。

ノンブロッキングとは？

　ノンブロッキングとは、「**ブロックしない**」方式のことです。多くのプログラムは、例えばファイルアクセスやデータベースアクセスなど時間がかかる処理は、処理が完了するまで待って結果を受け取る同期処理になっていました。

　しかし、この方式は、リアクティブなWebのAPIには向いていません。APIは、いつでも常に要求を受け付け、アクセスがあれば瞬時に対応し、すぐに次のアクセスを処理するような仕組みになっていなければいけません。そのためにはノンブロッキングなプログラムである必要があります。

　ノンブロッキングでは、すべての処理は非同期で実行されます。何かを受け付けたら、その処理を非同期で実行し、すぐさま次の処理を受け付けられるようにするのです。このようにすることで、サーバー側は従来より遥かに少ないスレッドで多数の要求を受け付けられるようになります。

　ノンブロッキングでは、時間のかかるデータアクセスなどはすべて非同期で実装することになります。非同期ということは、実行結果を後で受け取るコールバック処理など

を作成することになり、同期処理よりも複雑になりがちです。これまでのコーディング
とはかなり違ったスタイルになることは想像できるでしょう。

Spring WebFluxについて

こうしたリアクティブなWeb開発を考えてSpringに用意されたフレームワークが
「**Spring WebFlux**」です。Spring WebFluxは、従来のSpring Web（Spring Web MVC）
に置き換えて利用します。プロジェクトを作成する際、Spring Webの代わりにSpring
WebFluxを使って作成するのです。

WebFlux プロジェクトを作成する

では、実際にWebFluxを使ったWeアプリのプロジェクトを作成してみましょう。今
回は、STSやVSCなど環境によってプロジェクト作成の手順が違うので、共通して利用
できるようSpring Initializerで作成することにします。Webブラウザから以下にアクセス
をしてください。

https://start.spring.io/

アクセスしたら、プロジェクトの設定を行って「**GENERATE**」ボタンをクリックし、
プロジェクトのZipファイルをダウンロードします。設定は以下のようになります。

Project	「Gradle - Groovy」を選択
Language	「Java」を選択
Spring Boot	「3.0.0」かそれ以降を選択

■Project Metadata

* Group	com.example
* Artifact	samplewebfluxapp
* Name	SampleWebFluxApp
* Description	適当に記入してOK
* Package name	com.example.samplewebfluxapp
* Packaging	「Jar」を選択
* Java	「17」を選択

■Dependenciesに追加する項目

「ADD」ボタンをクリックし、右の項目を追加する。	* Spring Reactive Web
	* Thymeleaf
	* Spring Data JPA
	* H2 Database

■図6-2：Spring Initializerでプロジェクトの設定をし、「GENERATE」ボタンでダウンロードする。

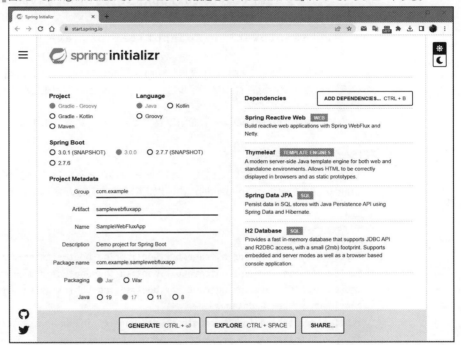

　今回作成したプロジェクトでは、Spring Reactive Webという項目を追加しています。これがWebFluxによるWebアプリのためのフレームワークです。

　しかし、同時にThymeleafも追加しているのに気がついたでしょう。「**WebFluxではサーバー側はAPIとして作るのに、なぜテンプレートエンジンが必要なんだ？**」と思ったかも知れません。

　そうなのですが、実はWebFluxでも、コントローラーを使った普通のWebページも作れるのです。それを考慮し、ここではThymeleafも追加してあります。

プロジェクトの内容

　ダウンロードしたZipファイルを展開すると「**samplewebfluxapp**」というフォルダが作成され、その中にプロジェクトのファイル類が保存されます。これを開いてフォルダやファイル構成がどうなっているか見てみましょう。

アプリケーション本体部分である「**src**」フォルダを見ると、以下のようになっていることがわかります。

■「src」フォルダの内容

📁「**main**」フォルダ
　└📁「**java**」フォルダ
　　　└📁「**com.example.samplewebfluxapp**」パッケージ
　　　　　└📄 **SampleWebFluxAppApplication.java**
　└📁「**resources**」フォルダ
　　　└📄 **SampleWebFluxAppApplication.java**

見ればわかるように、これまで作成したSpring Webのプロジェクトと基本的には同じです。デフォルトで用意されるファイルはアプリケーションの起動部分だけなので、これには違いはないのです。

この上に、Web Flux独自のコードを組み立てていくことになります。

┃プロジェクトの依存関係

では、プロジェクトに用意されているパッケージ類がどうなっているか見てみましょう。build.gradleを開くと、dependenciesに以下のような記述がされています。

リスト6-1

```
dependencies {
  implementation 'org.springframework.boot:spring-boot-starter-data-jpa'
  implementation 'org.springframework.boot:spring-boot-starter-thymeleaf'
  implementation 'org.springframework.boot:spring-boot-starter-webflux'
  runtimeOnly 'com.h2database:h2'
  testImplementation 'org.springframework.boot:spring-boot-starter-test'
  testImplementation 'io.projectreactor:reactor-test'
}
```

spring-boot-starter-webfluxというのが、WebFluxのパッケージです。本来、Webアプリならばspring-boot-starter-webパッケージ（Spring Web）があるはずですが、これはありません。Spring Webの代わりにSpring WebFluxが使われていることがよくわかります。

またreactor-testというものもありますが、これはWebFluxが使っているReactorという機能をテストするためのものです。

それ以外はすでに使ったことのあるパッケージですね。基本的にspring-boot-starter-webfluxがあればWebFluxのアプリになると考えていいでしょう。

RestControllerを用意する

では、アプリケーションにコードを作成していきましょう。WebFluxでも、リクエストの処理を行うのはコントローラーです。まずは、RestControllerから作成してみましょう。

アプリケーションである「**SamplewebfluxappApplication.java**」ファイルがあるのと同じ場所に、新たに「**SampleRestController.java**」という名前のファイルを用意してください。そして、これを開いて以下のように記述しましょう。

リスト6-2

```java
package com.example.samplewebfluxapp;

import org.springframework.web.bind.annotation.RequestMapping;
import org.springframework.web.bind.annotation.RestController;

@RestController
public class SampleRestController {

    @RequestMapping("/")
    public String hello() {
        return "Hello Flux!";
    }
}
```

図6-3：アクセスすると「Hello Flux!」と表示される。

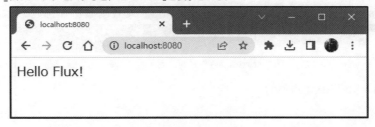

作成したら、プロジェクトを実行し、http://localhost:8080/にアクセスしてください。「**Hello Flux!**」とテキストが表示されます。

作成したSampleRestControllerは、ごく基本的なRestControllerです。@RestControllerアノテーションを付け、@RequestMappingでトップページにマッピングしたメソッドhelloを用意しました。WebFluxでも、Spring Webと全く同様にRestControllerを作成できることがわかります。

「Mono」クラスによるブロッキングのラップ

しかし、このように「**アクセスしたらそのままテキストを返す**」というような処理は、WebFluxで使うことはほとんどないでしょう。WebFluxの最大の特徴は「**ノンブロッキング**」処理にあります。この点を考慮した処理を作成するのが基本です。

WebFluxには、処理をラップしてノンブロッキングにする機能が用意されています。「**Flux**」と「**Mono**」というものです。

Flux	複数オブジェクトに対応したノンブロッキング・ラッパー
Mono	単一オブジェクトに対応したノンブロッキング・ラッパー

　これらは、リクエストハンドラの戻り値として指定します。これらを使い、Fluxや Monoインスタンスとして値を返すことで、ノンブロッキングで処理を行い、結果を返 すようになります。

リクエストハンドラで Mono を利用する

　では、実際にサンプルを作ってみましょう。SampleRestControllerクラスに、以下の メソッドを追加してください。

リスト6-3

```
// import reactor.core.publisher.Mono;    追記する

@RequestMapping("/flux")
public Mono<String> flux() {
  return Mono.just("Hello Flux (Mono).");
}
```

図6-4：/fluxにアクセスすると、ノンブロッキングにラップされてメッセージが表示される。

　作成したら、/fluxにアクセスをしてみましょう。「**Hello Flux (Mono).**」というメッセー ジが表示されます。見たところは、先ほどのサンプルと同じように思えますが、内部的 には違っています。
　ここでは、メソッドの戻り値が以下のように設定されています。

```
public Mono<String> flux()
```

　Monoを返すように変更されていますね。Monoは総称型をサポートしており、実際に 返されるオブジェクトを指定します。ここでは、Stringの値を返すMonoを戻り値に指定 しているわけですね。

Mono の作成

　では、この戻り値はどのように作成されているのか。これは、Monoクラスの「**just**」メ ソッドを使っています。

```
Mono.just( オブジェクト )
```

このように呼び出すことで、引数に指定したオブジェクトをラップしたMonoインスタンスが作成されます。これをそのまま戻り値として返しています。

Monoは、このようにWebFluxで1つのオブジェクトを扱うための基本となります。

複数オブジェクトを扱う「Flux」クラス

Monoは、簡単にオブジェクトをノンブロッキングにラップできますが、あくまで扱えるのはオブジェクト1つだけです。複数のオブジェクトを扱う場合は、「**Flux**」クラスを利用します。

このFluxも、基本的な使い方はMonoと同じです。Fluxの「**just**」メソッドを使って値を組み込みます。

```
Flux.just( 値1, 値2, ……)
```

Fluxのjustメソッドは、Monoのそれと違い、引数をいくらでも持つことができます。必要な値をすべて引数に渡すことで、それらの値をすべてラップしたFluxインスタンスが作成されます。

▌Flux を使う

では、Fluxを戻り値に使ったリクエストハンドラを作ってみましょう。SampleRestControllerクラスに以下のメソッドを追記してください。

リスト6-4

```
@RequestMapping("/flux2")
public Flux<String> flux2() {
  return Flux.just("Hello Flux.","これはFluxのサンプルです。");
}
```

図6-5：/flux2にアクセスするとメッセージが表示される。

追記したら、/flux2にアクセスしてみましょう。メッセージが表示されます。ここではFluxを使い、2つのテキストを渡しています。

```
Flux.just("テキスト","テキスト")
```

このようになっていたのですね。これで2つのテキストがまとまって表示されていたというわけです。FluxもMonoも、基本的な扱いは同じことがわかります。

データベースの利用

Mono/Fluxの基本的な使い方がわかったところで、もう少しまともなオブジェクトを扱うことにしましょう。

ここでは簡単なエンティティを作成し、データベースからレコードを取り出してMono/Fluxで利用してみることにします。

プロジェクトを作成する際にSpring Data JPAとH2を追加してあったのを覚えているでしょう。これらを使って簡単なデータベースアクセスを用意することにします。

Post エンティティの作成

まずは、エンティティのクラスを作成しましょう。SampleRestController.javaファイルがある場所に「**Post.java**」という名前で新しいファイルを用意してください。そして以下のようにコードを記述します。

リスト6-5

```
package com.example.samplewebfluxapp;

import jakarta.persistence.Column;
import jakarta.persistence.Entity;
import jakarta.persistence.GeneratedValue;
import jakarta.persistence.GenerationType;
import jakarta.persistence.Id;
import jakarta.persistence.Table;

@Entity
@Table(name="post")
public class Post {

  @Id
  @GeneratedValue(strategy = GenerationType.AUTO)
  @Column
  public int id;

  @Column
  public int userId;

  @Column(nullable = false)
  public String title;

  @Column(nullable = false)
```

```
    public String body;

    public Post() { super(); }

    public Post(int id, int userId, String title, String body) {
        super();
        this.id = id;
        this.userId = userId;
        this.title = title;
        this.body = body;
    }

    public String toString() {
        return "{id:" + id + ", userId:" + userId
            + ", title:¥"" + title + "¥", body:¥""
            + body + "¥"}";
    }
}
```

　今回は、特に値に制限はないのですべてpublicフィールドとして用意し、Sette/Getterメソッドは用意してありません。代わりにコンストラクタとtoStringを追加しておきました。id, postId, title, bodyといったシンプルな構成のエンティティです。

PostRepository の作成

　続いて、リポジトリです。Post.javaと同じ場所に「**PostRepository.java**」という名前でファイルを用意してください（今回はファイル数もあまり多くないので、その他のJavaソースコードファイルと同じ場所にリポジトリを用意しました）。
　ファイルを用意したら、以下のようにソースコードを記述します。

リスト6-6
```
package com.example.samplewebfluxapp;

import org.springframework.data.jpa.repository.JpaRepository;
import org.springframework.stereotype.Repository;

@Repository
public interface PostRepository extends JpaRepository<Post, Integer> {

    public Post findById(int id);

}
```

　とりあえず、IDでレコードを取得するfindByIdメソッドを1つだけ用意しておきました。他、findAllなどはデフォルトで用意されますから、これで十分でしょう。

RestControllerからPostエンティティを取得する

では、Postを利用するリクエストハンドラを作ってみましょう。まず、SampleRestControllerクラスに以下のフィールドを追加します。

リスト6-7

```
// import org.springframework.beans.factory.annotation.Autowired;  // 追記


@Autowired
PostRepository repository;
```

これで先ほど作ったPostRepositoryが利用できるようになりました。では、Postエンティティを利用したリクエストハンドラを作ってみましょう。

リスト6-8

```
@RequestMapping("/post")
public Mono<Post> post() {
  Post post = new Post(0,0,"dummy","dummy message...");
  return Mono.just(post);
}
```

図6-6：/postにアクセスすると、ダミーで作ったPostエンティティの内容が表示される。

記述したら、/postにアクセスして表示を確かめてください。ダミーで作成したPostエンティティの内容が出力されます。表示されるテキストは、JSONフォーマットになっていることがわかります。

ここでは、public Mono<Post> post()というようにMonoを戻り値に指定しています。総称型でPostを指定し、PostをMonoでラップした値を返すことがわかります。

メソッド内では、new Postでインスタンスを作り、return Mono.just(post);で返しています。先にテキストでMonoを返したのとやり方は全く同じですね。MonoやFluxでは、オブジェクトを返すとそれをJSONフォーマットに変換して出力するのです。

データベースアクセスの実際

エンティティを出力する基本がわかったら、データベースを利用してみましょう。まず、デフォルトではレコードがなにもないので、簡単なサンプルを追加する処理を作成しておきましょう。

SampleRestControllerクラス内に、以下のメソッドを追加してください。

リスト6-9

```java
@PostConstruct
public void init(){
  Post p1 = new Post(1, 1, "Hello", "Hello FLux!");
  Post p2 = new Post(2, 2, "Sample", "This is sample post.");
  Post p3 = new Post(3, 3, "ハロー", "これはサンプルです。");
  repository.saveAndFlush(p1);
  repository.saveAndFlush(p2);
  repository.saveAndFlush(p3);
}
```

new Postでインスタンスを作成し、リポジトリのsaveAndFlushでそれらを保存します。これで、アプリを起動すると3つのエンティティが追加されるようになりました。

ID でエンティティを取得する

では、エンティティを取得するリクエストハンドラを作成しましょう。SampleRestControllerクラスに以下のメソッドを追加してください。

リスト6-10

```java
// import org.springframework.web.bind.annotation.PathVariable;

@RequestMapping("/post/{id}")
public Mono<Post> post(@PathVariable int id) {
  Post post = repository.findById(id);
  return Mono.just(post);
}
```

図6-7：/post/番号 とアクセスすると、指定したID番号のレコードを表示する。

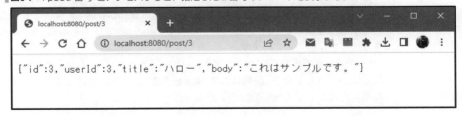

このサンプルでは、パスの末尾にID番号をつけてアクセスするようにして言います。例えば、/post/1とすれば、ID = 1のレコードが表示されます。

パスのパラメータは、@PathVariableを使って引数で受け取っています。そして、リポジトリのfindByIdを使ってPostインスタンスを取得しています。後は、得られたPostをMono.justでMonoでラップし返すだけです。

データベースアクセス自体は、リポジトリのメソッドを呼び出しているだけで基本的

には通常のアクセスと何ら変わりはありません。リポジトリから受け取ったエンティティをそのままMonoあるいはFluxでラップして返せば、それだけでノンブロッキングなデータベースアクセスになります。

Flux で全レコードを表示

では、複数レコードを取得しFluxでreturnする例も挙げておきましょう。先ほどと同様に、SampleRestControllerクラスに以下のメソッドを追記してください。

リスト6-11

```java
// 以下を追記
// SampleWebFluxAppApplication.java

@RequestMapping("/posts")
public Flux<Object> posts() {
  List<Post> posts = repository.findAll();
  return Flux.fromArray(posts.toArray());
}
```

図6-8：/postsにアクセスすると、ダミーで用意したレコードがすべて表示される。

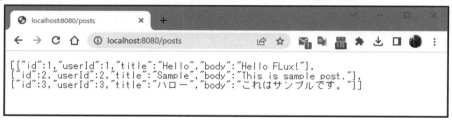

記述できたら、/postsにアクセスしてください。ダミーで用意しているPostのレコードが配列にまとめて表示されます。

ここではリポジトリのfindAllでPostをリストにまとめて取得しています。Fluxには、Listをそのままの形で渡すことができません。「**fromArray**」メソッドを使えば、配列として引数を足すことができるので、リストのtoArrayで配列を取得し、fromArrayでFluxを作成してreturnしています。

リポジトリで多数のレコードを取り出す場合、大抵はリストとして得られるようになっているでしょう。「**配列にしてFluxを作る**」ということはよくありますので、基本的なやり方は覚えておきましょう。

6-2 ファイルアクセスとネットワークアクセス

リソースファイルにアクセスする

データベース以外にも、データのアクセス先はあります。それは「**ファイル**」です。Spring Bootアプリケーションでは、アプリに必要なファイル類は「**resources**」フォルダに用意しておき、それを必要に応じて読み込み利用することができます。

これには、「**ClassPathResource**」というクラスを使います。まず、このクラスのインスタンスを以下のように作成します。

```
変数 = new ClassPathResource( ファイル名 );
```

引数にはファイル名を指定します。これには「**resources**」フォルダに用意されているファイルの名前をStringで指定します。

インスタンスが得られたら、データを読み込む場合はそこからInputStreamを取得します。

```
変数 =《ClassPathResource》.getInputStream();
```

これでInputStreamが得られました。後は、通常のファイルアクセスと同様にして処理します。テキストファイルを読み込むなら、InputStreamを元にInputStreamReaderを作成し、更にBufferedReaderを作成してテキストを読み込んでいけばいいでしょう。

「resources」フォルダにファイルを用意する

では、実際にリソースファイルを利用してみましょう。まずはファイルを用意します。「**resources**」フォルダ内に、新たに「**sample.txt**」という名前のテキストファイルを用意してください。そして適当なテキストを記入しておきます。サンプルでは以下のように記述しておきました。

リスト6-12

```
This is sample text file.
これは、サンプルファイルのテキストです。
```

では、このファイルを読み込んで出力するリクエストハンドラを用意しましょう。SampleRestControllerクラスに以下のメソッドを追記してください。

リスト6-13

```
// 以下を追記
// import java.io.BufferedReader;
// import java.io.IOException;
// import java.io.InputStream;
```

```java
// import java.io.InputStreamReader;

@RequestMapping("/file")
public Mono<String> file() {
  String result = "";
  try {
    ClassPathResource cr = new ClassPathResource("sample.txt");
    InputStream is = cr.getInputStream();
    InputStreamReader isr = new InputStreamReader(is, "utf-8");
    BufferedReader br = new BufferedReader(isr);
    String line;
    while ((line = br.readLine()) != null) {
      result += line;
    }
  } catch(IOException e) {
    result = e.getMessage();
  }
  return Mono.just(result);
}
```

■図6-9：/fileにアクセスすると、sample.txtの内容を表示する。

　修正できたら、/fileにアクセスをしてください。先ほど用意したsample.txtの内容が表示されます。ここでは以下のようにしてClassPathResourceインスタンスを作成しています。

```java
ClassPathResource cr = new ClassPathResource("sample.txt");
```

　ここからInputStreamを取得し、更にInputStreamReader、BufferedReaderを作成していきます。

```java
InputStream is = cr.getInputStream();
InputStreamReader isr = new InputStreamReader(is, "utf-8");
BufferedReader br = new BufferedReader(isr);
```

　これで読み込みの準備はできました。BufferedReaderから繰り返しを使って1行ずつテキストを読み込み、変数に追加していきます。

```
String line;
while ((line = br.readLine()) != null) {
  result += line;
}
```

後は、読み込んだ変数resultをMonoでラップして返すだけです。

ファイルからのテキストの読み込みは、Spring特有のものではなく、Javaのファイルアクセスの基本的なものです。またこれらはIOExceptionを発生させる場合があるので例外処理を忘れずに用意してください。

WebClientによるWebアクセス

APIは、各種のデータをクライアントに提供します。これは、先の例のようにデータベースやファイルを利用する場合もありますし、ネットワークアクセスを利用する場合もあります。ここでは、アプリからネットワークを利用する場合のコーディングについて説明をしましょう。

まずは、リクエストハンドラ内から他サイトにアクセスし必要な情報を取得する方法からです。

アプリ内からネットワークアクセスを行う場合、「**WebClient**」というクラスを利用します。WebClientは、名前の通りWebのクライアントとして指定したURLにアクセスするために必要な機能を提供します。

このWebClientは、「**WebClient.Builder**」というクラスを元に生成します。作成するには、まずWebClient.Builderインスタンスを作成し、そこからWebClientをビルドします。これは以下のように行います。

```
変数 = 《WebClient.Builder》.baseUrl( テキスト ).build();
```

WebClient.Builderは、後に作成するコードを見ればわかりますが、必要に応じてSpringのシステムからBeanを受け取って利用できます。そしてインスタンスの「**baseUrl**」メソッドを呼び出します。これはアクセス先のURLを設定するもので、これにより指定のURLにアクセスするためのWebClient.Builderが用意されます。後は、buildメソッドを呼び出せば、WebClientインスタンスが用意されます。

アクセスに必要なメソッド

用意されたWebClientを使って、アクセスに必要な設定を順に行い、アクセス先から情報を取得してMonoにラップします。これは以下の手順で行っていきます。

HTTPメソッドの指定
```
《WebClient》.get()
《WebClient》.post()
《WebClient》.put()
《WebClient》.patch()
《WebClient》.delete()
```

　まず、アクセスに使うHTTPメソッドを設定します。これは、WebClientの「**get**」「**post**」といったメソッドを使います。

　これらは、WebClientから「**RequestHandlerUriSpec**」というクラスのインスタンスを返します。これは、リクエストハンドラとURIの各種情報を管理するものです。

■パスの設定
```
《UriSpec》.uri( パス )
```

　RequestHandlerUriSpecから「**uri**」を呼び出します。これは、アクセス先のパスを指定するものです。

　先にWebClientを作成した際、baseUrlにURIのテキストを指定しましたが、これは基本的に「**ドメイン**」を指定するものです。そしてこのuriは、それより先のパスを指定します。

■メディアの種類
```
《RequestHandlerSpec》.accept(《MediaType》)
```

　データがどのような種類のものかを指定します。これはMediaType列挙型の値で指定をします。単純なテキストなどであれば、これは省略しても構いません。

■情報の取得
```
《RequestHeadersSpec》.retrieve()
```

　一通りの設定が終わったら、「**retrieve**」で指定したURIから必要な情報を取得します。これは取得したデータが値として返されるわけではなく、「**ResponseSpec**」というアクセス先からの返信の情報を管理するクラスのインスタンスとして返されます。

■Mono/Fluを生成する
```
《ResponseSpec》.bodyToMono(《Class》);
《ResponseSpec》.bodyToFlux(《Class》);
```

　最後に、MonoまたはFluxインスタンスを取得します。引数にはClassインスタンスを指定します。これにより、retrieveでアクセスし得られた結果をMono/Fluxにラップしたものが得られます。

　引数のClassは、各クラスの「**class**」プロパティの値です。例えばテキストならString.classを指定します。これにより、返された値をテキストとして取り出すMono/Fluxインスタンスが得られます。

▌呼び出しはメソッドチェーンで！

　これらのメソッドにより、指定したURIから必要な情報を得られるようになります。非常にメソッドが多くてわかりにくかったことでしょうが、実は実際の利用はそれほど大変ではありません。

　これらのメソッドは、メソッドチェーンを使い連続して呼び出すことができます。このため、呼び出すメソッドが正しい順番であれば、メソッドの呼び出しはそう難しいも

のではありません。

　まず、get/postを呼び出し、それから設定のためのメソッドを呼び出していきます。そして最後にbodyToMono/bodyToFluxでMono/Fluxインスタンスを得ればいいのです。

WebClientでJSONデータを取得する

　では、実際にWebClientを利用してみましょう。ここでは、「**JSON Placeholder**」というサイトを利用してみます。URLは以下になります。

https://jsonplaceholder.typicode.com/

図6-10：JSON Placeholderのサイト。

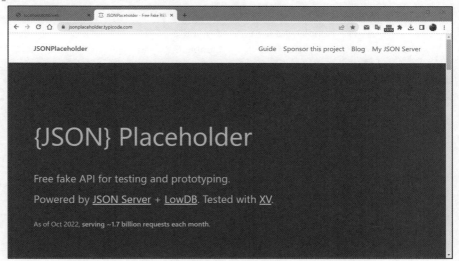

　このサイトは、JSONのダミーデータを配信しているところです。さまざまなデータを特定のIDを指定したり、全データをまとめて取得したりできます。JSONデータをネットワークアクセスで取得するようなプログラムを作成する際、動作確認のためのダミーデータサイトとして役立ちます。

WebClient を用意する

　では、SampleRestControllerクラスにWebClient利用のためのコードを追加していきましょう。まず、SampleRestControllerのコンストラクタを用意し、そこでWebClientのインスタンスを作成しておきましょう。

　クラスに、以下のフィールドとコンストラクタを追加してください。

リスト6-14

```
// import org.springframework.web.reactive.function.client.WebClient;
// import org.springframework.http.MediaType;
```

```java
private final WebClient webClient;

public SampleRestController(WebClient.Builder builder) {
  super();
  webClient = builder.baseUrl("jsonplaceholder.typicode.com").build();
}
```

　WebClientBuilderは、コンストラクタに引数として渡されます。このWebClient.BuilderからWebClientを作成していきます。
　baseUrlでは、"jsonplaceholder.typicode.com"とドメインをテキストで指定します。そしてbuildして作成したインスタンスをwebClientフィールドに保管しておきます。

指定した ID の Post を得る

　では、jsonplaceholder.typicode.comにアクセスしてJSONデータを取得するリクエストハンドラを作成しましょう。SampleRestControllerクラスに以下の2つのメソッドを追加してください。

リスト6-15

```java
// import org.springframework.http.MediaType; 追記

@RequestMapping("/web/{id}")
public Mono<Post> web(@PathVariable int id) {
  return this.webClient.get()
      .uri("/posts/" + id)
      .accept(MediaType.APPLICATION_JSON)
      .retrieve()
      .bodyToMono(Post.class);
}

@RequestMapping("/web")
public Flux<Post> web2() {
return this.webClient.get()
    .uri("/posts")
    .accept(MediaType.APPLICATION_JSON)
    .retrieve()
    .bodyToFlux(Post.class);
}
```

図6-11：/web/番号 にアクセスすると、指定したIDのJSONデータを取得し表示する。

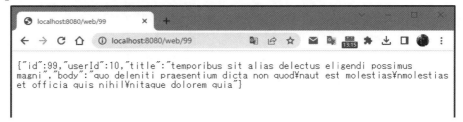

　追記できたら、/web/番号 というパスにアクセスをしてください。番号には1 ～ 100の整数を指定します。これでJSON Placeholderのサイトにアクセスし、指定のIDのPostデータを取得して表示します。また/webにサクセスすると、全Postデータがまとめて表示されます。

　ここで得られるPostデータは、以下のような形をしています。

```
{id: 番号, userId: 番号, title: テキスト, body: テキスト }
```

　見て気づいたことと思いますが、実はこれ、先に作成したPostエンティティと同じ形をしています。このJSON Placeholderに用意されているダミーデータのPostを利用するため、データベースのサンプルでも同じデータ構造のPostエンティティを用意して使っていた、というわけです。

　では、WebClientでアクセスしている処理を見てみましょう。例として、IDを指定してデータを取得するwebメソッドの処理を見てみます。

```
return this.webClient.get()
    .uri("/posts/" + id)
    .accept(MediaType.APPLICATION_JSON)
    .retrieve()
    .bodyToMono(Post.class);
```

　見ればわかるように、実は実行しているのは1文のみです。メソッドチェーンで連続して呼び出しているため、いくつも処理を実行している割にはスッキリとシンプルにまとまっていますね。

　実行しているメソッドの呼び出し順を見ると、このようになっています。

```
《webClient》.get().uri().accept().retrieve().bodyToMono()
```

　呼び出すメソッドは多いですが、どのような順番で呼び出すかをよく確認してください。5つのメソッドを、この順番に呼び出すことで、必要な作業がすべて行われます。retrieveでデータを取得し、bodyToMonoでMonoにラップしたものをreturnすれば、外部のサイトにネットワークアクセスして取得したオブジェクトも問題なくノンブロッキングで得られます。

Postエンティティを送信する

　では、外部にデータを送信する場合はどうでしょう。実はこれも、今やったWebClientの処理とほとんど同じような形で行えます。違っているのは、以下の2点のみです。

- アクセスにはpostメソッドを使う
- bodyValueで送信するオブジェクトを設定する

　ポイントは、bodyValueです。WebClientでは、データを送信する際、bodyValueで送

信するオブジェクトを設定すれば、それをJSONなどのフォーマットに変換してサーバー
に送信できます。retrieveする前にbodyValueでオブジェクトをボディに設定してからア
クセスすればいいのです。

Post を送信する

では、これもサンプルを作成しましょう。SampleRestControllerクラスに以下のメソッ
ドを追加してください。

リスト6-16

```
@RequestMapping("/webpost/{id}")
public Mono<Post> web3(@PathVariable int id) {
  Post post = repository.findById(id);
  return this.webClient.post()
    .uri("/posts")
    .accept(MediaType.APPLICATION_JSON)
    .bodyValue(post)
    .retrieve()
    .bodyToMono(Post.class);
}
```

図6-12：/webpost/番号 とアクセスすると、データベースから指定したIDのPostエンティティを取得し、
JSON Placeholderサイトに送信する。

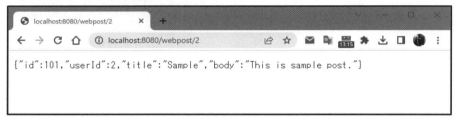

記述できたら、/webpost/番号 というパスにアクセスをしてください。パスに指定し
た番号のIDをデータベースから検索し、取得したPostインスタンスをJSON Placeholder
のサイトにPOST送信します。

JSON Placeholderでは、JSONデータをPOST送信されると、それをそのまま送信元に
結果として返信します。従って、取得したPostエンティティの内容がそのまま表示さ
れれば、問題なくPostエンティティがサイトに送信できたことが確認できます。もし、
{"id":101,"userId":0,"title":null,"body":null}といった表示がされたら、Postデータとして
サーバーが受け取れなかった（従って空のPostが表示されている）ことになります。

今回のメソッドで実行している処理を見ると、getの代わりにpostが使われ、retriveの
前にbodyValue(post)でデータベースから取得したPostインスタンスがそのままボディに
設定されているのがわかります。

6-3 コントローラーと関数型ルーティング

コントローラーを利用する

ここまで、RestControllerを使ってさまざまなリクエストハンドラを作成してきました。これにより、「**WebFluxでは、RestControllerを使うのが基本で、Controllerは使わないのか**」と思ったかも知れません。

しかし、それは違います。WebFluxでも、Controllerは使えます。そして、通常のWebアプリと同様にテンプレートエンジンを使ったWebページも利用することができるのです。ここでは、Controllerを利用して処理を行わせてみましょう。

また、WebFluxには、ここまで行ってきた「**リクエストハンドラのメソッドを定義してアクセス時の処理を行う**」というやり方とは違ったリクエストの処理方法があります。それは「**関数**」によりルーティングを設定するものです。このやり方はControllerだけでなく、RestControllerでも使えるのですが、新たにControllerを作成するのに合わせ、この新しい方式も覚えることにしましょう。

SampleController を作成する

では、Controllerクラスを作成しましょう。SampleRestController.javaのファイルと同じ場所に、新たに「**SampleController.java**」という名前でファイルを用意してください。そして以下のように記述しておきます。

リスト6-17

```
package com.example.samplewebfluxapp;

import org.springframework.stereotype.Controller;

@Controller
public class SampleController {

}
```

SampleControllerクラスに、@Controllerアノテーションを付けておきます。これでコントローラーの入れ物の部分はできました。後は、この中に必要な処理を追記していくだけです。

RouterFunctionの作成

リクエストメソッドを使わず、関数でルーティング処理を設定する新たな方法、それは「**RouterFunction**」というものを作成するやり方です。

RouterFunctionは、ルーティングを関数で管理するためのクラスです。この

RouterFunctionを作成してBeanとしてアプリに登録しておくことで、指定したルーティングが機能し、アクセスにより処理が実行されるようになります。

このRouterFunctionのBean登録は、コントローラーなどのクラス内に以下のようなメソッドを用意することで行えます。

```
@Bean
public RouterFunction<ServerResponse> メソッド() {
  return 《RouterFunction》;
}
```

RouterFunctionは総称型に対応しており、サーバーからのレスポンスを管理するServerResponseを指定しておきます。そしてメソッド内でRouterFunctionを作成しreturnすれば、それがBeanとして登録され使われるようになります。

route メソッド

このRouterFunctionの作成は、RouterFunctionsクラスに用意されているクラスメソッド「**route**」を使って行います。これは以下のように記述します。

```
route(《RequestPredicate》,《HandlerFunction<T>》)
```

第1引数の「**RequestPredicate**」は、リクエストマッチングのためのインターフェースです。これを実装した「**RequestPredicates**」というクラスがあり、これに用意されているクラスメソッドを使ってRequestPredicateを作成します。RequestPredicatesのメソッドには以下のようなものがあります。

```
GET( パス )
POST( パス )
```

HTTPメソッド名のメソッドが用意されており、このGETやPOSTを呼び出して、指定したパスのRequestPredicateを作成します。

もう1つの「**HandlerFunction**」は、RequestPredicateで指定されたパスに割り当てる処理となるものです。これは「**this::○○**」というような形でメソッドを指定します。Javaでは、::演算子によりクラス内のメソッドを指定することができます。例えば「**this::hello**」とすることで、helloメソッドを指定できるわけです。

このようにしてRequestPredicateに実行するメソッドを指定します。整理すると、RouterFunctionは以下のような形で作成することになります。

```
route(GET( パス ), this::メソッド );
```

これはGETの場合です。同様にしてPOSTで指定することもできます。またGET、POST以外のHTTPメソッドももちろん用意されています。

■RouterFunction メソッドを利用する

では、実際にRouterFunctionをBean登録するメソッドを作成してみましょう。先ほど作ったSampleControllerクラスに以下のようにメソッドを追記してください。

リスト6-18

```
// 以下を追記
// import org.springframework.context.annotation.Bean;
// import org.springframework.web.reactive.function.server.RouterFunction;
// import org.springframework.web.reactive.function.server.ServerResponse;
// import static org.springframework.web.reactive.function.server
   .RouterFunctions.route;
// import static org.springframework.web.reactive.function.server
   .RequestPredicates.GET;


@Bean
public RouterFunction<ServerResponse> routes() {
  return route(GET("/f/hello"), this::hello);
}
```

routesというメソッドを1つ作成しています。非常に単純ですが、これまで登場していないメソッドなどがいくつも使われているため、import文も多数追加する必要があります。

routesメソッドは、RouterFunction<ServerResponse>を戻り値に指定して定義されます。その中で行っているのは、route(GET("/f/hello"), this::hello)を返すことだけです。

第1引数のGET("/f/hello")で/f/helloというパスにGETアクセスした場合のRequestPredicateを作成し、第2引数でthis::hello)としてクラス内にあるhelloというメソッドを割り当てています。これで、/f/helloにアクセスしたらhelloメソッドが実行される、というルーティングが設定されます。

HandlerFunctionメソッドの作成

これでルーティングはできました。後は、実行されるHandlerFunction（メソッド）を定義するだけです。

このメソッドは、以下のような形で定義されます。

```
Mono<ServerResponse> メソッド名(ServerRequest req) {
  retiurn 《Mono》;
}
```

引数には、ServerRequestというクラスのインスタンスが渡されます。これはサーバー側のリクエスト情報を管理するものです。そして戻り値には、ServerResponseを総称型に指定したMonoあるいはFluxを指定します。ServerResponseをラップして返すことで、ノンブロッキングにレスポンスを返すことができます。

ok メソッドについて

　では、戻り値のMono/Fluxはどのように作成すればいいのか。これらは、ServerResponseをラップしたものですから、まずServerResponseインスタンスを作成する必要があります。

　これは、WebFluxに用意されている「**ServerResponse**」のメソッドを使います。これはインターフェースであり、さまざまなレスポンスのためのServerResponseインスタンスを作成するメソッドが用意されています。

ok	ステータスコード200で正常なアクセスを示すServerResponseを作成する
badRequest	ステータスコード400のBad Requestを示すServerResponseを作成する
notFound	ステータスコード404のNot Foundを示すServerResponseを作成する
accepted	ステータスコード200のAcceptedを示すServerResponseを作成する

　正常なアクセス結果を返信するには、「**ok**」メソッドを使ってインスタンスを作成すればいいでしょう。これは以下のような形で作成します。

```
ok().body(《Mono/Flux》)
```

　okでインスタンスを作成し、「**body**」メソッドでボディに値を設定します。これは、MonoあるいはFluxでラップしたオブジェクトを指定します。

　これで作成されたServerResponseを返せば、ノンブロッキングなレスポンスとなります。

hello メソッドを定義する

　では、呼び出されるhelloメソッドを作成しましょう。SampleControllerクラスに以下のようにメソッドを追記してください。

リスト6-19

```
// import org.springframework.web.reactive.function.server.ServerRequest;　追加
// import static org.springframework.web.reactive.function.server.ServerResponse.ok;

Mono<ServerResponse> hello(ServerRequest req) {
  return ok().body(Mono.just("Hello Functional routing world!"), String.class);
}
```

図6-13：/f/helloにアクセスするとテキストが表示される。

記述したら、/f/helloにアクセスしてみてください。「**Hello Functional routing world!**」とテキストが表示されます。

ここでは、okを使い、ボディにMono.justでテキストをラップしたMonoインスタンスを設定しています。これがそのままアクセス下側に表示されていたのです。ServerResponseを用意するというのがこれまでとは違いますが、MonoやFluxで値をラップしたものを用意する、という基本部分は同じです。

複数のrouteを連結する

RouterFunctionによるルーティングの基本はわかりました。しかし、実際に使ってみるといろいろな疑問が湧いてくることでしょう。何よりもまず「**複数のRouterFunctionを作るにはどうするのか？**」という疑問が湧くはずです。

RouterFunctionを返すメソッドでは、戻り値はRouterFunctionが1つだけです。複数のルーティングを行うにはどうすればいいのでしょうか。RouterFunctionを配列にして返す？ あるいは、複数のメソッドを定義してRouterFunctionのBeanをすべて登録する？

いいえ。メソッドで返すのは1つのRouterFunctionインスタンスだけですし、Beanとして登録するメソッドも1つだけです。では、どうするのか。それは、RouterFunctionに必要なルーティングをすべて登録するのです。

RouterFunctionは、1つのルーティングしか登録できないわけではありません。メソッドチェーンを使って、いくつでもルーティング設定を登録できるのです。これには「**andRoute**」というメソッドを利用します。

andRouteは、routeの戻り値であるRouterFunctionから呼び出します。これはいくつでも必要なだけ連続して呼び出すことができます。

```
route(…).andRoute(…).andRoute(…). ～
```

このようにして、メソッドチェーンで次々とandRouteを呼び出してルーティングを追加していくのです。

▌2つ目のルーティングを用意する

では、実際にroutesメソッドを修正して、2つ目のルーティング設定を用意してみましょう。以下のようにメソッドを修正してください。

リスト6-20

```
@Bean
public RouterFunction<ServerResponse> routes() {
  return route(GET("/f/hello"), this::hello)
      .andRoute(GET("/f/hello2"), this::hello2);
}
```

これで、/f/hello2にhello2メソッドが割り当てられました。SampleControllerクラスにhello2メソッドを追加しておきましょう。

リスト6-21

```
Mono<ServerResponse> hello2(ServerRequest req) {
  return ok().body(Mono.just("関数ルーティングの世界へようこそ！"), String.class);
}
```

図6-14：/f/hello2にアクセスすると、hello2メソッドの結果が表示される。

テンプレートでWebページをレンダリングする

　Controllerクラスを利用する場合、通常のWebアプリと同様にテンプレートエンジンを使ったWebページを作成し表示させることも可能です。ただし、Spring Web（MVC）とはかなり異なるアプローチになります。

　まずは、テンプレートを用意しておきましょう。「**resources**」フォルダの中に、「**templates**」というフォルダを作成してください。そしてその中に、「**flux.html**」という名前でファイルを用意します。

　ファイルには以下のようなコードを記述しておきましょう。

リスト6-22

```
<!DOCTYPE HTML>
<html>
<head>
  <title>top page</title>
  <meta http-equiv="Content-Type"
    content="text/html; charset=UTF-8" />
  <link href="https://cdn.jsdelivr.net/npm/bootstrap@5.0.2/dist/css/bootstrap.min.css"
      rel="stylesheet">
</head>
<body class="container">
  <h1 class="display-4">Flux page</h1>
  <p class="msg">This is Sample WebFlux page!!</p>
</body>
</html>
```

　ここでは、単純なHTMLのコードを用意しておきました。テンプレートらしい機能はまだ使っていません。まずは「**テンプレートファイルを使ってWebページを表示する**」という基本を行います。

リクエストハンドラを使う

　ルーティングは、2通りの方法がありましたね。1つは従来通りのリクエストハンドラを使ったやり方。もう1つは関数ルーティングによるものです。

　まずは、従来のコントローラーでも使っていたリクエストハンドラを利用した方法から見ていきましょう。これは、以下のような形でメソッドを作成します。

```
@RequestMapping( パス )
Mono<Rendering> メソッド名() {
    return 《Mono》;
}
```

　MonoあるいはFluxインスタンスを返すという点では、先ほどまでの関数ルーティングと同じです。違いは、総称型で「**Rendering**」というオブジェクトを指定している、という点です。これは、レンダリングを扱うクラスです。これをMono/Fluxでラップして返すことで、レンダリングされたWebページが表示できるようになります。

■ リクエストハンドラを追加する

　では、実際にリクエストハンドラを作ってみましょう。SampleControllerクラスに以下のメソッドを追記してください。

リスト6-23

```
// import org.springframework.web.bind.annotation.RequestMapping;
// import org.springframework.web.reactive.result.view.Rendering;    追記


@RequestMapping("/f/flux")
Mono<Rendering> flux() {
    return Mono.just(Rendering.view("flux").build());
}
```

図6-15：/f/fluxにアクセスすると、flux.htmlのページが表示される。

　修正したら、/f/fluxにアクセスしてみましょう。先に用意したflux.htmlの内容がWebページとして表示されます。

ここでは、Monoを作成する際に以下のような値が引数として用意されています。

```
Rendering.view("flux").build()
```

Renderingクラスの「**view**」メソッドは、レンダリングするビュー（テンプレート）を指定するものです。これはRendering.Builderというビルダークラスのインスタンスを返します。そして「**build**」メソッドによりRenderingインスタンスが生成されます。

この値をMonoやFluxでラップして返せば、設定されたテンプレートによるレンダリングされたWebページが表示されます。

関数ルーティングを使う

続いて、関数ルーティングを利用する場合です。この場合、ルーティングに割り当てるメソッドは、必ずMono<ServerResponse>になります。従って、okメソッドなどを使って作成したMonoをそのまま返すわけにはいきません。

```
ok().contentType(MediaType.TEXT_HTML).render( テンプレート名 );
```

「**contentType**」は、コンテンツタイプを設定するメソッドです。これをMediaType.TEXT_HTMLにすることで"text/html"のコンテンツタイプが設定されます。このcontentTypeはBodyBuilderというボディコンテンツを作成するクラスのインスタンスを返します。

そして「**render**」でコンテンツをレンダリングし、Mono<ServerResponse>インスタンスに変換します。後はこれをそのまま返すだけです。

関数ルーティングを追加する

では、メソッドを作成しましょう。SampleControllerクラスのroutesメソッドに記述したrouteメソッド（と、addRoute）に、以下のようにメソッドを追記します。

リスト6-24
```
…….andRoute(GET("/f/flux2"), this::flux2);
```

そして、SampleControllerクラスに以下のメソッドを追記してください。

リスト6-25
```
// import org.springframework.http.MediaType;   追記

Mono<ServerResponse> flux2(ServerRequest req) {
  return ok().contentType(MediaType.TEXT_HTML).render("flux");
}
```

これで、/f/flux2にアクセスすると、先ほどと同じようにflux.htmlの内容をWebページとして表示します。

ここで実行している内容は、先ほど説明した「**contentTypeでコンテンツタイプを指定**

し、**render**する」という処理です。他には何も行っていません。

　やっていることはそう難しくはありませんが、先のリクエストハンドラのコードとは全く異なるものであることがわかります。同じ「**テンプレートをレンダリングして表示する**」という処理でも、両者は全く別のものだ、ということをよく理解してください。

必要な値をテンプレートに渡す

　テンプレートの表示の仕方がわかったら、続いてコントローラーから必要な値をテンプレートに渡すことを考えてみましょう。

　まず、テンプレートを修正しておきます。flux.htmlを以下のように変更してください。

リスト6-26

```
<!DOCTYPE HTML>
<html>
<head>
  <title th:text="${title}"></title>
  <meta http-equiv="Content-Type"
    content="text/html; charset=UTF-8" />
  <link href="https://cdn.jsdelivr.net/npm/bootstrap@5.0.2/dist/css/bootstrap.min.css"
      rel="stylesheet">
</head>
<body class="container">
  <h1 class="display-4" th:text="${title}"></h1>
  <p class="msg" th:text="${msg}"></p>
</body>
</html>
```

　ここでは2つの変数を使っています。<title>と<h1>のところにth:text="${title}"と属性があり、<p>にはth:text="${msg}"属性が用意されています。テンプレートにtitleとmsgという値を渡せば、それらがここに表示されるわけです。

リクエストハンドラの場合

　では、リクエストハンドラを利用する場合の値の渡し方を見てみましょう。リクエストハンドラでは、Rendering.Builderに用意されている「**modelAttribute**」メソッドで値を設定します。

```
《Rendering.Builder》.modelAttribute( キー , 値 )
```

　このような形ですね。これで、指定したキーの名前で値が保管されます。このmodelAttributeは、メソッドチェーンでいくつでもつなげて呼び出せます。複数の値を設定するときは、繰り返しメソッドを呼び出していけばいいのです。

　Rendering.Builderは、Mono/fluxのjustメソッドの引数にRendering.viewで作成されましたね。このviewからmodelAttributeを呼び出していけばいいでしょう。

では、実際の例を挙げておきましょう。先ほどのfluxメソッドを以下のように修正してください。

リスト6-27

```
@RequestMapping("/f/flux")
Mono<Rendering> flux() {
  return Mono.just(Rendering.view("flux")
      .modelAttribute("title","Flux/Request Handler")
      .modelAttribute("msg", "これはリクエストハンドラのサンプルです。")
      .build());
}
```

図6-16：/f/fluxにアクセスすると、タイトルとメッセージが表示される。

修正したら、/f/fluxにアクセスしてください。modelAttributeで設定したtitleとmsgがWebページに表示されるのがわかります。ここでは、Mono.justの引数内で以下のように値が用意されています。

```
Rendering.view(…).modelAttribute(…).modelAttribute(…)
```

こうして作成されたRenderring.BuilderがMono.justでラップされ返されているわけですね。

Model 引数を利用する

ここではmodelAttributeを使いましたが、リクエストハンドラの場合、引数にModelを用意して値を追加することもできます。例えば、今のメソッドは以下のように書くこともできます。

リスト6-28

```
// import org.springframework.ui.Model; 追記

@RequestMapping("/f/flux")
Mono<Rendering> flux(Model model) {
  model.addAttribute("title","Flux/Request Handler");
```

```
    model.addAttribute("msg", "これはリクエストハンドラのサンプルです。");
    return Mono.just(Rendering.view("flux").build());
}
```

　これでも全く同じ働きをします。Modelの扱いはすでに慣れていますから、こちらの
ほうが感覚的には理解しやすいかも知れません。どちらでも使いやすい方法を覚えてお
けばいいでしょう。

関数ルーティングの場合

　続いて、関数ルーティングを利用する場合です。この場合、ok().contentType()で作成
されるBodyBuilderのrenderを呼び出してMono/Fluxインスタンスを作成し、これを返し
ています。このrenderメソッドで、必要な情報を渡します。

```
《BodyBuilder》.render( ビュー名, 《Map》)
```

　第2引数に、テンプレートに渡す値をMapにまとめたものを用意します。これにより
必要な値がテンプレート側に渡され使えるようになります。
　では、これも実際にやってみましょう。先ほどのflux2メソッドを以下のように書き換
えてください。

リスト6-29

```
Mono<ServerResponse> flux2(ServerRequest req) {
    Map map = new HashMap();
    map.put("title", "Flux/Function routing");
    map.put("msg", "これは関数ルーティングのサンプルです。");
    return ok().contentType(MediaType.TEXT_HTML).render("flux", map);
}
```

図6-17：/f/flux2にアクセスするとタイトルとメッセージが表示される。

　修正したら、/f/flux2にアクセスしてみましょう。テンプレートは同じflux.htmlですが、
先ほどのリクエストハンドラの場合とは異なるタイトルとメッセージが表示されます。
　ここでは、HashMapインスタンスを作成してtitleとmsgのキーで値をputし、それを
renderで引数に渡しています。これにより、titleとmsgがテンプレートで表示されるよ
うになります。

329

6-4 クライアントからのAPIアクセス

静的HTMLファイルの利用

ここまでのところで、WebFluxを利用したリアクティブアプリケーションの基本について一通り説明をしてきました。しかし、中には欲求不満を抱いていた人も多かったのではないでしょうか。

　「**サーバーでのAPIの実装はわかった。だけど、実際にそれを利用するWebアプリはどう作ればいいんだ? そこがわからないとAPIは使えないじゃないか**」

そう思った人。その通り、APIというのは、それを利用するアプリを作って初めて役に立ちます。サーバー側でAPIが作成できるようになったら、いかにしてそれをWebページの中から利用するかを考えないといけません。サーバー側ができたら、次は「**クライアント**」側の開発が必要です。

ただし、これはWebページにJavaScriptのコードとして記述することになります。これまでの「**サーバー側でJavaのコードで書く**」というものとはまるで違うものになる、ということは理解しておいてください。

（※これ以降は、SpringやJavaの説明ではなく、フロントエンドで使われるJavaScriptの話になります。JavaScriptには興味ない、フロントエンドの開発は行わない、という人は以降は飛ばして次の章に進んで構いません。なお、本書はSpring Bootの解説書ですので、JavaScript関連については深く説明はしません。興味ある人は別途学習ください）

▌「public」フォルダを用意する

「**APIをWebページから利用する**」というのは、基本的にWebページ内からJavaScriptのAJAX機能を利用してアクセスすることを考えればいいでしょう。

WebFluxのアプリケーションでも、通常のSpring Web（MVC）と同様に静的ファイルとしてHTMLファイルを用意することができます。実際にファイルを作って、その中からAPIにアクセスをしてみましょう。

では、「**resources**」フォルダの中に、「**public**」という名前のフォルダを作成してください。「**public**」フォルダは公開フォルダです。そこにファイルを配置すると、そのままルート下に公開されます。例えば「**public**」フォルダ内にsample.htmlというファイルを用意すると、/sample.htmlでファイルにアクセスし表示することができるようになります。

▌静的 HTML ファイルを利用する

では、ファイルを用意しましょう。作成した「**public**」フォルダの中に、新しく「**static. html**」という名前のファイルを用意してください。そして以下のようにコードを記述しましょう。

リスト6-30

```
<!DOCTYPE HTML>
<html>
```

```
<head>
  <title></title>
  <meta http-equiv="Content-Type"
    content="text/html; charset=UTF-8" />
  <link href="https://cdn.jsdelivr.net/npm/bootstrap@5.0.2/dist/css/bootstrap.min.css"
      rel="stylesheet">
</head>
<body class="container">
  <h1 class="display-4">Static html</h1>
  <p class="msg">This is static html file.</p>
</body>
</html>
```

図6-18：/static.htmlにアクセスすると、static.htmlが表示される。

　ファイルを保存したら、実際にアクセスしてみてください。/static.htmlにアクセスすると、作成したstatic.htmlの内容が表示されます。
　このように静的HTMLファイルを使えば、WebFluxアプリ内に普通にWebページを用意することができます。先に行ったように、テンプレートエンジンを使わなくともWebページは作れるのです。

fetch関数でAPIにアクセスする

　では、JavaScriptを使ってAPIにアクセスする手順を説明しましょう。JavaScriptで指定したURLにアクセスするには「**fetch**」関数を使います。これは以下のように利用します。

```
fetch(《URL》)
```

　引数には、アクセスするURLをテキストとして指定します。このfetchは非同期関数であるため、戻り値はPromiseオブジェクトになりますので、thenコールバック処理を用意するか、awaitで戻り値を受け取って処理します。

■thenでコールバック処理
```
fetch(…).then(response=>{…});
```

■awaitで戻り値

```
変数 = await fetch(…);
```

JSON データの扱い

　fetchで得られるのは、Responseというサーバーからの返信情報を管理するオブジェクトです。ここから更に送られてきたコンテンツを取り出します。これには大きく2つのメソッドがあります。テキストを取り出す「**text**」と、JSONデータをJavaScriptオブジェクトに変換して取り出す「**json**」です。

　いずれも引数はありません。非同期メソッドであるため、返される値の処理方法を考えないといけません。例えばjsonメソッドならば以下のような具合に処理する必要があります。

■thenでコールバック処理

```
《Response》.json().then((response)=>{…});
```

■awaitで戻り値

```
変数 = await 《Response》.json();
```

　整理すると、fetchで指定URLにアクセスし、取得したJSONデータをJavaScriptオブジェクトとして受け取るには以下のようにすればいいわけです。

■thenでコールバック処理

```
fetch(《URL》).then((response)=>response.json()).then((data)=>{…});
```

■awaitで戻り値

```
変数 = await fetch( 《URL》);
変数 = await《Response》.json();
```

APIからPostレコードを取得する

　では、fetch関数を使ってAPIにアクセスし、Postオブジェクトを取り出し表示してみましょう。先ほどのstatic.htmlの<body>を以下のように書き換えてください。

リスト6-31

```
<body class="container">
  <h1 class="display-4">Static html</h1>
  <p class="msg">This is static html file.</p>
  <div class="border border-1 p-3" id="container"></div>

  <script>
  async function getData() {
    const re = await fetch("/post");
    const data = await re.json();
    document.querySelector('#container').textContent = JSON.stringify(data);
```

```
    };

    getData();
    </script>
</body>
```

図6-19：AJAXで/postにアクセスし、新たに作成したPostエンティティを表示する。

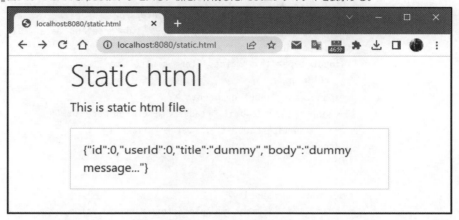

　/static.htmlにアクセスすると、内からAJAXで/postにアクセスし、ダミーとして作成したPostを取得して表示します。/postは、ダミーのPostエンティティを返すAPIです（リスト6-8参照）。

　ここでは、awaitを使ってfetchの戻り値を受け取り、そこからjsonでコンテンツを取り出しています。

```
const re = await fetch("/post");
const data = await re.json();
```

　これでdataにコンテンツが得られました。この値はPostエンティティと同じ構造のJavaScriptオブジェクトになっています。それをid="container"の<div>要素に表示しています。

```
document.querySelector('#container').textContent = JSON.stringify(data);
```

　戻り値dataはオブジェクトになっているので、JSON.stringifyでそれを再度テキストに変換して表示しています。fetchもjsonも非同期であるため少々面倒ですが、やることはそれほど難しくはありません。

フォーム入力を利用する

　では、ユーザーからの入力に応じてAPIにアクセスする場合はどうなるでしょうか。これはフォームなどを用意して入力してもらった値を取り出し、それを元にURLを作成

してfetchすればいいでしょう。

では、これも試してみましょう。static.htmlの<body>を以下のように書き直してください。

リスト6-32

```
<body class="container">
  <h1 class="display-4">Static html</h1>
  <p class="msg">This is static html file.</p>
  <div class="border border-1 p-3 mb-4" id="area">no data.</div>
  <div class="input-group">
    <input type="text" class="form-control me-1"
        id="input" />
    <span class="input-group-btn">
      <input type="submit" class="btn btn-primary px-4"
          onclick="submit();" value="Click" />
    </span>
  </div>
  <script>
  async function submit() {
    const id = document.querySelector('#input').value;
    const result = await getData('/post/' + id);
    document.querySelector('#area').textContent
        = JSON.stringify(result);
  }
  async function getData(url) {
    const re = await fetch(url);
    return await re.json();
  };
  </script>
</body>
```

図6-20：フィールドにID番号を入力してボタンを押すと、そのIDのPostエンティティが取り出される。

このWebページではフィールドとボタンを用意してあります。フィールドにID番号を記入してボタンを押すと、/post/番号 というパスにアクセスして指定したIDのPostエンティティを取り出し表示します。この/post/番号 はIDを指定してPostエンティティを取得するAPIです（リスト6-15）。

ここでは、ボタンのonclickに割り当てる処理（subimt）と、実際にAPIに指定のURLでアクセスし結果を返す関数（getData）を分けてあります。submitでは、id="input"のフィールドの値を取り出し、const result = await getData('/post/' + id);というようにしてgetDataを呼び出して結果を変数に取り出しています。後はオブジェクトをテキストに変換してid="area"に表示するだけです。

getDataで行っていることは、先ほどのサンプルとほとんど同じですから説明の要はないでしょう。fetchの使い方さえわかれば、非常に簡単にAPIは使えます。

Reactアプリケーションについて

Webページからリアルタイムにバックエンドにアクセスし、常に表示が更新されるようなアプリケーションの開発を考えるとき、多くはリアクティブな処理部分をフレームワークに頼るのではないでしょうか。現在、こうした処理にもっとも多用されているのは「**React**」でしょう。Reactは、Meta（旧Facebook）が開発するオープンソースのフロントエンドフレームワークです。Reactベースのアプリケーションを開発するプロジェクトを作成し、Springと同様に独立したアプリケーションとして起動して動かすことができます。Reactを使うWebアプリの多くは、この「**スタンドアロンなアプリ**」として開発されているでしょう。

では、実際にReactのアプリケーションを用意し、ReactからAPIを利用する方法を説明しましょう。

Node.js について

Reactアプリケーションの開発を行うには、JavaScriptエンジン「**Node.js**」が必要です。Node.jsは、以下のURLからダウンロードできます。まだ用意していない人は、URLからソフトウェアをダウンロードし、インストールしておいてください。

    https://nodejs.org/ja/

図6-21：Node.jsのWebサイト。ここからソフトウェアをダウンロードできる。

Reactプロジェクトを作成する

では、Reactのアプリケーションを開発するためのプロジェクトを作成しましょう。コマンドプロンプトあるいはターミナルを開き、プロジェクトを保存する場所にcdコマンドで移動します。そして以下を実行してください。

```
npx create-react-app react_flux_app
```

図6-22：npx create-react-appコマンドでReactプロジェクトを作成する。

　これで「**react_flux_app**」というフォルダが作成され、その中にプロジェクト関連のファイル類が保存されます。

React プロジェクトの基本構成

　このReactプロジェクトのフォルダ（「**react_flux_app**」フォルダ）を開くと、その中に各種のフォルダとファイルが用意されています。ここでそれぞれの役割を簡単にまとめておきましょう。

「node_modules」フォルダ	アプリケーションで利用するパッケージが保管されているところです。
「public」フォルダ	公開フォルダです。トップページであるindex.htmlやログのファイルなどが用意されています。
「src」フォルダ	アプリケーションの本体部分です。この中にReactアプリのコードを用意します。
.gitignore	バージョン管理システム「Git」が利用するファイルです。
packge.json	プロジェクトのパッケージ情報が記述されています。
package-lock.json	パッケージ管理ツールnpmが使うファイルです。
README.md	リードミーファイルです。

　基本的にReactのアプリは「**src**」にあるファイルを編集して作成していきます。このフォルダ内にあるファイルから、アプリケーションのプログラム関係を抜き出すと以下のようになります。

index.js	トップページのJavaScripファイル
index.css	トップページのCSSファイル
App.js	Reactのコンポーネント。ここに具体的な表示内容がある
App.css	AppコンポーネントのCSSファイル

　デフォルトでは「**index**」と「**App**」という2つのReactコンポーネントが用意されています。indexは、index.htmlに組み込まれ、コンテンツのベースとなるものです。そしてその中に表示される具体的なコンテンツのコンポーネントがAppです。

　ですから、まずはAppコンポーネントを修正して、表示されるコンテンツを編集しながらReactアプリの基本的な仕組みを理解していくことになるでしょう。

Reactのコンポーネント

　Reactは、コンポーネントとしてコンテンツを作成していきます。このコンポーネントには、クラス方式と関数方式があります。ここではApp.jsなどで使われている関数方式のコンポーネントについて簡単に説明しておきましょう。

　関数コンポーネントは、文字通り関数としてコンポーネントを定義するものです。これは以下のような形をしています。

```
function 関数名() {
    ……必要な処理……
    return 《JSX》;
}
```

　関数コンポーネントは、JSXで記述されたコンポーネントの表示内容をreturnすることで表示を作成します。「**JSX**」というのはJavaScript拡張と呼ばれるもので、JavaScriptの中でHTMLなどのマークアップ言語のタグを値として扱えるようにするものです。例えば、このような具合です。

```
return <h1>Hello</h1>;
```

　これで<h1>を表示するコンポーネントが作られます。このように、HTMLの要素を直接記述できるのがReactコンポーネントの大きな特徴です。

Appコンポーネントから/postにアクセスする

　では、コンポーネントを修正して、WebFluxのAPIにアクセスして表示を行うようにしてみましょう。「**src**」フォルダ内の「**App.js**」を開いてください。これがデフォルトで用意されているコンポーネントです。この内容を以下のように修正しましょう。

リスト6-33
```
import React, { useState } from 'react';
import './App.css';

function  App() {
  const url = "http://localhost:8080/post";
  const [data, setData] = useState("");

  async function getData() {
```

```
    const response = await fetch(url);
    const data = await response.json();
    const str = JSON.stringify(data, null,'  ');
    setData(str);
  }

  getData();

  return (
    <div className="App">
      <h1>React app.</h1>
      <pre>{data}</pre>
    </div>
  );
}

export default App;
```

　ここでは、fetchでアクセスし取り出した値を<pre>で表示しています。この表示のためのスタイルクラスも用意しておきましょう。「**src**」フォルダにある「**App.css**」を開いて、適当なところに以下を追記してください。

リスト6-34
```
pre {
  border:1px solid gray;
  text-align: left;
  padding: 20px;
  margin: 20px;
}
```

▌Reactアプリケーションを実行する

　修正できたら、Reactのアプリケーションを実行しましょう。これはコマンドベースで行います。コマンドプロンプトあるいはターミナルでカレントディレクトリをReactプロジェクトのフォルダ（「**react_flux_app**」フォルダ）に移動し、以下のコマンドを実行してください。

```
npm start
```

　これでプロジェクトがビルドされ、Node.jsでアプリケーションが起動します。起動処理が完了すると自動的にWebブラウザが開かれ、トップページ（http://localhost:3000/）が表示されます。
　ここでは、コンポーネント内からWebFluxアプリの/postにアクセスしてダミーのPostエンティティを取得し表示しています。従って、WebFluxアプリとReactアプリの両方が起動されている必要があります。

実際に実行してみると、グレーの四角い枠の中には何も表示されません。Webブラウザの開発者ツールなどでコンソール出力を見ると、WebFluxアプリにアクセスしデータを取得するのに失敗しているのがわかるでしょう。

図6-23：アクセスしても/postから得る値が表示されない。

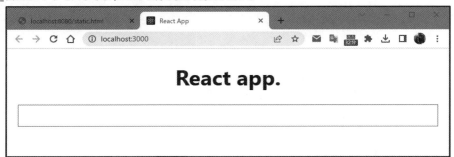

CORSの設定について

なぜ、アクセスに失敗しているのか。それは、JavaScriptのAJAX通信にかけられている制約に原因があります。JavaScriptでは、JavaScriptのコードと同じオリジン（それが作成された場所。コンテンツがあるホスト、あるいはドメインと考えても良い）にしかアクセスできないのです。このため、外部のWebサイトなどにアクセスすることはできません。

WebFluxアプリとReactアプリは、同じローカルホスト（http://localhost）ですが、ポート番号が違います。WebFluxアプリはhttp://localhost:8080/、Reactアプリはhttp://localhost:3000/です。このため、ReactアプリからWebFluxのAPIにアクセスすると「**オリジンが異なる**」と判断され、アクセス拒否されてしまうのです。

これを回避する方法はあります。それはサーバー側（API側）に「**CORS**」の設定を行うことです。

CORS（Cross-Origin Resource Sharing, CORS）は「**オリジン間リソース共有**」と呼ばれるもので、異なるオリジンの間で各種の情報をやり取りできるようにするために用意された仕組みです。API側にこのCORSの設定を行い、オリジンの異なるアクセスを許可するようにすればいいのです。

@CrossOrigin アノテーション

これは、実はとても簡単に行えます。SampleRestControllerクラスのpostメソッド（/postにマッピングされているリクエストハンドラ）の手前（@RequestMapping("/post/{id}")の次行）に以下の文を追記してください。

（org.springframework.web.bind.annotation.CrossOriginをインポートしておく）

```
@CrossOrigin
```

これで、このメソッドはCORSが設定され、オリジンの異なるアクセスもすべて許可され受け入れるようになります。

　ただし、そうなると、全く関係のないWebサイトなどからもアクセスが可能になり、サーバーに負荷がかかるかも知れません。そのような場合は、受け入れ先のURLを指定することもできます。

```
@CrossOrigin(value={"http://localhost:3000/"})
```

　例えばこうすると、http://localhost:3000/からのアクセスのみ受け入れるようになります。本番環境ではもちろん他のドメインを使うことになるでしょうから、その場合は{}内にlocalhost:3000と本番ドメインの2つの値を用意しておけばいいでしょう。

```
@CrossOrigin(value={"http://localhost:3000/", "http://example.com"})
```

　例えば、このような形ですね。あるいはアプリが完成したらlocalhostのオリジンを削除して本番のドメインに書き換えてもいいでしょう。
　では、@CrossOriginを追記してAPIを更新したら、再度Reactアプリのページにアクセスしてみてください。今度は問題なくPostエンティティの値が表示されます。

図6-24：アクセスすると、/postから得た値が表示される。

SWRの利用

　Reactの関数コンポーネントでは、「**ステートフック**」と呼ばれるものを使うことで、値が更新すると自動的にWebページの表示も更新されるような仕組みを簡単に作成できます。このステートフックとしてネットワークアクセスの取得結果を扱えるようにするパッケージが用意されています。「**SWR**」というもので、これを利用することで、例えばURLの値を変更するとリアルタイムにデータの内容が更新されるような処理を作成できます。
　このSWRは、Reactのネットワークアクセスで多用されているパッケージです。これを使ってAPIアクセスを行う方法についても触れておきましょう。
　まず、ReactプロジェクトにSWRをインストールしましょう。これはコマンドベースで行います。コマンドプロンプトあるいはターミナルでプロジェクトのディレクトリに

移動し、以下のコマンドを実行してください。

```
npm install swr
```

図6-25：npm install swrでパッケージをインストールする。

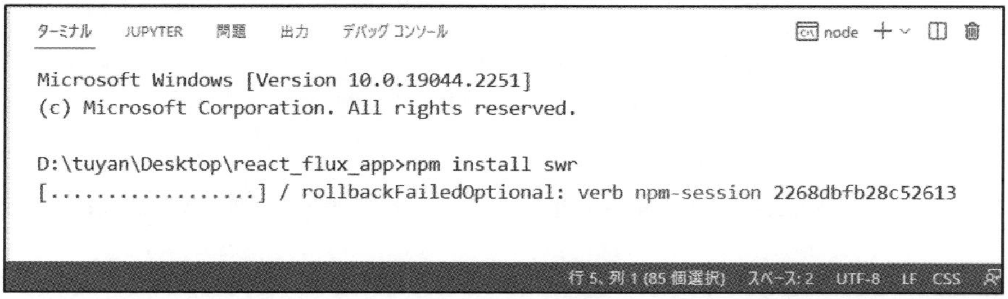

```
ターミナル    JUPYTER    問題    出力    デバッグ コンソール                    [⌘] node  十 ∨  □  🗑

Microsoft Windows [Version 10.0.19044.2251]
(c) Microsoft Corporation. All rights reserved.

D:\tuyan\Desktop\react_flux_app>npm install swr
[.................] / rollbackFailedOptional: verb npm-session 2268dbfb28c52613


                                     行 5、列 1 (85 個選択)   スペース: 2   UTF-8   LF   CSS   ㋰
```

SWR の仕組み

SWRの使い方は非常にシンプルです。利用の際は、以下のようなimport文を記述して「**useSWR**」という関数を利用できるようにしておきます。

```
import useSWR from 'swr';
```

コンポーネント内では、以下のような形でuseSWR関数を記述します。これにより、SWRで指定したアドレスにアクセスし取得したデータが変数に保管されるようになります。

```
const { 変数 } = useSWR( アドレス, 関数 );
```

第2引数の「**関数**」というのは、アクセスに用いられる関数です。これは以下のような形で定義されます。

```
(url)=> fetch(url).then(res=> res.json());
```

これで、JSONデータをオブジェクトにして取得する関数が用意できます。テキストのまま取り出す場合は、res.json()をres.text()に変更すればいいでしょう。

後は、得られた変数を使って表示を作成するだけです。JSONデータをオブジェクトとして取り出した場合は、変数にオブジェクトが保管されているため、そこから必要な値を取り出して利用できます。

SWRで指定したIDのPostを表示する

では、実際にSWRを利用してみましょう。今回は、URLを変更すると取得されるデータが変わるようなものを考えたいため、SampleRestControllerの/post/番号にアクセスさせましょう。

では、SampleRestControllerクラスのpostメソッド（"/post/{id}"にマッピングされてい

るもの)の手前に、@CrossOriginアノテーションを追加し、外部からアクセスできるように
してください。

続いて、Reactプロジェクトを修正します。今回も「**src**」フォルダのApp.jsを修正して
使うことにします。以下のようにコードを書き換えてください。

リスト6-35

```javascript
import React, { useState } from 'react';
import useSWR from 'swr';
import './App.css';

function  App() {
  const baseUrl = "http://localhost:8080/post"
  const fetcher = (url)=> fetch(url).then(res => res.json());
  const [url, setUrl] = useState(baseUrl);
  const {data} = useSWR(url, fetcher);

  const updateUrl = (e)=> {
    setUrl(baseUrl + '/' + e.target.value);
  }

  return (
    <div className="App">
      <h1>React app.</h1>
      <input type="number" onChange={updateUrl} />
      <pre>
        <ul>
          <li>ID:      {data ? data.id : ''}</li>
          <li>USERID:  {data ? data.userId : ''}</li>
          <li>TITLE:   {data ? data.title : ''}</li>
          <li>BODY:    {data ? data.body : ''}</li>
        </ul>
      </pre>
    </div>
  );
}

export default App;
```

今回は結果をリスト表示しているので、<ul>のスタイルも少し調整しておきましょう。
App.cssに以下を追記してください。

リスト6-36

```css
ul {
  text-align: left;
```

```
    font-size: large;
    font-weight: bold;
}
```

■図6-26：フィールドの数字を変更すると、リアルタイムに表示データが更新される。

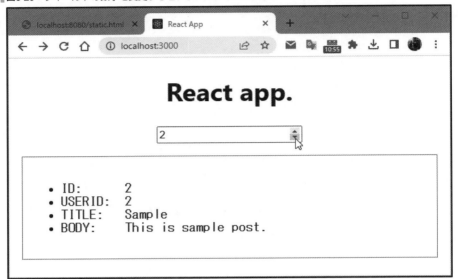

　アクセスすると、デフォルトではダミーのPostデータの内容が表示されています。フィールドの値を1, 2, 3と変更していくと、リアルタイムに表示データが更新されていきます。フィールドの変更がされると即座にAPIにアクセスし、データを取得して表示を更新する、という一連の作業がスムーズに動いていることがわかります。

　そして、コードを見ればわかるように、JavaScriptで行っているのはステートフックと呼ばれる値の定義と、フィールドの変更時(onChangeイベント)の処理だけであり、更新されたらAPIにアクセスしたり、データが変更されたら表示を更新したり、といった処理は一切ありません。

ステートフックの使いどころ

　ここで実行している処理は、Reactの「**ステートフック**」を活用したものです。これを理解するには、Reactのステートフックに関する知識が必要となりますので、深くは触れません。ざっとポイントだけ簡単に説明しておきましょう。

　関数コンポーネントの最初のところで、いくつかのconst文が用意されています。これがコンポーネントのもっとも重要な部分になります。

```
const fetcher = (url)=> fetch(url).then(res => res.json());
const [url, setUrl] = useState(baseUrl);
const {data} = useSWR(url, fetcher);
```

　fetcherは、SWRで使うアクセス用の関数ですね。そしてその後の「**useState**」という関

数を使っている文が「**ステートフック**」を利用するものです。これにより、urlという変数と、setUrlという関数が作成されます。setUrlで値を変更すると、urlを利用している部分が自動的に更新されるようになっているのです。

その後の「**useSWR**」が、SWRを利用している部分です。引数にはurlとfetcherが設定されていますね。このurlの値が更新されると、自動的にSWRによるネットワークアクセスが実行され、戻り値の変数dataの値が更新されます。値が更新されると、dataが使われている部分はすべて最新の状態に更新されます。

その後にあるのは、<input>で値が変更された際の処理を行う関数「**updateUrl**」です。

```
const updateUrl = (e)=> {
  setUrl(baseUrl + '/' + e.target.value);
}
```

e.target.valueでイベントが発生した<input>の値を取り出しています。そしてこの値を使ってURLを作成し、setUrlを実行しているのですね。setUrlでurlの値が更新されると、urlが使われている部分がすべて更新されます。useSWRでもurlは使われているので、urlが更新されるとSWRのネットワークアクセスが実行され、dataも更新されます。結果、dataを表示している部分もすべて更新される、というわけです。

returnしているJSXを見ると、こんな具合にdataは使われています。

```
<ul>
  <li>ID:      {data ? data.id : ''}</li>
  <li>USERID:  {data ? data.userId : ''}</li>
  <li>TITLE:   {data ? data.title : ''}</li>
  <li>BODY:    {data ? data.body : ''}</li>
</ul>
```

{}部分は、JavaScriptの文がそのまま記述されていると考えてください。まずdataに値があるかチェックし、あればdata.idなどdata内の値を表示しています。そうでない場合はデフォルトの値を出力しています。dataが更新されると、これら{}の部分がすべて最新の状態に更新されるのです。

ReactはAPIと相性がいい

Reactの働きについては、ある程度きちんと学習しないと理解できないかも知れませんが、「**ユーザーの操作に応じてリアルタイムにネットワークアクセスしデータを更新する**」といったことが比較的簡単に実装できることは感じ取れたと思います。

なにより、「**データの更新を、開発者が実装する必要がない**」という点は大きいでしょう。決まった形でステートフックを用意し表示に組み込めば、後は自動的に表示を最新の状態に更新してくれるのですから。

また、SWRのようなネットワークアクセスのためのパッケージは他にもいろいろなものがあります。こうしたパッケージを利用すれば、APIへのアクセスも比較的簡単に行えます。Reactを使えば、常にAPIと連動したWebページを簡単に作成できます。Reactは、APIと相性が良いのです。

　ここで説明したのは、ReactとAPIのもっとも基本的な使い方です。これより先は、もう少しReactが使えるようにならないといけないでしょう。興味ある人は、ぜひReactについても学習してみてください。新たなWebアプリの開発スタイルが見えてくるはずです。

Chapter 7

覚えておきたい
Springの機能

最後に、Spring Webの基本以外の機能から「Beanの活用」と「ユーザー認証」について解説をします。Beanは、Springのもっとも基本的な機能ですからその仕組みをしっかり理解しておきたいところです。またユーザー認証はWeb開発で必ず必要となるものとして基本的な実装方法をぜひ覚えておきましょう。

7-1 BeanとDIコンテナ

アプリケーションとBean

　ここまで作ったサンプルを見ると、Springの大きな特徴として「**アノテーション**」が挙げられることはよく理解できるでしょう。コントローラーでもリポジトリでも、必要なものはすべてアノテーションを付けてクラスの役割を指定します。また@Autowiredなどにより、アプリケーションに用意されているBeanをいつでも取り出し利用することができます。アノテーションのおかげで、Springは格段に開発しやすいものになっていることは確かです。

　これらアノテーションの中で「**アプリに登録されたBean**」に関するものについて、ここで改めて考えてみることにしましょう。Springでは、@AutowiredによりアプリのBeanを利用できますが、そもそもこのBeanは、どこでどう用意されているのでしょうか。

■ DI コンテナについて

　Springのアプリケーションは、「**DIコンテナ**」と呼ばれる機能を持っています。Springでは、DI（Dependency Injection）により必要に応じて各種のオブジェクトをクラスに挿入することができます。DIコンテナは、このオブジェクト類をまとめて管理するものです。

　アプリケーションを実行すると、アプリケーション内をスキャンし、使われるオブジェクト類を自動的に作成しDIコンテナに保管します。私達が@Autowiredでフィールドに割り付けているインスタンスは、こうしてDIコンテナに用意されているものなのです。

図7-1：アプリケーションにはDIコンテナがあり、そこに必要なBeanオブジェクトがまとめて保管されている。

■ これまで登場したアノテーション

　このDIコンテナに保管されるオブジェクトは、「**Bean**」と呼ばれるものです。Beanとは、Javaで書かれた再利用可能なクラスのことです（「**JavaBeans**」という呼び名は耳にしたことがあるでしょう）。

　このBean類は、アノテーションによりいくつかの種類に分けて考えることができます。

まず、特定の役割を果たすBeanがあります。これは、既に今までいくつも利用してきましたね。以下のようなアノテーションが付けられたものです。

@SpringBootApplication	アプリケーションのBean
@Controller	コントローラー Bean
@RestController	Restコントローラー Bean

これらは、単なるBeanではなく、それぞれにアプリケーション内でどういう役割を果たすものかという具体的な役割が設定されています。これらは、ただアノテーションをクラスに記述しておくだけであり、自分で@Autowiredを使って他のクラスに割り当てて使うことはありません。@SpringBootApplicationや@Controllerなどは、Springのプログラムによって利用されるため、クラスを書いてアノテーションをつければ、後はSpringが勝手に利用してくれるのですね。

Beanとアノテーション

こうしたものの他に、開発者が自分でDIコンテナに登録して使うものもあります。主なものとしては以下のようなものが挙げられます。

@Bean	基本のBeanアノテーション。メソッドにつける
@Component	再利用可能なコンポーネントのアノテーション
@Service	サービスとしていつでも呼び出せるクラスのアノテーション
@Repository	データベースアクセスのためのアノテーション

これらを付けて定義されたクラスやメソッドは、インスタンスをDIコンテナに保管し、@Autowiredによってフィールドなどに割り当てて利用します。これらの基本的なBeanの使い方がわかると、Spring Bootアプリケーションは更に柔軟なプログラミングが行えるようになります。またDIコンテナの働きもよく理解できるようになります。

アノテーションの違いとは？

これらBean関連のアノテーションは、どのように使い分けたらいいのか？ と使い方に迷うかも知れません。こうした人に覚えておいてほしいのは、「**どのアノテーションも、インスタンスをBeanとしてDIコンテナに登録するという働きは同じである**」という点です。

これらアノテーションは、厳密には働きに多少の違いがあります。例えば、@Bean、@Component、@Serviceといったアノテーションは、それぞれに以下のようなアノテーションが追加されて定義されています。

■Bean関係アノテーションに含まれるもの

@Bean	@Target、@Retention、@Documentedを持つ

@Component	@Target、@Retention、@Documented、@Indexedを持つ
@Service	@Component、@Target、@Retention、@Documentedを持つ

■各アノテーションの役割

@Target	アノテーションが実装可能である
@Retention	アノテーションの保持範囲を示す
@Documented	付加した情報をドキュメントに反映する
@Indexed	インデックスを付加する

　各アノテーションに追加されているアノテーション類については、今理解する必要はありません。ここで知ってほしいのは「**それぞれのアノテーションごとに若干の違いはある**」ということです。

　ただし、厳密にはそれぞれの機能は微妙に異なるのですが、「**DIコンテナに登録され@Autowiredで利用可能となる**」という基本的な働きは同じです。したがって、どれを指定しても基本的には同じように利用できます。@Componentを付けないとコンポーネントとして認識されない、@Serviceをつけないとサービスとして動かない、そんなことは一切ありません。

　これらのアノテーションが用意されている理由は「**利用する側の利便性**」にあります。「**データベース関連は@Repositoryをつける**」「**ビジネスロジックを提供するものは@Serviceにする**」というように、用途や役割に応じてアノテーションが用意されていたほうが開発する側はクラスを把握しやすくなります（そうした用途の違いを考えて付加されるアノテーションに違いがあるのです）。

　したがって、これらのアノテーションの厳密な違いはあまり深く考えず、「**だいたいこういう用途に使うようだ**」と大まかに覚えておけばいいでしょう。

Bean用のテストページを作成する

　では、Bean関連の説明に入る前に、BeanをテストするためのWebページを1つ用意しておくことにしましょう。前章ではWebFluxを使ったプロジェクトを使いましたが、この章では一般的なWebアプリケーションをベースに説明します。先の「**samplewebfluxapp**」プロジェクトを閉じ、5章まで使っていた「**SampleBootApp1**」プロジェクトを開いて使うことにしましょう。

　ここでは、/beanというパスにページを割り当てることにします。まず、テンプレートを用意しましょう。「**templates**」フォルダの中に、新しく「**bean.html**」というファイルを用意してください。そして以下のようにコードを記述しましょう。

リスト7-1

```
<!DOCTYPE HTML>
<html>
<head>
  <title th:text="${title}"></title>
  <meta http-equiv="Content-Type"
```

```
        content="text/html; charset=UTF-8" />
  <link href="https://cdn.jsdelivr.net/npm/bootstrap@5.0.2/dist/css/
bootstrap.min.css" rel="stylesheet">
</head>

<body class="container">
  <h1 class="display-4 mb-4" th:text="${title}"></h1>
  <p th:text="${msg}"></p>
  <form method="post" action="/bean">
    <div class="input-group">
      <input type="text" class="form-control me-1"
          name="find_str" th:value="${value}" />
      <span class="input-group-btn">
        <input type="submit" class="btn btn-primary px-4"
            value="Click" />
      </span>
    </div>
  </form>

  <table class="table">
    <thead>
      <tr><th>data</th></tr>
    </thead>
    <tbody>
      <tr th:each="item : ${data}">
        <td th:text="${item}"></td>
      </tr>
    </tbody>
  </table>
</body>

</html>
```

　ここではタイトルとメッセージの下に入力フィールドとボタン、そして更にその下に
テーブルが用意してあります。単なるメッセージの表示だけでなく、ユーザーからの入
力や複雑なデータの表示も行えるようにしておきました。

リクエストハンドラの作成

　続いて、このbean.htmlを使ってページを表示するリクエストハンドラを用意し
ます。今回も、HelloControllerクラスを使いましょう。HelloController.javaを開き、
HelloControllerクラスに以下のメソッドを追記します。

リスト7-2

```
@RequestMapping("/bean")
```

351

```
public ModelAndView bean(ModelAndView mav) {
  mav.setViewName("bean");
  mav.addObject("title","Bean sample");
  mav.addObject("msg", "This is bean sample page.");
  return mav;
}
```

図7-2：/beanにアクセスすると、bean.htmlを使ったページが表示される。

　修正ができたらアプリを実行し、表示を確認してみてください。/beanにアクセスすると、bean.htmlを使ってタイトルとメッセージを表示するWebページが現れます。これをベースに、Bean関連を利用したサンプルを作成していきます。

Post クラスの用意

　もう1つ、データを扱う簡単なクラスとして「**Post**」クラスを定義しておきましょう。前章でPostクラスを作りましたが、あれとほぼ同等の値を保管するクラスです。
　では、「**HelloController.java**」ファイルと同じ場所に、新たに「**Post.java**」という名前でファイルを用意してください。そして以下のようにコードを記述しておきましょう。

リスト7-3

```
package com.example.sample1app;

import jakarta.persistence.Column;
import jakarta.persistence.Entity;
import jakarta.persistence.GeneratedValue;
import jakarta.persistence.GenerationType;
import jakarta.persistence.Id;
import jakarta.persistence.Table;
import jakarta.validation.constraints.NotNull;


@Entity
@Table(name="posts")
```

```
public class Post {

  @Id
  @GeneratedValue(strategy = GenerationType.AUTO)
  @Column
  @NotNull
  public int id;

  @Column
  @NotNull
  public int userId;

  @Column
  public String title;

  @Column
  public String body;

  public Post() {
    this(0, 0, "", "");
  }
  public Post(int id, int userId, String title, String body) {
    super();
    this.id = id;
    this.userId = userId;
    this.title = title;
    this.body = body;
  }

  @Override
  public String toString() {
    return "{id:" + id + ", userId:" + userId
      + ", title:" + title + ", body:" + body + "}";
  }
}
```

　今回はデータベースは利用しませんが、後ほど利用する予定のため、エンティティク
ラスとして定義してあります。id, userId, title, bodyの4つのフィールドとコンストラク
タ、toStringを持つシンプルなクラスです。前章で使ったPostクラスと基本的には同じ
ですね。
　このPostを必要に応じて使いながらBeanを作っていきましょう。

@Beanの利用

まずは、一般的なBeanの利用からです。BeanでインスタンスをDIコンテナに保管するもっとも基本となる方法は「**@Bean**」アノテーションを利用するものです。これは、インスタンスを返すメソッドに付けて使います。戻り値のインスタンスが、Beanとして登録されるわけです。

```
@Bean
public クラス メソッド () {
  return インスタンス;
}
```

ざっとこんな形でメソッドを定義すれば、returnしたインスタンスがそのままBeanとして登録されます。これはメソッドとして定義するだけのため、扱いも非常に簡単です。なお、@Beanをつけるメソッドは外部から利用できなければいけません。privateなどは指定しないでください。

メソッドは、アプリケーション実行時にBeanをスキャンする場所に記述していれば認識します。当面は、「**@Beanのメソッドは、アプリケーションクラスに書く**」と考えておけばいいでしょう。アプリケーションクラスに用意すれば確実にBeanが作成されます。

Post を Bean に追加する

では、簡単なBeanを書いてみましょう。先ほどのPostクラスをBeanとして登録してみます。

アプリケーションクラスのファイル（SampleBootApp1Application.java）を開き、SampleBootApp1Applicationクラスに以下のメソッドを追記してください。

リスト7-4

```
// import org.springframework.context.annotation.Bean;   追記

@Bean
public Post post() {
  return new Post(0, 0, "Dummy", "This is dummy post.");
}
```

これでPostのBeanが追加されます。ここでは、Postインスタンスを返すメソッド「**post**」を定義しています。メソッドに@Beanをつけ、returnでPostインスタンスを返しているだけですね。

コントローラーから Bean を利用する

では、登録したBeanを利用してみましょう。HelloController.javaを開き、HelloControllerクラスに以下のフィールドを追記してください。

リスト7-5

```
@Autowired
Post post;
```

Postのフィールドに@Autowiredを付けています。これで、先ほど登録したPostのBeanインスタンスがフィールドに割り当てられます。後は、これを利用するだけです。

では、先ほどのbeanメソッドを以下のように書き換えてください。

リスト7-6

```
@RequestMapping("/bean")
public ModelAndView bean(ModelAndView mav) {
  mav.setViewName("bean");
  mav.addObject("title","Bean sample");
  mav.addObject("msg", post);
  return mav;
}
```

図7-3：/beanにアクセスすると、Postの内容が表示される。

/beanにアクセスすると、ダミーで作成されたPostの内容が表示されます。これが、Beanとして用意されたPostの内容です。@AutowiredでBean登録されたPostが問題なく使えることがわかります。

コンポーネントの利用

独自に定義したクラスをBeanとして登録し利用できるようにしたい場合は、「**コンポーネント**」としてクラスを作成します。

コンポーネントは、アプリケーションで使われる再利用可能な部品です。さまざまなところで、部品として利用するようなクラスは、コンポーネントとして用意しておくとよいでしょう。

コンポーネントの作成は非常に簡単です。クラスに「**@Component**」アノテーションをクラスにつけるだけです。

```
@Component
public class クラス {
    ……略……
}
```

　これだけで、クラスのインスタンスがBeanとしてDIコンテナに登録され、@Autowired
で利用できるようになります。

SampleComponent の作成

　では、実際にコンポーネントを作ってみましょう。HelloController.javaと同じ場所に
「**SampleComponent.java**」という名前でファイルを用意してください。そして以下のよ
うにコードを記述します。

リスト7-7
```
package com.example.sample1app;

import org.springframework.stereotype.Component;

@Component
public class SampleComponent {

  private String message = "default message.";

  public SampleComponent() {
    super();
  }

  public String message() {
    return message;
  }
  public void setMessage(String msg) {
    this.message = msg;
  }
}
```

　これは非常にシンプルなクラスです。messageプロパティとコンストラクタがあるだ
けです。このSampleComponentをコントローラーから利用します。

リクエストハンドラを修正する

　では、HelloControllerクラスを修正しましょう。まず、SampleComponentを取り出す
フィールドを用意します。HelloControllerクラス内に以下のようにフィールドを追記し
てください。

リスト7-8

```
@Autowired
SampleComponent component;
```

　続いて、リクエストハンドラを修正しましょう。先ほどのbeanメソッドを以下のように書き換えてください。

リスト7-9

```
@RequestMapping("/bean")
public ModelAndView bean(ModelAndView mav) {
  mav.setViewName("bean");
  mav.addObject("title","Bean sample");
  mav.addObject("msg", component.message());
  return mav;
}
```

図7-4：/beanにアクセスすると、SampleComponentのmessageが表示される。

　/beanにアクセスしてみましょう。今度は「**default message.**」というメッセージが表示されます。これは、SampleComponentのmessageにデフォルトで設定されている値ですね。コンポーネントがそのまま@Autowiredで利用できるようになっていることがわかります。

　また、messageがデフォルトであるということで、Beanのインスタンスが引数なしのコンストラクタによって作成されていることがわかります。Beanはアプリを起動する際に自動的に生成されるものであるため、引数などで動的に値を設定することはできないのです。

アプリケーションプロパティを利用する

　では、初期状態で必要な値があるクラスをBean化することはできないのか。いいえ、何らかの形で初期値を与えられるようになっていれば、それも可能です。

　もっとも一般的な方法は、アプリケーションプロパティとして値を用意しておき、そ

れを初期値に使う方法です。これには「**@Value**」アノテーションを利用するのがよいでしょう。Beanに用意されているフィールドに以下のような形でアノテーションを用意するのです。

```
@Value("${プロパティ名の指定}")
```

プロパティは、「**application.properties**」ファイルに用意します。ここに以下のような形で値を記述しておきます。

```
キー =値
```

このキーがプロパティの名前となります。例えば「**hello=123**」と記述してあれば、@Value("${hello}")とアノテーションを付けたフィールドに「**123**」の値が設定されるようになります。

プロパティから message を指定する

では、アプリケーションプロパティからBeanの初期値を取り出して使ってみましょう。まず、値を用意します。application.propertiesファイルを開いて、以下のように記述をしてください。

リスト7-10
```
samplespp.samplecomponent.message=This is sample message from resource.
```

ここでは、samplespp.samplecomponent.messageというキーをプロパティ名として用意してあります。application.propertiesには、アプリケーションで利用するさまざまなクラスで使われる値が用意されます。先にMustacheなどでこのファイルに値を記述したことを思い出してください。

したがって、なるべく他のプログラムで使われそうな名前は避けるべきです。パッケージ名と同様に、「**アプリ名.クラス.プロパティ**」というような形で、他とバッティングしない名前をつけてください。

SampleComponent の修正

続いて、コンポーネントを修正します。SampleComponent.javaを開き、messageフィールドを以下のように書き換えてください。

リスト7-11
```
// import org.springframework.beans.factory.annotation.Value;　追記

@Value("${samplespp.samplecomponent.message}")
private String message;
```

図7-5：/beanにアクセスすると、アプリケーションプロパティに用意したメッセージが表示される。

修正したら、/beanにアクセスしてみてください。application.propertiesに用意した値がメッセージとして表示されるのがわかるでしょう。

ここでは@Valueアノテーションを使い、samplespp.samplecomponent.messageの値をmessageフィールドに設定しています。これでmessageフィールドにプロパティの値が設定され、その値が画面に表示されていたのですね。

このように、@Valueを使えば簡単にapplication.propertiesの値を取り出すことができます。これはBeanだけに限らず、他のさまざまなところで利用できます。あらかじめアプリに初期値を用意しておきたいような場合は、@Valueの利用を考えてみてください。

サービスについて

コンポーネントと似たような働きをするものに「**サービス**」があります。サービスも、コンポーネントと同様にクラスとして定義し、Beanを登録して利用します。ではコンポーネントと何が違うのか？ といえば、それは「**クラスの用途**」でしょう。

サービスは、サービスレイヤーと呼ばれるレイヤーの機能を提供します。これは、アプリケーションのビジネスロジックを担当するものです。各種の処理をまとめ、いつでもどこでも提供できるようにするもの、それがサービスです。

例えば、データベースアクセスを行うリポジトリも、ある種の機能を提供するものです。ただし、こちらはデータレイヤーの機能であり、データの利用に関する機能に特化しています。サービスはそれ以外の幅広いビジネスロジックを実装し提供するためのものといえます。例えばネットワークアクセスやファイルアクセスを伴う処理などで、さまざまなコントローラーやBean内から利用する必要のある機能などは、まさにサービスとして提供するのが一番でしょう。

SampleService サービスを作成する

サービスクラスの作成方法は非常に簡単です。クラスに「**@Service**」とアノテーションを付けるだけです。これで、そのクラスはサービスとしてDIコンテナにインスタンスが登録されます。

では、実際に簡単なサービスを作ってみましょう。HelloController.javaと同じ場所に、「**SampleService.java**」という名前で新しいファイルを用意してください。そして以下の

ように内容を記述しておきましょう。

リスト7-12

```
package com.example.sample1app;

import org.springframework.stereotype.Service;

@Service
public class SampleService {

  public Post getPost() {
    return new Post(0, 0, "Dummy", "This is sample.");
  }
}
```

　これはごく単純なクラスですね。getPostメソッドが1つあるだけで、これを呼び出すとPostインスタンスを作って返します。これは「**サービスが動いているかどうかを確かめるだけのもの**」と考えてください。

コントローラーからサービスを利用する

　では、SampleServiceを利用してみましょう。HelloControllerクラスに、以下のフィールドを追加してください。

リスト7-13

```
@Autowired
SampleService service;
```

　サービスも、このように@autowiredでBeanを割り付けることができます。後は、このSampleServiceの機能を利用するだけです。
　先ほどのbeanメソッドを書き換えましょう。以下のように変更してください。

リスト7-14

```
@RequestMapping("/bean")
public ModelAndView bean(ModelAndView mav) {
  mav.setViewName("bean");
  mav.addObject("title","Bean sample");
  mav.addObject("msg", component.message());
  mav.addObject("data", new Post[]{service.getPost()});
  return mav;
}
```

図7-6：/beanにアクセスすると、SampleServiceから取得したPostが表示される。

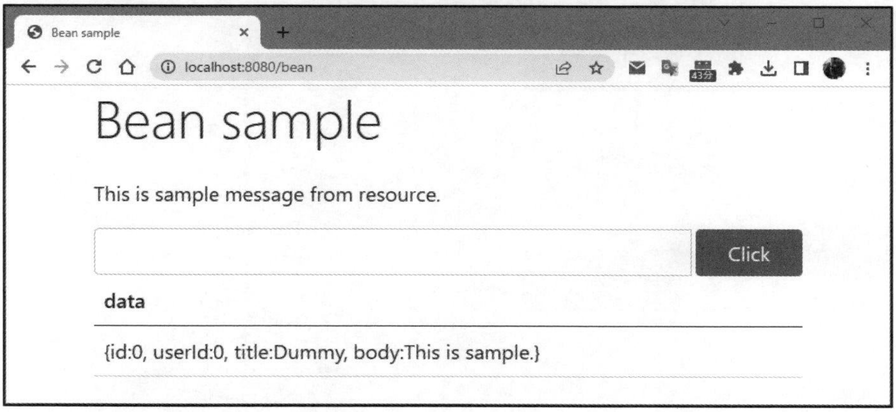

/beanにアクセスをすると、SampleServiceから取得したPostインスタンスの内容を一覧リストの部分に表示します。

ここでは、service.getPost()で得たインスタンスをPost配列にしてaddObjectしています。dataは、テンプレートでは繰り返しを使って内容を出力しているようになっているため、配列にして渡しているのですね。

ここではサービスだけでなく、コンポーネントも利用しています。どちらもインスタンスさえ用意できれば、後はそこからメソッドを呼び出すだけで、使い方は同じなのです。

RESTの利用とRestTemplateについて

では、もう少し使える機能をサービスに実装してみましょう。データベースアクセスはリポジトリを使うのが基本ですから、単なるデータベースアクセスをサービスで行う必要はあまりありません。それ以外で需要が高いものとして、ネットワークアクセスを行わせてみましょう。

これまでも、APIとしてデータを提供する簡単なプログラムをいくつか作成してきました。RestControllerを利用するものですね。こうしたAPIでは、JSONフォーマットの形でデータを提供するようになっていることが多いものです。特にRESTを採用するAPIでは、JSONフォーマットを利用するのが基本です。

こうしたJSONフォーマットでデータを提供するREST APIを利用するためにSpringに用意されているのが「**RestTemplate**」と呼ばれるクラスです。これはREST APIから特定のクラスのインスタンスとしてデータを取得するためのものです。このRestTemplateを利用することで、開発者はほとんどネットワークアクセスを意識せず、特定のURLからダイレクトにJavaクラスのインスタンスを受け取ることができます。

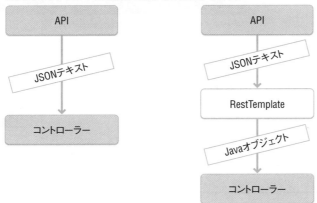

図7-7：RESTは通常、JSONフォーマットのテキストを送信する。RestTemplateを利用することで、Javaのオブジェクトに変換して受け取ることができる。

RestTemplate の作成

このRestTemplateは、「**RestTemplateBuilder**」というクラスを使って作成します。以下のような形です。

```
変数 =《RestTemplateBuilder》.build();
```

RestTemplateBuilderはアプリケーションにBeanとして用意されています。これを使い、buildでRestTemplateインスタンスを作成します。

実際の利用は、「**getForObject**」というメソッドを使って行います。

```
変数 =《RestTemplate》.getForObject(《URL》,《Class》);
```

このgetForObjectは、指定したURLにアクセスしてJSONフォーマットのテキストを取得し、指定されたクラスのインスタンスとして返します。第1引数にはアクセス先のURLをStringで指定します。第2引数はクラスのClassインスタンス(○○.classで得られるもの)を指定します。

RestTemplate を Bean 登録する

では、RestTemplateを利用してみましょう。前章で、JSON Placeholderサイトから Postデータを取得する、ということをやりましたね。あれを今度はRestTemplateを使って行いましょう。

まずはRestTemplateをBean登録します。SampleBootApp1Application.javaを開き、SampleBootApp1Applicationクラスに以下のメソッドを追記します。

リスト7-15

```
@Bean
public RestTemplate restTemplate(RestTemplateBuilder builder) {
  return builder.build();
```

```
}
```

これで、RestTemplateインスタンスがBeanとして登録されました。これを他のクラスから利用すればいいでしょう。

RestTemplateを利用する

今回は、サービスからRestTemplateを利用することにします。SampleService.javaを開き、ソースコードを以下のように書き換えてください。

リスト7-16

```java
package com.example.sample1app;

import org.springframework.beans.factory.annotation.Autowired;

import org.springframework.stereotype.Service;
import org.springframework.web.client.RestTemplate;

@Service
public class SampleService {
  private String baseUrl = "https://jsonplaceholder.typicode.com/posts";

  @Autowired
  RestTemplate restTemplate;

  public Post[] getAllPosts() {
    return restTemplate.getForObject(baseUrl, Post[].class);
  }

  public Post getPost(int id) {
    return restTemplate.getForObject(
        baseUrl + "/" + id, Post.class);
  }
}
```

ここでは、@Autowiredを使ってRestTemplateインスタンスをフィールドに取り出しています。そしてgetAllPostsとgetPostの2つのメソッドでRestTemplateを利用しています。

getAllPostsでは、getForObjectメソッドでbaseUrlにアクセスし、Post配列として結果を受け取っています。getPostでは、引数で渡されたIDをURLに追加してgetForObjectを呼び出し、Postとして結果を受け取っています。

両者は戻り値が違う（配列とPost単体）のですが、これはアクセスするURLから返されるJSONデータの内容が違うためです。RestTemplateを利用する場合、アクセス先からどのような形でJSONデータが返ってくるかを考えて第2引数のクラスを指定する必要があります。JOSNデータが正しく変換できるクラスでないとエラーになってしまうので注意

してください。

リクエストハンドラを修正する

では、修正したSampleServiceを使ってJSON PlaceholderサイトからPostインスタンスを取得し表示してみましょう。

HelloControllerクラスのbeanメソッドを以下のように修正して下さい。

リスト7-17

```java
@RequestMapping("/bean")
public ModelAndView bean(ModelAndView mav) {
  mav.setViewName("bean");
  mav.addObject("title","Bean sample");
  mav.addObject("msg", component.message());
  mav.addObject("data", service.getAllPosts());
  return mav;
}


@RequestMapping(value="/bean", method = RequestMethod.POST)
public ModelAndView bean(HttpServletRequest request,
    ModelAndView mav) {
  String param = request.getParameter("find_str");
  mav.setViewName("bean");
  mav.addObject("title", "Bean sample");
  mav.addObject("msg", "get id = " + param);
  Post post = service.getPost(Integer.parseInt(param));
  mav.addObject("data", new Post[]{post});
  return mav;
}
```

図7-8：/beanにアクセスすれば、全Postが一覧表示される。

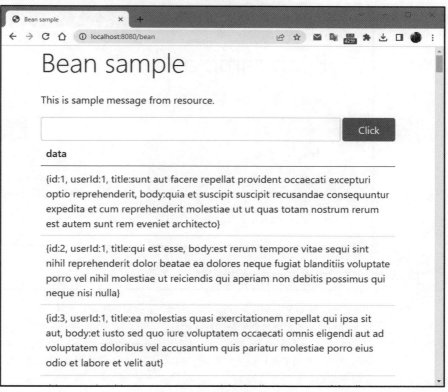

　修正できたら、/beanにアクセスしてみましょう。すると、JSON Placeholderサイトから、全Postデータを取得し、一覧表示します。全部で100のPostが表示されるのがわかるでしょう。

　そしてフィールドに1～100の整数を記入して送信すると、今度は入力したIDのPostだけが検索され表示されます。

　いずれもデータベースは使っておらず、すべてRestTemplateを使ってREST APIにアクセスしてデータを取得しています。GET用のbeanメソッドではservice.getAllPosts()でPost配列を取得し、POST用のbeanメソッドではservice.getPost(Integer.parseInt(param))としてフォーム送信された値を元にPostを取得しています。

　RestTemplateを利用した部分はSampleServiceの内部で行われているため、ここではデータの取得先がどこなのか（データベースなのかネットワークアクセスなのか）まったくわかりません。アクセス先のことなど気にすることなく、ただ「**メソッドを呼べば必要なデータが得られる**」というのがサービスの利点といえます。

図7-9：フィールドにIDを書いて送信すると、そのIDのPostが表示される。

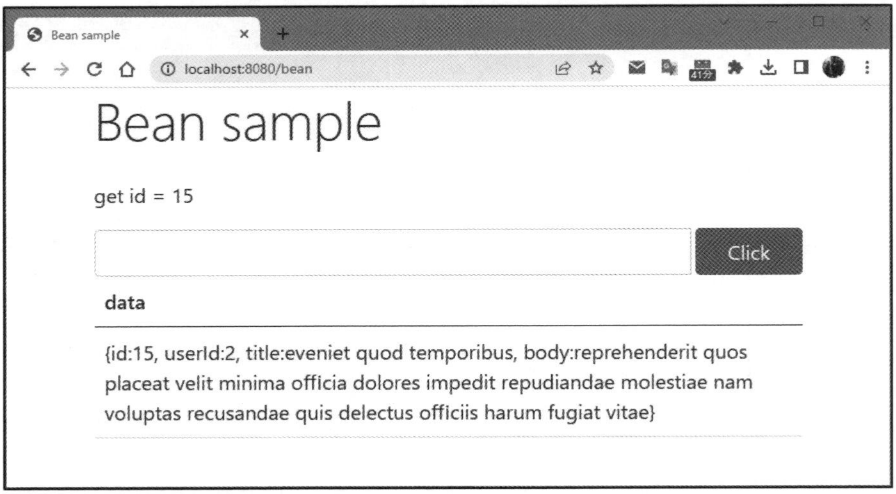
Bean sample
localhost:8080/bean
Bean sample
get id = 15
Click
data
{id:15, userId:2, title:eveniet quod temporibus, body:reprehenderit quos placeat velit minima officia dolores impedit repudiandae molestiae nam voluptas recusandae quis delectus officiis harum fugiat vitae}

データベースを利用する

続いて、Postエンティティをデータベースで利用できるようにしましょう。それにはリポジトリを用意する必要がありますね。

では、PersonRepository.javaと同じ場所(「**repositories**」フォルダ内)に、「**PostRepository.java**」という名前で新しいファイルを用意しましょう。そして以下のようにコードを記述しておきます。

リスト7-18

```
package com.example.sample1app.repositories;

import java.util.Optional;

import org.springframework.data.jpa.repository.JpaRepository;
import org.springframework.stereotype.Repository;

import com.example.sample1app.Post;

@Repository
public interface PostRepository extends JpaRepository<Post, Integer> {

  public Optional<Post> findById(int id);

}
```

リポジトリのサンプルということで、IDでエンティティを検索する「**findById**」メソッドだけ用意しておきました。基本的な作り方はこれまで作成したリポジトリとまったく

同じなのでだいたい理解できるでしょう。

SampleService を修正する

　続いて、サービスを修正しましょう。SampleService.javaファイルを開き、コードを以下のように修正してください。

リスト7-19

```java
package com.example.sample1app;

import org.springframework.beans.factory.annotation.Autowired;
import org.springframework.stereotype.Service;
import org.springframework.web.client.RestTemplate;

import com.example.sample1app.repositories.PostRepository;

@Service
public class SampleService {
  private String baseUrl = "https://jsonplaceholder.typicode.com/posts";

  @Autowired
  RestTemplate restTemplate;

  @Autowired
  PostRepository repository;

  public Post[] getAllPosts() {
    return restTemplate.getForObject(baseUrl, Post[].class);
  }

  public Post getPost(int id) {
    return restTemplate.getForObject(
        baseUrl + "/" + id, Post.class);
  }

  public Object[] getLocalPosts() {
    return repository.findAll().toArray();
  }

  public Post getAndSavePost(int id) {
    Post post = restTemplate.getForObject(
        baseUrl + "/" + id, Post.class);
    repository.save(post);
    return post;
  }
```

```
}
```

　ここでは、getAllPostsとgetPostに加えて、getLocalPostsとgetAndSavePostという2つのメソッドを用意しています。

　getLocalPostsは、データベースに保存されている全Postを取得するメソッドです。そしてgetAndSavePostは、引数で渡されたIDのPostをJSON Placeholderサイトから取得し、それをデータベースに保存してから返します。つまり、getAndSavePostでPostをサイトから検索する度にそのデータがデータベースに保存されていくわけです。

　データベース関係の処理は、@AutowiredでPostRepositoryを取得し、そこからfindAllやsaveメソッドを呼び出して行っています。リポジトリが使えれば、データベースアクセスは非常に簡単にできますね！

ネットワークアクセスしたPostをデータベースに蓄積する

　では、実際にサービスの機能を利用してみましょう。HelloControllerクラスに用意した2つのbeanメソッドを書き換えて行います。以下のようにメソッドを修正してください。

リスト7-20

```
@RequestMapping("/bean")
public ModelAndView bean(ModelAndView mav) {
  mav.setViewName("bean");
  mav.addObject("title","Bean sample");
  mav.addObject("msg", component.message());
  mav.addObject("data", service.getLocalPosts());
  return mav;
}


@RequestMapping(value="/bean", method = RequestMethod.POST)
public ModelAndView bean(HttpServletRequest request,
    ModelAndView mav) {
  String param = request.getParameter("find_str");
  mav.setViewName("bean");
  mav.addObject("title", "Bean sample");
  mav.addObject("msg", "get id = " + param);
  Post post = service.getAndSavePost(Integer.parseInt(param));
  mav.addObject("data", new Post[]{post});
  return mav;
}
```

図7-10：IDを入力し送信すると、そのPostエンティティが表示される。

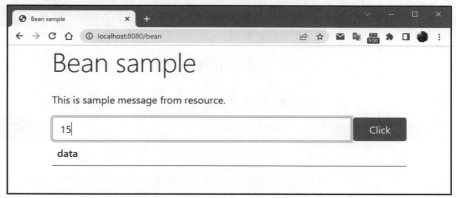

　修正したら、/beanにアクセスして検索を行ってみましょう。フィールドにIDを入力し送信すると、そのIDのPostエンティティが表示されます。

　これを何度か行ったところで、再び/beanにGETアクセスしてみましょう。すると、検索して表示したPostがすべてまとめてリスト表示されるのがわかります。SampleServiceのgetLocalPostsやgetAndSavePostメソッドを呼び出すことで、このように簡単にデータベースへの保存ができるようになります。

図7-11：検索したエンティティがすべてデータベースに保存される。

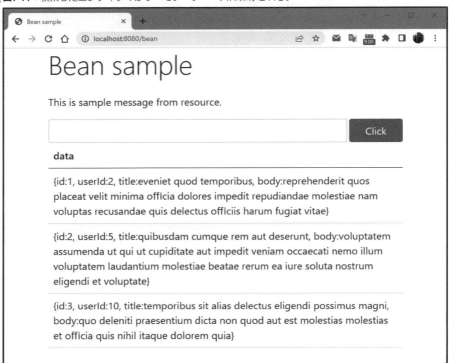

構成クラスについて

　アプリケーション内でさまざまなBean（コンポーネントやサービスなど）を使うようになると、これらをどう管理するかを考えなければいけないことに気がつきます。Springでは、さまざまなところでBeanの作成が可能です。このため、気がつけばあちこちでBeanを作成し@Autowiredでバインドするようになり、「**どこでどのBeanを作成しているのかよくわからない**」というようなことにもなりかねません。

　このような場合に役立つのが「**構成クラス**」です。これは、アプリケーションで利用される各種のBean類をひとまとめにして管理できるクラスです。構成クラスの中で、Beanとして使う必要のあるクラスのインスタンスをまとめて作成するようにしておくことができるのです。

　構成クラスは、普通のクラスと何ら変わりません。ただ、「**@Configuration**」というアノテーションを付けるだけです。

```
@Configuration
class クラス名 {……}
```

　このように記述することで、このクラスは構成クラスとして認識されるようになります。アプリケーションの実行時に、このクラス内にある@Beanなどがすべて検索されイ

ンスタンスとして登録されるようになります。

　アプリケーションクラスに登録すると、後で用意するBeanを変更するのも大変ですが、構成クラスならば@Configurationのアノテーションをコメントアウトすればもうクラス内にある@Beanは読み込まれずインスタンスは登録されなくなります。したがって、例えば複数の構成クラスを用意して、必要に応じて切り替えながら開発する、といったことも簡単に行えます。

構成クラスの作成

　では、実際に構成クラスを作って利用してみましょう。アプリケーションクラスのファイル（SampleBootApp1Application.java）と同じ場所に、新たに「**SampleConfigure.java**」という名前のファイルを用意してください。これが構成クラスのファイルになります。

　作成したら、ファイルのソースコードを以下のように記述しましょう。

リスト7-21

```
package com.example.sample1app;

import org.springframework.boot.web.client.RestTemplateBuilder;
import org.springframework.context.annotation.Bean;
import org.springframework.context.annotation.Configuration;
import org.springframework.web.client.RestTemplate;

@Configuration
public class SampleConfigure {

  @Bean
  public RestTemplate restTemplate(RestTemplateBuilder builder) {
    return builder.build();
  }

  @Bean
  public Post post() {
    return new Post(0, 0, "Dummy", "This is dummy post.");
  }
}
```

　ここまで、アプリケーションクラス（SampleBootApp1Application）に2つのBean作成メソッドを用意していましたが、それらをすべてSampleConfigureクラスに移動してあります。構成クラスは、クラスの前に「**@Configuration**」というアノテーションを付けておきます。これで、これが構成クラスであると認識され、そこにある@Beanメソッドなどもすべて実行されてDIコンテナにインスタンスが格納されるようになります。

　このクラスでBeanが用意できるようになったので、アプリケーションの記述は不要になりました。デフォルトの状態に戻しておきましょう（以下のコード）。

リスト7-22

```
package com.example.sample1app;

import org.springframework.boot.SpringApplication;
import org.springframework.boot.autoconfigure.SpringBootApplication;

@SpringBootApplication
public class SampleBootApp1Application {

  public static void main(String[] args) {
    SpringApplication.run(SampleBootApp1Application.class, args);
  }
}
```

　これで問題なく動作します。ちゃんとPostやRestTemplateのBeanも@Autowiredで取り出すことができます。このSampleConfigureクラスで必要なBeanが用意されるようになったことがわかります。

　この先、新たなBeanが必要になれば、すべてSampleConfigureクラスに追記していけばいいわけです。構成クラスにより、アプリケーションのクラスであるSampleBootApp1Applicationには余計な処理が不要となり、すっきりとシンプルな状態を保つことができます。

　アプリケーションで必要となるBean類はすべて構成クラスにまとめておくことができます。構成クラスさえチェックすれば、どんなBeanが追加されているかわかるようになり、アプリケーションの構成もよりわかりやすくなるでしょう。

7-2　Spring Securityによる認証

認証とSpring Security

　Webアプリケーションによっては、利用するユーザーを特定する必要に迫られることもあるでしょう。メンバーのみが利用できるサイトや、オンラインショップのように各ユーザーを特定して処理を行っていかないといけないサイトなどが思い浮かびますね。

　こうしたWebサイトでは、ユーザー認証を行ってユーザーを特定しています。ログインページからユーザーとパスワードを入力してログインする、おなじみの方式です。こうしたユーザー認証に関する機能は、「**Spring Security**」というフレームワークで用意されています。

　Spring Securityは、アプリケーションのセキュリティに関する機能を提供するものです。認証に関する機能もこの中に含まれています。これを利用することで、比較的簡単に「**ログインして利用するWebアプリ**」が作成できます。

プロジェクトを作成する

Spring securityを利用するアプリは、そのためのパッケージ等を用意する必要があります。だいぶ構成も変わってくるので、今回は新しいプロジェクトを作成することにしましょう。どのような環境でも利用できるよう、今回もSpring Initializerを利用します。以下のURLにアクセスをしてください。

https://start.spring.io/

アクセスして設定ページが表示されたら、作成するプロジェクトの設定を行います。以下のように項目を設定してください。すべて設定したら「**GENERATE**」ボタンでプロジェクトのZipファイルをダウンロードし、ファイルを展開保存して利用します。

Project	Gradle - Groovy
Language	Java
Spring Boot	3.0.0

■Project Metadata

* Group	com.example
* Artifact	samplesecurityapp
* Name	SampleSecurityApp
* Description	適当に入力
* Package name	com.example.samplesecurityapp
* Packaging	Jar
* Java	17

■Dependenciesに追加する項目

* Spring Web
* Thymeleaf
* Spring Security
* Spring Data JDBC
* H2 Database
* MySQL Driver

図7-12：Spring Initializerでプロジェクトを作成する。

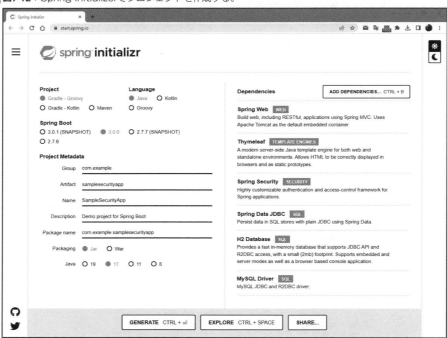

利用データベースについて

　ここではデータベースとしてH2とMySQLを利用します。H2は、これまで使ってきた、メモリ内にデータベースを構築するシンプルなデータベースライブラリでしたね。これに加え、ここでは本格SQLデータベースとして広く使われている「**MySQL**」も使うことにしました。MySQLについてはそれぞれで準備を整えておいてください。MySQLを利用するために必要となるものは以下の2つです。

MySQL Community Server	無料配布されているMySQLのデータベースサーバーです。これがあればMySQLデータベースを利用できます。
Connector/J	JavaからMySQLを利用するためのドライバソフトです。

　実をいえば、ドライバソフトであるConnector/Jは、既に先ほどプロジェクトを作成した際にパッケージとして組み込まれています。したがって、MySQLデータベースサーバーさえ用意すれば利用できるようになります。なおMySQLの使い方については本書では特に説明しません。必要であればそれぞれで学習してください。

アクセスするとログインページが表示される

　プロジェクトができたら、そのままプロジェクトを実行してみましょう。プロジェクトにはまだ何もページが用意されていませんから、http://localhost:8080/にアクセスしても「**ページが見つからない**」といったエラーが出ます。が、今回はそうはなりません。

アクセスすると、「**Please sign in**」というページが表示されます。これは、Spring Securityにデフォルトで用意されているログインページです。Spring Securityがインストールされていると、デフォルトでWebアプリ全体が保護され、ログインしないとアクセスできなくなります。もうこれだけで「**ログインしてアクセスするWeb**」ができてしまうのです。

とはいえ、まだログインに使うユーザーの設定もありませんし、そもそもアクセスするページがありませんから、ユーザー名などを入力してもすべてログインに失敗します。

図7-13：アクセスするとログインページが表示される。

セキュリティ構成クラスの作成

Spring Securityで保護されたアプリを作るには、何をすべきか？ どのページにはログインしなくてもアクセスできる、といった設定が必要ですね。またログインに使うユーザー名とパスワードも用意する必要があります。

これらは、Spring Securityにそれぞれの機能を提供するクラスが用意されており、それを利用して設定を行います。構成クラスを作成し、そこで必要なものをBeanとして用意していくのが一般的なやり方となります。

この構成クラスは、以下のような形で作成されます。

```
@Configuration
@EnableWebSecurity
public class クラス {
    ……略……
}
```

@Configurationは、既に登場しましたね。アプリケーションの構成クラスを作成する際に使うものでした。セキュリティ構成クラスも構成クラスの一種ですから、このアノ

テーションを付けておきます。

　もう1つの「**@EnableWebSecurity**」というのが、「**Webセキュリティを動作する**」ためのものになります。これにより、Spring WebにSpring Securityの機能が統合されます。

SecurityFilterChainクラスについて

　このセキュリティ構成クラスには、セキュリティ関係で必要となるクラスのBeanを用意していきます。最低限必要となるBeanは2つあります。

　1つは「**SecurityFilterChain**」というクラスです。これは以下のような形のメソッドとして用意します。

```
@Bean
public SecurityFilterChain メソッド名(HttpSecurity http) throws Exception {
    ……略……
    return《SecurityFilterChain》;
}
```

　SecurityFilterChainは、セキュリティに関するフィルター処理を行うためのクラスです。Spring Securityはアプリを保護しますが、すべてのWebページを保護したくない場合もあります。特定のページは誰でもアクセスできるようにしておきたい、ということもあるでしょう。このような場合、SecurityFilterChainを使い、URLごとにどこまでアクセスを許可するかを設定していくのです。

▌HttpSecurity クラスについて

　これは、引数に渡される「**HttpSecurity**」というクラスの機能を使って行います。引数のインスタンスからメソッドを呼び出して必要な設定を行っていきます。では、どのようなメソッドを呼び出していくか、順に説明をしましょう。

■CSRF対策

```
《HttpSecurity》.csrf().disable();
```

　Spring Securityでは、CSRF対策の機能がデフォルトで組み込まれます。CSRF対策をすると、サーバーとクライアントの間で常にフォームの送信などを送信した際に特殊なトークンの値を受け渡しながらページ送受を行い、外部から（トークンを持たない）アクセスをすべて拒否するようになります。フォーム送信なども、CSRFトークンを非表示フィールドで持たせないと送信できなくなります。

　この機能をOFFにしたい場合、.csrf().disable()を呼び出します。

■リクエストの制御

```
《HttpSecurity》.authorizeHttpRequests( 関数 );
```

　アドレスごとにどこまでアクセスを許可するかという設定を組み込むためのものです。これは引数に関数を用意し、その中でアクセスの設定を行います。引数に用意される関数は、「**AuthorizationManagerRequestMatcherRegistry**」というクラスのインスタ

ンスを1つ引数に持っています。これを利用してリクエストに応じたアクセスの許可を設定していきます。これは、主に2つの処理で作成していきます。

■**アクセスを許可する**

```
《AuthorizationManagerRequestMatcherRegistry》.requestMatchers(パターン).permitAll()
```

特定のページやパスには自由にアクセスできるようにしたい場合、これらを使います。requestMatchersは引数で指定したパターンとリクエストがマッチする条件を設定するもので、permitAllはすべてを許可するものです。requestMatchersの引数にパスなどのパターンを指定することで、その場所へのアクセスを自由に行えるようにします。

■**認証を要求する**

```
《AuthorizationManagerRequestMatcherRegistry》.anyRequest().authenticated();
```

anyRequestは「**それ以外のリクエスト**」を示します。それまでrequestMatchersで設定されたもの以外のリクエストすべてを示すものです。authenticatedは、認証を要するように設定するメソッドです。

これにより、requestMatchersで設定がされているリクエスト以外はすべて認証が必要になるように設定されます。

■**フォームログインの設定**

```
《HttpSecurity》.formLogin( 関数 );
```

これはフォームを使ったログインに関する設定です。引数には関数を用意します。この関数は、だいたい以下のような内容になります。

```
form -> { form.defaultSuccessUrl( パス ); });
```

関数の引数には、「**FormLoginConfigurer**」というクラスのインスタンスが渡されます。これはフォームログインの構成を管理するものです。そしてdefaultSuccessUrlは、ログインに成功したときにアクセスするデフォルトページを設定します。ここにパスを用意することで、ログインすると自動的にそのページに移動します。

■**HttpSecurityのビルド**

```
《HttpSecurity》.build();
```

一通りの設定ができたら、「**build**」メソッドによりSecurityFilterChainを作成します。この値をそのままreturnで返せば、それがBeanとして登録され使われるようになります。

InMemoryUserDetailsManagerクラスについて

セキュリティ構成クラスに用意するもう1つのクラスは「**UserDetailsManager**」というものです。これは、ユーザーの管理を行うためのものです。このUserDetailsManagerは、いくつかの種類があります。

　もっともシンプルなのは、「**InMemoryUserDetailsManager**」というクラスです。これはメモリ内にユーザーとパスワードの情報を保持しており、それを使ってユーザーの認証を行うものです。

　例えば管理者だけが特定の場所にアクセスできるようにするような場合、管理者一人のユーザー情報だけチェックできればいいのですから、わざわざデータベースなどを利用する必要もないでしょう。InMemoryUserDetailsManagerは、こういうシンプルな認証に用いられます。

　このクラスは、以下のようなメソッドを使ってBean登録をします。

```
@Bean
public InMemoryUserDetailsManager メソッド名(){
  ……略……
  return《InMemoryUserDetailsManager》;
}
```

　InMemoryUserDetailsManagerクラスは、newで普通にインスタンスを作成できます。これは以下のように行います。

```
new InMemoryUserDetailsManager(《UserDetails》);
```

　引数には、「**UserDetails**」というユーザーに関する情報を管理するクラスのインスタンスを指定します。これにより、そのユーザーをメモリ内に保持するInMemoryUserDetailsManagerインスタンスが作成されます。

■UserDetailsの作成

```
User.withUsername(ユーザー名).password(……).roles(ロール).build();
```

　UserDetailsインスタンスの作成は、「**User**」というクラスのメソッドを使って作成します。このクラスから、メソッドチェーンでユーザー名、パスワード、ロール（役割、管理者か一般ユーザーかなど）といったものを設定し、最後にbuildを実行するとUserDetailsが生成されます。

　ユーザー名とロールはテキストで指定するだけですが、パスワードに関しては注意が必要です。パスワードは標準でエンコードしそのまま読み取られないようにしておく必要があります。これは、以下のような形で作成します。

```
PasswordEncoderFactories.createDelegatingPasswordEncoder().encode(パスワード)
```

　PasswordEncoderFactoriesクラスのcreateDelegatingPasswordEncoderを呼び出し、更に「**encode**」メソッドでパスワードをエンコードします。この値を、Userのpasswordメソッドに指定すればいいわけです。

「SampleSecurityConfigクラスの作成

　ざっとですが、セキュリティ構成クラスと用意するBeanについて説明をしました。では、ここまでの説明を踏まえて、実際にセキュリティ構成クラスを作成してみましょう。

　アプリケーションのSampleSecurityAppApplication.javaファイルと同じ場所に、新しく「**SampleSecurityConfig.java**」という名前でファイルを用意してください。そして以下のように記述をします。

リスト7-23

```java
package com.example.samplesecurityapp;

import org.springframework.context.annotation.Bean;
import org.springframework.context.annotation.Configuration;
import org.springframework.security.config.annotation.web.builders.HttpSecurity;
import org.springframework.security.config.annotation.web.configuration.EnableWebSecurity;
import org.springframework.security.core.userdetails.User;
import org.springframework.security.core.userdetails.UserDetails;
import org.springframework.security.crypto.factory.PasswordEncoderFactories;
import org.springframework.security.provisioning.InMemoryUserDetailsManager;
import org.springframework.security.web.SecurityFilterChain;


@Configuration
@EnableWebSecurity
public class SampleSecurityConfig {

  @Bean
  public SecurityFilterChain filterChain(HttpSecurity http)
      throws Exception {
    http.csrf().disable();
    http.authorizeHttpRequests(authorize -> {
      authorize
        .requestMatchers("/").permitAll()
        .requestMatchers("/js/**").permitAll()
        .requestMatchers("/css/**").permitAll()
        .requestMatchers("/img/**").permitAll()
        .anyRequest().authenticated();
    });
    http.formLogin(form -> {
      form.defaultSuccessUrl("/secret");
    });
    return http.build();
  }

  @Bean
```

```
    public InMemoryUserDetailsManager userDetailsManager(){
        String username = "user";
        String password = "pass";

        UserDetails user = User.withUsername(username)
            .password(
                PasswordEncoderFactories
                    .createDelegatingPasswordEncoder()
                    .encode(password))
            .roles("USER")
            .build();
        return new InMemoryUserDetailsManager(user);
    }
}
```

　ここでは、@Configurationと@EnableWebSecurityの2つのアノテーションを付けてクラスを定義しています。複雑に見えますが、クラス内にあるのはユーザー名とパスワードの値を保管するフィールドと、2つの@Beanメソッドだけです。

リクエストの認証設定

　ここでは、まずfilterChainメソッドでSecurityFilterChainの用意をしています。この中のauthorizeHttpRequestsメソッドの引数として用意されている関数でリクエストごとの認証設定を行っています。

```
authorize
    .requestMatchers("/").permitAll()
    .requestMatchers("/js/**").permitAll()
    .requestMatchers("/css/**").permitAll()
    .requestMatchers("/img/**").permitAll()
    .anyRequest().authenticated();
```

　requestMatchersは、メソッドチェーンでいくつでも連続して呼び出すことができます。ここではトップの他、/js/や/css/、/img/といったパスに自由にアクセスできるような設定をしてあります。今回のサンプルでは、直接こうしたパスにファイルを配置して利用しているわけではありませんが、多くのWebアプリではJavaScriptやスタイルシート、イメージなどを利用します。こうしたファイルに自由にアクセスできるようにするための例として用意しておきました。
　もう1つのuserDetailsManagerメソッドは、InMemoryUserDetailsManagerを作成するためのものです。こちらは、既に説明したことをそのままコードとして記述してあるだけです。先ほどの説明と照らし合わせながらコードの働きを考えればわかるでしょう。

サンプルページを用意する

　では、簡単なページを作成することにしましょう。とりあえず**「誰でもアクセスできるトップページ」「ログインしないとアクセスできない秘密のページ」**の2つを用意することにします。

　まずは、コントローラーを作成しましょう。アプリケーションクラスのファイル（SampleSecurityAppApplication.java）があるのと同じ場所に「**SampleSecurityController.java**」という名前で新しいファイルを用意してください。そして以下のようにコードを記述しましょう。

リスト7-24

```java
package com.example.samplesecurityapp;

import org.springframework.stereotype.Controller;
import org.springframework.web.bind.annotation.RequestMapping;
import org.springframework.web.servlet.ModelAndView;

import jakarta.servlet.http.HttpServletRequest;

@Controller
public class SampleSecurityController {

  @RequestMapping("/")
  public ModelAndView index(ModelAndView mav) {
    mav.setViewName("index");
    mav.addObject("title", "Index page");
    mav.addObject("msg", "This is top page.");
    return mav;
  }

  @RequestMapping("/secret")
  public ModelAndView secret(ModelAndView mav, HttpServletRequest request) {
    String user = request.getRemoteUser();
    String msg = "This is secret page. [login by ¥"" + user + "¥"]";
    mav.setViewName("Secret");
    mav.addObject("title", "Secret page");
    mav.addObject("msg", msg);
    return mav;
  }
}
```

　ここでは、トップページと/secretにそれぞれリクエストハンドラを用意しています。いずれもsetViewNameでビュー名を指定し、addObjectでtitleとmsgを設定しているだけのシンプルなものです。

/secretのリクエストハンドラであるsecretメソッドでは、引数にHttpServletRequestを渡すようにしています。そして以下のようにしてユーザー名を取得しています。

```
String user = request.getRemoteUser();
```

getRemoteUserは、認証されたユーザー名をテキストで返すメソッドです。認証されていれば、これで現在ログインしているユーザーがわかります。これを使ってメッセージを作成しています。

index.html を用意する

コントローラーができたら、後はテンプレートですね。まずはトップページ用のものです。「**templates**」フォルダに「**index.html**」という名前でファイルを用意してください。そして以下のように記述をしましょう。

リスト7-25

```html
<!DOCTYPE html>
<html xmlns="http://www.w3.org/1999/xhtml"
    xmlns:th="https://www.thymeleaf.org"
    xmlns:sec="https://www.thymeleaf.org/thymeleaf-extras-springsecurity3">
  <head>
    <title th:text="${title}"></title>
    <meta http-equiv="Content-Type"
      content="text/html; charset=UTF-8" />
    <link href="https://cdn.jsdelivr.net/npm/bootstrap@5.0.2/dist/css/bootstrap.min.css"
      rel="stylesheet">
  </head>
  <body class="container">
    <h1 class="display-4 mb-4" th:text="${title}"></h1>
    <p th:text="${msg}"></p>
    <p>Click <a th:href="@{/secret}">here</a> to see a secret page.</p>
  </body>
</html>
```

非常に単純なWebページです。titleとmsgを表示しているだけで、他には特に説明するようなものはありません。

secret.html を用意する

続いて、/secretにアクセスした際のテンプレートです。「**templates**」フォルダに、secret.html」という名前でファイルを用意してください。そして以下のようにコードを記述しましょう。

リスト7-26

```html
<!DOCTYPE html>
<html xmlns="http://www.w3.org/1999/xhtml"
    xmlns:th="https://www.thymeleaf.org"
    xmlns:sec="https://www.thymeleaf.org/thymeleaf-extras-springsecurity3">
  <head>
    <title th:text="${title}"></title>
    <meta http-equiv="Content-Type"
      content="text/html; charset=UTF-8" />
    <link href="https://cdn.jsdelivr.net/npm/bootstrap@5.0.2/dist/css/bootstrap.min.css"
      rel="stylesheet">
  </head>
  <body class="container">
    <h1 class="display-4 mb-4" th:text="${title}"></h1>
    <div class="border border-1 p-3">
      <p class="h6" th:text="${msg}"></p>
      <p >Click <a th:href="@{/logout}">here</a> to logout.</p>
    </div>
  </body>
</html>
```

図7-14：トップページにアクセスするとそのままページが表示される。

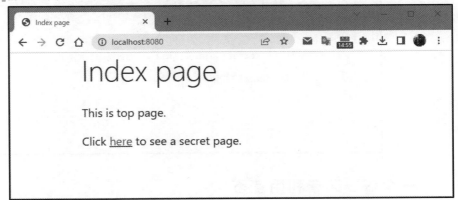

　これで完成です。プロジェクトを実行して動作を確認しましょう。トップページにア
クセスすると、ログインしなくともページが表示されるようになります。
　ページに表示されている「**here**」リンクをクリックすると、/secretに移動します。この
とき、自動的にログインページにリダイレクトされます。ここで、あらかじめ設定して
あったユーザー名「**user**」、パスワード「**pass**」を入力してログインすると、/secretのペー
ジが表示されるようになります。ページには、ログインユーザー名が表示され、現在
「**user**」という名前でログインしていることがわかります。

図7-15：ログインページからユーザー名とパスワードを入力すると、/secretにアクセスできる。

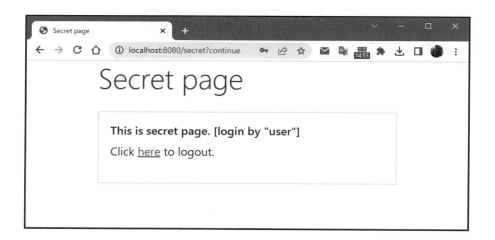

データベースを利用する

　Spring Securityを使った認証が使えるようになりました。基本がわかったら、次はデータベースを利用してユーザー管理を行ってみましょう。

　先ほどのサンプルでは、セキュリティ構成クラスでInMemoryUserDetailsManagerというクラスのBeanを用意していました。これはUserDetailsManagerの一種で、メモリ内でユーザーを管理するものでした。

　データベースを利用する場合は、代わりにJDBCを利用するUserDetailsManagerをBeanとして用意すればいいのです。これは「**JdbcUserDetailsManager**」と呼ばれるもので、以下のようにインスタンスを作成します。

```
new JdbcUserDetailsManager(《DataSource》)
```

　引数には、DataSourceクラスのインスタンスを用意します。このDataSourceはJDBCの機能の1つで、アクセスするデータベースとその接続手段などをオブジェクト化して管理するものです。DataSourceを使うことで、アプリケーションのコードにデータベース固有の情報などを含めることもなくなり、データベースの変更などもコードに影響を与えることなく行えるようになります。

　このDataSourceは、Spring Data JDBCが用意されている場合、BeanとしてDIコンテナ内に用意されます。これをそのまま引数に指定してJdbcUserDetailsManagerインスタンスを作成すればいいのです。

MySQLの準備をする

　今回は、データベースとしてMySQL（あるいはMariaDB）を使います。今回のプロジェクトではSpring Data JDBCとMySQLのドライバを既に組み込んでありますので、MySQLサーバーが起動していればいつでも利用することができます。

　では、JdbcUserDetailsManagerからMySQLを利用するための準備を整えましょう。まず、MySQLにテーブルを用意しましょう。使用するデータベースはどのようなものでもいいので、MySQLサーバーに以下のようなSQLクエリを送信してテーブルを作成してください。

リスト7-27——「users」テーブルのクエリ

```
CREATE TABLE `users` (
  `id` int(11) AUTO_INCREMENT PRIMARY KEY NOT NULL,
  `username` varchar(255) NOT NULL,
  `password` varchar(255) NOT NULL,
  `enabled` tinyint(1) NOT NULL
) ENGINE=InnoDB DEFAULT CHARSET=utf8mb4;
```

リスト7-28——「authorities」テーブルのクエリ

```
CREATE TABLE `authorities` (
  `id` int(11) PRIMARY KEY NOT NULL,
  `username` varchar(255) NOT NULL,
  `authority` text NOT NULL
) ENGINE=InnoDB DEFAULT CHARSET=utf8mb4;
```

　ここでは「**users**」「**authorities**」という2つのテーブルを用意してあります。これらは、JdbcUserDetailsManagerからデータベースに必要なデータを保存するために必要となるものです。

　usersテーブルには、id, username, password, enabledといった項目が用意されています。これはユーザー名とパスワードを管理するためのものです。quthoritiesテーブルにはid,username, authority（ロールの値と考えてください）といった項目があり、ユーザー名と権限を管理するものです。

　MySQL以外のSQLデータベースを利用する場合も、基本的にこの2つのテーブルを上

記のSQLクエリで示すような形で用意すれば、JdbcUserDetailsManagerで問題なく利用できるようになります。

図7-16：phpMyAdminでusersとauthoritiesテーブルの構造を表示したところ。それぞれのテーブルに必要な項目を用意すること。

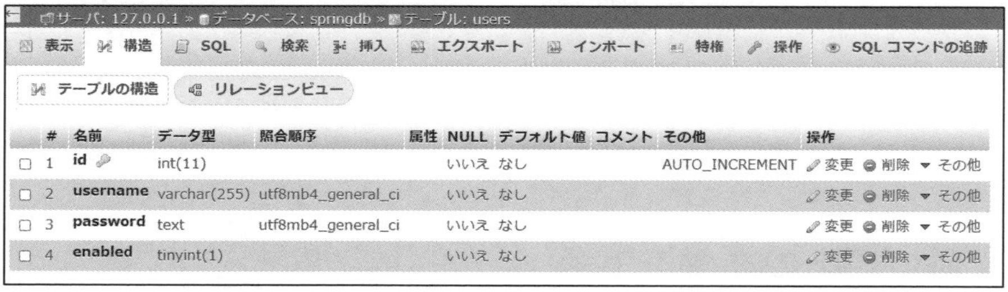

MySQL の属性を記述する

続いて、アプリケーションにDataSourceで使うMySQLの属性を記述しておきましょう。「**application.properties**」ファイルを開き、以下の内容を追記してください。

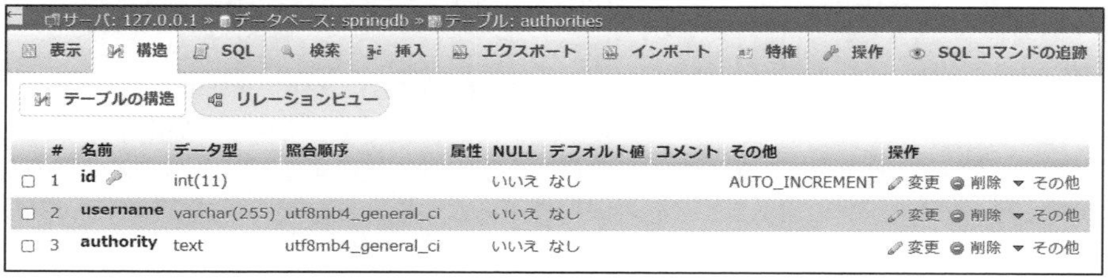

リスト7-29
```
spring.datasource.driver-class-name=com.mysql.cj.jdbc.Driver
spring.datasource.url=jdbc:mysql://ホスト名/データベース名
spring.datasource.username=ユーザー名
spring.datasource.password=パスワード
spring.datasource.sql-script-encoding=utf-8
```

「**ホスト名**」「**データベース名**」「**ユーザー名**」「**パスワード**」といった部分には、それぞれのデータベースの値を記入してください。JdbcUserDetailsManagerでは、これらの情報を元にMySQLサーバーにアクセスします。

セキュリティ構成クラスを修正する

では、JdbcUserDetailsManagerを利用するようにセキュリティ構成クラスを修正しましょう。SampleSecurityConfig.javaを開き、SampleSecurityConfigクラスに用意したuserDetailsManagerメソッドを削除します。そして新たに以下のフィールドと2つのメソッドを追記してください。

リスト7-30

```
// 以下を追記
// import javax.sql.DataSource;
// import org.springframework.beans.factory.annotation.Autowired;
// import org.springframework.security.provisioning.JdbcUserDetailsManager;
// import org.springframework.security.provisioning.UserDetailsManager;


@Autowired
private DataSource dataSource;

@Bean
public UserDetailsManager userDetailsManager(){
  JdbcUserDetailsManager users = new JdbcUserDetailsManager(this.dataSource);

  // ユーザー登録
  users.createUser(makeUser("taro","yamada", "USER"));  //☆
  users.createUser(makeUser("hanako","flower", "USER"));  //☆
  users.createUser(makeUser("sachiko","happy", "USER"));  //☆

  return users;
}

private UserDetails makeUser(String user, String pass, String role) {
  return User.withUsername(user)
  .password(
  PasswordEncoderFactories
    .createDelegatingPasswordEncoder()
    .encode(pass))
    .roles(role)
    .build();
}
```

　☆マークの文は、データベースにユーザーの登録を行うためのものです。これは一度実行してデータベースにデータが追加されたら、後は削除してください。そのままにしておくと、同じユーザー名のデータが起動する度に追加されていき、正常にユーザーを検索できなくなります。

JdbcUserDetailsManager 利用のポイント

　ここで行っているのは非常に単純な処理です。まず、DataSourceインスタンスを用意する必要があります。これは以下のようにフィールドを用意してあります。

```
@Autowired
private DataSource dataSource;
```

　DataSourceは既にDIコンテナに用意されていますから、@Autowiredでフィールドに割り当てるだけです。

　userDetailsManagerメソッドでは、JdbcUserDetailsManagerインスタンスを作成して返しています。インスタンスの作成は以下で行っています。

```
JdbcUserDetailsManager users = new JdbcUserDetailsManager(this.dataSource);
```

　既にDataSourceはありますから、ただそれを引数に指定してnewするだけです。この値を返せば、それがUserDetailsManagerとして使われるようになります。

　その後のmakeUserメソッドは、引数で渡された値を元にUserDetailsインスタンスを作成するものです。やっていることは、先にInMemoryUserDetailsManagerのメソッドで行っていたのとまったく同じことです。Userクラスのwithusername、password、roles、buildといったメソッドをメソッドチェーンで連続して呼び出してUserDetailsを作成して返します。

　これを利用しているのは☆マークの文です。

```
users.createUser(makeUser("taro","yamada", "USER"));
```

　こんな具合にしてmakeUserで作成したUserDatailsを引数にしてJdbcUserDetailsManagerの「**createUser**」メソッドを呼び出しているだけです。このメソッドは、引数に指定したUserDetailsインスタンスを元にユーザーを作成し、UserDetailsManagerが管理するデータソースにユーザー情報を保管します。JdbcUserDetailsManagerの場合はDataSourceで指定されたデータベースにユーザーが追加されていきます。

　これでSampleSecurityConfigクラスの修正ができました。実際にアプリを実行して動作を確認してみましょう。☆マークで作成したユーザー名でログインすると、/secretのページにアクセスできます。

　ここではユーザー登録のページなどは用意していませんが、UserDetailsManagerのcreateUserで簡単にユーザーを作成できることはわかりました。UserDetailsManagerはBeanとして用意されているので、どのクラスからでも@Autowiredで簡単にインスタンスを取得し利用できます。コントローラーにリクエストハンドラを作り、UserDetailsManagerでユーザー登録する処理を用意すれば簡単に登録ページを作成できるでしょう。

ロールを使って管理者ページを作る

　作成したユーザー管理のテーブルには、ユーザー名とパスワードを管理するusersの他に、権限を管理するauthoritiesがありました。作成されたユーザーにはそれぞれにロールが設定されてあり、それに応じたアクセスを行えるようになっています。例えば一般ユーザーと管理者でアクセスできるページが違う、というようなこともできるのです。

　では、実際にロールによるアクセスを行ってみましょう。ここまでいくつかのユーザーを作成していますが、それらはすべてUSERというロールが設定されていました。新たに「**ADMIN**」というロールのユーザーを追記し、このユーザーでなければアクセスできないページを用意してみましょう。

セキュリティ構成クラスの修正

まず、セキュリティ構成クラスであるSampleSecurityConfigクラスの修正です。先に作成したuserDetailsManagerメソッドで、makeUserメソッドを使ってユーザーを作成している文がありました（☆マークの文です）。既にその文は削除しているはずですが、同じ場所に以下の文を追記し、実行してください。

リスト7-31

```
users.createUser(makeUser("admin","kanri", "ADMIN"));
```

これでadminという管理者ロールのユーザーが作成されます。一度実行してユーザーが追加されたら、この文は削除してください。

続いて、filterChainメソッドの修正です。以下のようにメソッドを修正してください。☆マークの文が追加された部分です。

リスト7-32

```
@Bean
public SecurityFilterChain filterChain(HttpSecurity http)
    throws Exception {
  http.csrf().disable();
  http.authorizeHttpRequests(authorize -> {
    authorize
      .requestMatchers("/").permitAll()
      .requestMatchers("/js/**").permitAll()
      .requestMatchers("/css/**").permitAll()
      .requestMatchers("/img/**").permitAll()
      .requestMatchers("/admin").hasRole("ADMIN") //☆
      .anyRequest().authenticated();
  });
  http.formLogin(form -> {
    form.defaultSuccessUrl("/secret");
  });
  return http.build();
}
```

ここでは、authorizeHttpRequestsメソッドの引数に用意されている関数で、HttpSecurityのメソッドチェーンに以下を追加しています。

```
requestMatchers("/admin").hasRole("ADMIN")
```

requestMatchers("/admin")で/adminにアクセスの設定を行っています。そして「**hasRole**」メソッドでは、引数に指定したロールを持つユーザーのみが利用を許可されるように設定します。これで、/adminには管理者（ADMIN）の権限を持つユーザーだけがアクセスできるようになりました。

リクエストハンドラを追加する

では、/adminのリクエストハンドラを作成しましょう。SampleSecurityControllerクラスに、以下のメソッドを追記してください。

リスト7-33

```java
@RequestMapping("/admin")
public ModelAndView admin(ModelAndView mav) {
  mav.setViewName("index");
  mav.addObject("title", "Admin page");
  mav.addObject("msg", "This is only access ADMIN!");
  return mav;
}
```

図7-17：管理者のユーザーとしてログインすると、/adminにアクセスできるようになる。

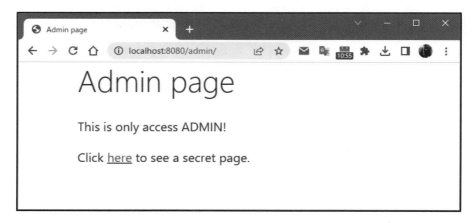

修正したら、/adminにアクセスをしてみましょう。ログインしていない場合は自動的に/loginにリダイレクトされログインフォームが表示されます。ここで管理者のユーザー（admin）でログインすると、/adminにアクセスすることができます。管理者ではない一般ユーザーでログインした場合、/adminにアクセスしても表示されません。ロールの設定により、アクセスできるユーザーを制限できることがわかります。

メソッドセキュリティについて

Spring Securityによる認証の基本について、これでだいたい理解できました。SecurityFilterChainで特定のパスに特定のアクセス制限を設定できること。またUserDetailsでユーザーの設定を管理できること。この2つのBeanの働きを理解できれば、基本的な認証は作成できました。

しかし、これらのコードは非常にわかりにくいことも確かです。特に問題なのがSecurityFilterChainの設定でしょう。authorizeHttpRequestsの引数に用意した関数で、メソッドチェーンを使い、ひたすらアクセス先のパスとアクセス制限を設定していくという方式。これはシンプルなWebアプリならいいのですが、多数のページを持つ複雑な構造のWebアプリになると正確にアクセス権を管理するのはかなり大変です。

SecurityFilterChainのBeanですべてのアクセス権を集中管理するやり方がそもそもわかりにくいのです。コントローラーでリクエストハンドラを作成するとき、メソッドごとに「これはアクセスを許可」「これは管理者のみ」というようにアクセス制限を設定できればそのほうがはるかに直感的にアクセス制限を設定できます。

実はそのための機能が現在のSpring Securityには用意されています。「メソッドセキュリティ（MethodSecurity）」という機能で、メソッドごとにアノテーションを使ってアクセス制限を設定していけます。

@EnableMethodSecurity について

メソッドセキュリティを利用するには、セキュリティ構成クラスと、設定するメソッドにそれぞれアノテーションを記述します。

まずセキュリティ構成クラスですが、これは「**@EnableMethodSecurity**」というアノテーションを記述します。

```
@Configuration
@EnableMethodSecurity
class クラス名 {……}
```

このような形ですね。構成クラスですから、@Configurationの後に追記しておけばいいでしょう。これでメソッドセキュリティが使えるようになります。

メソッドセキュリティが設定されたからといって、セキュリティ構成クラスに用意する内容が変わるわけではありません。これまでと同様、SecurityFilterChainとUserDetailsManagerのBeanを生成するメソッドを用意しておきます。ただし、SecurityFilterChainでは、細かな設定をしておく必要はありません。anyRequestですべてのリクエストに対して設定（permitAllでアクセスを許可しておくなど）しておけばいいでしょう。

@PreAuthorize について

個々のメソッドでは、アクセス制限を設定したい場合、「**@PreAuthorize**」というアノテーションを付けておきます。これは以下のような形をしています。

```
@PreAuthorize( 値 )
```

引数には、アクセスを許可するかどうかを示す値を用意します。これはセキュリティに関する式をテキストの値として指定したものです。これにはさまざまな値が用意されています。主なものを以下にまとめておきましょう。

hasRole(ロール)	指定したロールを許可する
hasAnyRole([ロール配列])	指定したロールすべてを許可する
permitAll	すべて許可する
denyAll	すべて拒否する
isAnonymous()	匿名ユーザー(未認証)のみ許可する
isAuthenticated()	認証ユーザーのみ許可する

@PreAuthorizeを使い、これらの値をメソッドに指定することで、各メソッドごとにどのようなアクセスを許可するかを設定できるのです。

この@PreAuthorizeは、コントローラーに用意するリクエストハンドラでも使えますし、データベースアクセスを行うリポジトリやDAOクラスのメソッドでも使えます。例えば、データの表示はすべて利用できるが、変更は特定ユーザーでないと実行できないようにすることなども行えるのです。

メソッドセキュリティを使う

では、実際にメソッドセキュリティを使ってみましょう。まず、セキュリティ構成クラスを修正します。SampleSecurityConfig.javaファイルを開いてください。今回は細かな修正や追記があるので、全ソースコードを掲載しておきます。以下の通りに書き換えてください。

リスト7-34

```
package com.example.samplesecurityapp;

import javax.sql.DataSource;

import org.springframework.beans.factory.annotation.Autowired;
import org.springframework.context.annotation.Bean;
import org.springframework.context.annotation.Configuration;
import org.springframework.security.config.annotation.method.configuration.
EnableMethodSecurity;
import org.springframework.security.config.annotation.web.builders.HttpSecurity;
```

```
import org.springframework.security.core.userdetails.User;
import org.springframework.security.core.userdetails.UserDetails;
import org.springframework.security.crypto.factory.PasswordEncoderFactories;
import org.springframework.security.provisioning.JdbcUserDetailsManager;
import org.springframework.security.provisioning.UserDetailsManager;
import org.springframework.security.web.SecurityFilterChain;

@Configuration
@EnableMethodSecurity
public class SampleSecurityConfig {
  @Autowired
  private DataSource dataSource;

  @Bean
  public SecurityFilterChain filterChain(HttpSecurity http)
      throws Exception {
    http.csrf().disable();
    http.authorizeHttpRequests(authorize -> {
      authorize.anyRequest().permitAll();
    });
    http.formLogin(form -> {
      form.defaultSuccessUrl("/secret");
    });
    return http.build();
  }

  @Bean
  public UserDetailsManager userDetailsManager(){
    return new JdbcUserDetailsManager(this.dataSource);
  }
}
```

　filterChainメソッドでは、authorizeHttpRequestsメソッドの引数に用意した関数で、以下のようなフィルター設定だけが用意されています。

```
authorize.anyRequest().permitAll();
```

　これにより、すべてのリクエストがアクセスを許可されるようになりました。後はコントローラー側で個別にアクセスを設定していけばいいのです。

コントローラーの修正

　では、コントローラーを修正しましょう。こちらも全ソースコードを掲載しておきます。SampleSecurityController.javaの内容を以下のように書き換えてください。

リスト7-35

```
package com.example.samplesecurityapp;

import org.springframework.security.access.prepost.PreAuthorize;
import org.springframework.stereotype.Controller;
import org.springframework.web.bind.annotation.RequestMapping;
import org.springframework.web.servlet.ModelAndView;

@Controller
public class SampleSecurityController {

  @RequestMapping("/")
  @PreAuthorize("permitAll")
  public ModelAndView index(ModelAndView mav) {
    mav.setViewName("index");
    mav.addObject("title", "Index page");
    mav.addObject("msg", "This is top page.");
    return mav;
  }

  @RequestMapping("/secret")
  @PreAuthorize("isAuthenticated()")
  public ModelAndView secret(ModelAndView mav) {
    mav.setViewName("Secret");
    mav.addObject("title", "Secret page");
    mav.addObject("msg", "This is secret page.");
    return mav;
  }

  @RequestMapping("/admin")
  @PreAuthorize("hasRole('ADMIN')")
  public ModelAndView admin(ModelAndView mav) {
    mav.setViewName("index");
    mav.addObject("title", "Admin page");
    mav.addObject("msg", "This is only access ADMIN!");
    return mav;
  }

}
```

　これで完成です。先ほどと同じように/adminにアクセスをしてみてください。ログインしていない場合はログインページにジャンプし、そこで管理者としてログインすれば/adminが見えるようになります。
　実際に試してみるとすぐにわかりますが、メソッドセキュリティは、SecurityFilterで

ひたすらパスを設定していくよりもはるかに扱いが簡単です。またリクエストハンドラごとにアノテーションを書いていくので、「**このパスへのアクセスを設定し忘れた**」といったことも起こりにくくなります。メソッドにアノテーションがあれば、必ず何らかの制限が設定されており、なければ何も設定されていないわけですから。

ログインページのカスタマイズ

ログインして利用するWebサイトを作成する場合、当然ですがログインページもオリジナルなものを用意したいでしょう。Spring Securityではデフォルトで簡単なログインページが用意されていますが、Webサイトと同じデザインのページにしたい場合は自分でログインページのテンプレートを用意することができます。

これは割と簡単に行えるので試してみましょう。まず、ログインページの設定を修正しておきます。先にSampleSecurityConfigクラスでSecurityFilterChainのBeanを作成した際、http.formLoginメソッドでフォームログインの設定を行いました。このformLoginメソッドの部分を以下のように修正しましょう。

リスト7-36

```
http.formLogin(form -> {
  form.defaultSuccessUrl("/secret")
    .loginPage("/login");
});
```

defaultSuccessUrlの後に「**loginPage**」というメソッドを追加しています。これでログインページのパスを指定します。今回は、/loginにログインページを設定しておきました。

▌テンプレートの作成

テンプレートは、通常のテンプレートと同じように用意できます。「**templates**」フォルダに、新たに「**login.html**」という名前でファイルを用意しましょう。そして以下のように記述します。

リスト7-37

```
<!DOCTYPE html>
<html xmlns="http://www.w3.org/1999/xhtml"
    xmlns:th="https://www.thymeleaf.org"
    xmlns:sec="https://www.thymeleaf.org/thymeleaf-extras-springsecurity3">
  <head>
    <title>ログイン画面</title>
    <meta http-equiv="Content-Type"
      content="text/html; charset=UTF-8" />
    <link href="https://cdn.jsdelivr.net/npm/bootstrap@5.0.2/dist/css/bootstrap.min.css"
        rel="stylesheet">
  </head>
  <body class="container">
    <h1 class="display-4">LOGIN PAGE</h1>
```

```
    <p th:text="${msg}"></p>
    <form th:action="@{/login}" method="post">
      <div class="mb-3">
        <label class="form-label">ユーザー名</label>
        <input type="text" name="username"
            class="form-control" />
      </div>
      <div class="mb-3">
        <label class="form-label">パスワード</label>
        <input type="password" name="password"
            class="form-control" />
      </div>
      <div class="mb-3">
        <input type="submit" value="ログイン"
            class="btn btn-primary" />
      </div>
    </form>
  </body>
</html>
```

　ポイントとしては、\<form>の送信先をth:action="@{/login}"と指定すること。これでログインの処理を行うパスにPOST送信されます。またユーザー名とパスワードは、それぞれname="username"、name="password"と指定すること。別の名前になっていると正しく値を送れません。

　それ以外は自由にデザインして構いません。

■ログインページのリクエストハンドラを用意する

　続いて、ログインページのリクエストハンドラを用意しましょう。SampleSecurity Controllerクラスに以下のメソッドを追記してください。

リスト7-38

```
@RequestMapping("/login")
@PreAuthorize("permitAll")
public ModelAndView login(ModelAndView mav,
    @RequestParam(value="error", required=false)String error) {
  mav.setViewName("login");
  System.out.println(error);
  if (error != null) {
    mav.addObject("msg", "ログインできませんでした。");
  } else {
    mav.addObject("msg", "ユーザー名とパスワードを入力:");
  }
  return mav;
}
```

図7-18：ログインする際、オリジナルのログインページが表示される。

　完成したら実際にアクセスをしてみましょう。アクセス権が設定されたページ（/secretなど）にアクセスしようとすると、/loginにリダイレクトされ、作成したテンプレートを使ってログインページが表示されます。ここでユーザー名とパスワードを入力すれば、ログインできます。失敗した場合は、ログインページに「**ログインできませんでした。**」と表示されます。

　ここでは、@RequestMapping("/login")で/loginにリクエストマッピングを設定してありますね。そしてメソッドの引数に以下のようなものが用意されています。

```
@RequestParam(value="error", required=false)String error
```

　この「**error**」というリクエストパラメータは、ログインに失敗した場合に送られます。ですから、この値がなければ普通にログインページにアクセスしており、値があればログインに失敗してリダイレクトされていると判断できるわけです。ここではこのerrorの値をチェックし、表示メッセージを設定しています。

　ログインのフォームが送信された後、実際に実行されるログイン処理は、Spring Security側で用意されているので考える必要はありません。こちらで用意する必要があるのは、ログインページにアクセスした際にテンプレートを使って表示を作成する処理だけです。

さくいん

記号

{{{}}}. 143
{{}}. 142
{{#}}. 146
{{^}}. 146
@Autowired. 188
@Bean. 349, 354
@Column 182
@Component. 349, 355
@Configuration. 370
@Controller 99
@CrossOrigin 340
@DecimalMax 221
@DecimalMin 221
@Digits 221
@Documented. 350
@EnableMethodSecurity. 391
@EnableWebSecurity. 375
@Entity. 177
@Future 222
@GeneratedValue 182
@GetMapping 127
@Id 182
@Indexed 350
@interface 227
@ManyToMany. 278
@ManyToOne 277
@Max 221
@Min 221
@ModelAttribute 195
@NamedQueries. 257
@NamedQuery 256
@NotBlank. 221
@NotEmpty 221
@NotNull 221
@Null 221
@OneToMany 277
@OneToOne. 277
@Param 263
@Past 222
@PathVariable. 93
@Pattern 222
@PersistenceContext 239
@PostConstruct 197
@PostMapping 127
@PreAuthorize 392
@Query. 258
@Repository 187
@RequestMapping 90

@RequestParam 127
@RestController 89
@Retention 350
@Service. 349, 359
@Size. 222
@SpringBootApplication 77
@SuppressWarnings 240
@Table 181
@Target 350
@Transactional 196
@Validated. 215
@Value 358

A

accept. 314
accepted. 322
addAttribute 121
addObject 124
andRoute 323
Annotation. 227
anyRequest 377
AOP. 3
Apache Derby 173
ApplicationArguments 85
application.properties. 141
ApplicationRunner. 81
Aspect Oriented Programming 3
authenticated 377
AuthorizationManagerRequestMatcherRegistry
. . . . 376
authorizeHttpRequests 376

B

badRequest 322
baseUrl. 313
.bash_profile 15
BindingResult 215
body 322
bodyContents 168
bodyToFlux 314
bodyToMono. 314
Bootダッシュボード 32
build.gradle. 66

C

ClassPathResource. 311
com.h2database:h2 174
CommandLineRunner 80
Connector/J 374

ConstraintValidator 227
contentType 326
Controller 7, 88
CORS. 340
createDelegatingPasswordEncoder 378
createNamedQuery 258
createQuery. 239, 240, 264
createUser 388
Criteria API 264
CriteriaBuilder 264
CriteriaQuery 264

D
defaultSuccessUrl. 377, 395
deleteById 205
dependencies 67
<dependencies> 72
Dependency Injection 2
.detailedErrors 217
DI. 2
DIコンテナ 348

E
Eclipse 25
encode 378
EntityManager 239
execute. 153
Expression. 269
Extension Pack for Java 59

F
fetch 331
findAll. 189
Flux. 303
Flux.just 305
formLogin 377
FormLoginConfigurer 377
fragment 164
from 267
fromArray 310

G
getCriteriaBuilder. 264
getForObject 362
getInputStream. 311
getNonOptionArgs. 85
getOptionNames. 85
getOptionValues. 85
getRemoteUser. 382
getResultList 240
getSingleResult. 246
getSourceArgs 85
Gradle. 19

gradle build. 83
gradlew bootRun 18
gradlew clean build 101
Gradleプロジェクトのリフレッシュ. 100
Groovy templates. 154

H
H2. 173
HandlerFunction 320
hasErrors. 215, 220
hasRole. 389
HttpSecurity 376
HttpServletRequest 98, 248
HttpServletResponse 98
HyperSQL 173

I
implementation 100
include. 165
initialize. 229
InMemoryUserDetailsManager 378
isValid. 229

J
Jakarta EE 172
JavaBeans 348
Java DB 173
Javadoc 34
Java Persistence API 172
JAVA PROJECTS. 59
JavaScript Object Notation. 94
Java SE Development Kit 9
Java Server Pages. 118
JdbcUserDetailsManager 384, 387
JPA 172
JpaRepository. 187
JPQL. 207, 240, 250
JSON. 94
JSP 118

L
Lambda 151
loginPage. 395

M
mappedBy 281
Maven Central 67
MergeDoc Project 25
method=RequestMethod.GET 127
Model. 7, 88, 120
ModelAndView. 122
modelAttribute. 327
Model-View-Controller 7

Mono 303
Mono.just. 305
Mustache 141
MVC 7
MVCアーキテクチャー 88
mvn install -U 103
mvnw spring-boot:run. 19
MySQL 175
MySQL Community Server 374

N

notFound 322
npm install 342
npm start 339
npx create-react-app 336

O

ok 322
Optional 200
Order 272
orderBy 272
org.hsqldb:hsqldb. 174

P

<parent>. 72
PasswordEncoderFactories 378
PATH環境変数 12
permitAll 377
Pleiades 25
Pleiadesプラグイン 26
plugins 67
pom.xml 68
PostgreSQL 176
Predicate 269
<project> 71
<properties> 72

Q

Query 239

R

render. 326
Rendering 325
repositories 67
RequestHandlerUriSpec 314
requestMatchers 377
RequestPredicate 320
ResponseSpec 314
RestController. 89
RESTful 89
RestTemplate 361
RestTemplateBuilder 362
retrieve. 314

Root 264
route 320
RouterFunction. 319

S

SaveAndFlush 196
SecurityFilterChain 376
select 267
<ServerResponse> 320
setBannerMode 80
setContentType 98
setFirstResult 274
setHeadless 87
setMaxResults. 274
setParameter. 252
setViewName 124
SpringApplication.run. 77
Spring Boot 5
Spring Boot CLI 10, 11
Spring Boot Dashboard 60
Spring Boot Extension Pack 46
spring-boot-starter-data-jpa 174
spring-boot-starter-groovy-templates 155
spring-boot-starter-mustache 141
spring-boot-starter-test. 68
spring-boot-starter-thymeleaf 100
spring-boot-starter-validation 212
spring-boot-starter-web 67
Spring Data 5, 173
Spring Data JPA 236
Spring Framework 5
spring init 16
Spring Initializer. 10, 19
Spring Security 6, 372
Spring Tool Suite 4, 10, 24
Spring WebFlux 5, 300
Spring Web MVC 5
Springスターターフロジェクト 10
「src」フォルダ. 65
STS 4, 24
SWR 341

T

testImplementation 100
th:case 138
th:each 136
th:errorclass 220
th:errors. 220
th:if 133
th:switch 137
th:text 119
th:unless. 134
Thymeleaf 118

U

uri 314
URLマッピング 89
UserDetails 378
UserDetailsManager 377, 387
useState 344

V

ValidationMessages.properties 225
view 326
View 7, 88
Visual Studio Code 46
VSC 46

W

WebClient 313
WebClient.Builder 313
where 268

Y

yieldUnescaped 156

あ行

アウトライン 32
アスペクト指向プログラミング 3
アソシエーション 276
アノテーション 77
依存性注入 2
エクスプローラー 51
エラーログ 33
エンティティ 176
オリジン間リソース共有 340

か行

環境変数 12
キャメル記法 211
クエリアノテーション 256
構成クラス 370
コマンドパレット 52
コンソール 33
コンポーネント 355

さ行

サービス 359
ステートフック 341

た行

ターミナル 33
テンプレートエンジン 99, 118
トランザクション 196

な行

ナチュラルテンプレート 118

ナビゲーター 31
ノンブロッキング 299

は行

パースペクティブ 36
パッケージエクスプローラー 31
バリデーション 212
バリデータ 227
ビュー 31
ビルドファイル 66
フォーム 124
フォワード 132
プレゼンテーション層 7
プロジェクト 9
プロジェクトエクスプローラー 31

ま行

メソッドセキュリティ 391
モデル 120
問題 34

ら行

リアクティブ 298
リクエストハンドラ 90
リダイレクト 132
リポジトリ 182
リレーションシップ 276

わ行

ワークスペース 29

著者紹介

掌田 津耶乃 (しょうだ つやの)

　日本初のMac専門月刊誌「Mac+」の頃から主にMac系雑誌に寄稿する。ハイパーカードの登場により「ビギナーのためのプログラミング」に開眼。以後、Mac、Windows、Web、Android、iOSとあらゆるプラットフォームのプログラミングビギナーに向けた書籍を執筆し続ける。

■最近の著作

「C#フレームワーク ASP.NET Core入門 .NET 7対応」(秀和システム)

「Google AppSheetで作るアプリサンプルブック」(ラトルズ)

「マルチプラットフォーム対応 最新フレームワーク Flutter 3入門」(秀和システム)

「見てわかるUnreal Engine 5 超入門」(秀和システム)

「AWS Amplify Studioではじめるフロントエンド+バックエンド統合開発」(ラトルズ)

「もっと思い通りに使うための Notion データベース・API活用入門」(マイナビ)

「Node.jsフレームワーク超入門」(秀和システム)

●著書一覧

http://www.amazon.co.jp/-/e/B004L5AED8/

●ご意見・ご感想

syoda@tuyano.com

　　カバーデザイン　　中尾 美由樹(チェスデザイン事務所)

スプリング ブート
Spring Boot 3 プログラミング入門

発行日	2023年　3月 5日	第1版第1刷
	2024年　4月 15日	第1版第2刷

　著　者　　掌田 津耶乃

　発行者　　斉藤 和邦

　発行所　　株式会社　秀和システム

　　　　　　〒135-0016

　　　　　　東京都江東区東陽2-4-2　新宮ビル2F

　　　　　　Tel 03-6264-3105(販売)　Fax 03-6264-3094

　印刷所　　三松堂印刷株式会社

©2023 SYODA Tuyano　　　　　　　　　　Printed in Japan

ISBN978-4-7980-6916-6 C3055